ものと人間の文化史　一一一

海苔

宮下章

法政大学出版局

目次

第1章　海苔を語る

1　日本の味、海苔

海の苔と書いてノリと読む。誰もが知っていることだが、不思議な読みではある。これからそのいわれに触れていきたいが、海苔が大昔から日本人と深いかかわりがある上に、格別に珍重されてきたことにその理由の一端があるといえよう。日本列島の周辺の海辺は、種類はさまざまだが、どこにでもと言ってよいほど、有用な海苔が生える好環境に恵まれていて、この列島に上陸してきたわれわれの祖先はいち早くその価値を認めたのであった。

それ以来少なくとも一千数百年、あるいは二千年を経た現代になっても、海苔の味は、これも不思議なことだが、日本人の誰もが好み、嫌いだという人はまず、いないようだ。一方外国では、韓国と中国の一部、そのほかアジアの一部などで食べられてはいるが、日本人の舌ほどには海苔本来の味と相性のいいものではないようだ。まして欧米人には抄《す》き海苔などは、つい百年ほど前までは食べ物と見なされていなかった。

管見の限りでは、加工食品といいうるものの多くは飛鳥・奈良時代に出現し、平安・鎌倉時代と進むにつれ、内容が豊富になっていく。しかし、大陸の文物とともに受け入れたものが圧倒的に多く、わが国独自の加工食品といえば、アワビ製品、カツオ製品、昆布、海苔など海産加工品が数えられるにすぎない。しかも大陸の食文化を受け入れた地が西日本に位置し、都の置かれた大和（奈良）、山城（京都）、難波（大阪）などだったから、海産加工品もこれらの地方で生まれ、あるいは集められている。

飛鳥・奈良時代に都で知られていた海苔も西国、多くは出雲、石見両国（島根県）の産出である。海苔を詠《よ》んだ最古の歌もその頃石見国の役人であって、歌聖と謳われた柿本人麻呂の作である。彼は石見の海辺を探勝しつつ、足を延ばし、後に人丸峠と呼ばれるようになる低い岬から向津《むこうづ》の入江（油谷湾の奥を指す）を望見した。

向津《むこうづ》の奥の入江のささ浪に　のりかく海士《あま》の袖は濡れつつ

往昔、人丸峠の傍に人丸神社が建立され、そこに「人丸」詠むところとして、右の歌を彫った碑があったといわれている。

そこで、歌われた跡を探ろうと、とある日、山陰線人丸駅に降り立ち、人丸神社の鎮座する丘をめざした（人丸は、人麻呂の略称・愛称の類である）。境内の一端に進んで、はるかな西方を展望する。丘というより高い巌頭に立つ感があり、眼下、三方に展開される広大・低平の水田地帯は、「沖田」の旧地名が物語るように、往昔は海だったとの伝承が信憑性を帯びてみえる。

石見国（島根県）の海岸は実に美しい。諸説はあるが、石見国に住んでいた人麻呂は、この海辺を眺めつつ、たびたび国内外を往還した。そして『万葉集』に多くの長歌、短歌を伝えた。ある年、妻を残して

都へ上る時の長歌の一節に、

つのさはふ石見の海の　言さへく　辛の崎なる海石《いくり》にぞ　深海松《みる》生ふる　荒磯《ありそ》にぞ玉藻は生ふる
玉藻なす　なびき寝し子を　深海松の深めて思《も》へど　さ寝し夜はいくだもあらず……

とある。玉藻のようになびき寄り添って寝た妻への切々たる思いを語る名歌として知られる。荒磯に生える玉藻といえば、その代表的存在は海苔であり、人麻呂の脳裏にも記憶されていたことであろう。

人麻呂はある年、都とは逆方向、九州の太宰府《だざいふ》方面に向かうために、石見の海沿いに長門国へ入る。人丸峠を越え、人丸坂へさしかかると、眼下に油谷湾が横たわっている。彼が眺望した場所は、前記した巌頭、現在の神社へ向かう長い石段を登りつめたあたりだという。その光景に魅せられて、しばらく宿を借りて逗留した。その期間は三日とも三カ月ともいわれ明らかではないが、人丸神社から三〇〇メートル東方に人丸社地跡と伝えられる所がある。

これら一連の人丸と名づけられた地名の物語るものはなにか。たびたび各地を旅した人麻呂だが、ただの往還だけで地名が残されるものではない。油谷湾の風光に感じ入って、ノリの歌を遺したがゆえに、地名が生まれたのではなかろうか。

油谷湾は本州の最西端にあり、周囲をなだらかな山に囲まれた、湖水と見紛う、長大で波静かな入江である。さらにその一隅に〝向津の奥〟と歌に詠まれた小さな入江がある。その周辺、現在の向津《むかつ》奥地区は、日本における海士《あま》（海女）発祥の地の一つだと聞く。今も伝統あるあま集落がある。

長旅の末、峠を越えてきて、海の彼方を一望したとき、油谷湾の美しいさざ波に心を洗われる思いがし、さらに岸辺に忙しく立ち働く人々が、玉藻（のり・青のり）をかき採る海女だと知ると、おのずから詩情が湧き上がってきたものであろう。

人麻呂社地と伝えられる所があり、彼の逝去後建立された祠《ほこら》があったが、明治四十年、やはり近くにあった八幡宮と合祀され、現在地に八幡人丸神社と改称して建設された。当社は石見国（島根県）高津と播磨国（兵庫県）明石の両柿本神社と共に、柿本人麻呂三社として著名である（八幡人丸神社、禰宜高山道子氏のご教示による）。

降って約七百年後、室町後期、連歌師として著名な宗祇は、人麻呂の跡を慕い、はるばる京の町から長門国へ来て、人丸神社へ詣でている。そして「向津にて人丸の詠ぜし跡を眺め」と題し、

むかふ津ののりかく海士の袖に又　思はずぬらすわが旅衣

と詠じ、神社へ献じている。

飯尾宗祇が都からは気の遠くなるほど僻遠の地まで訪れてきたのは、当時、のりの歌を歌聖が確かに詠じたとの証が伝えられていたからこそであろう。宗祇は、この浦の眺望、海女の働く姿に、人麻呂と共通の詩的情感をおぼえたことに歓喜し、のりの歌を色紙に認めたのである。それは今も人丸神社の神宝とされている。

さらに二百年後、これらの事実を知った江戸初期の俳人松江重頼は、その著『毛吹草』の中で、人麻呂の歌と共に向津奥海苔を紹介して著名となった。これが実際に京へはこばれたとは思われないが、隣国の出雲海苔が京で珍重される状態は江戸初期に至るまで、実に一千年以上続いている。江戸の町にさえも、

わずかながら大坂を通じてはこばれもしていた。だがこのころ江戸では、一大変革が起こりつつあった。

これまでも東国で海苔が採られなかったわけではなく、伊豆海苔、安房海苔、佐渡海苔などが一部の人々に知られていた。しかし、それらは波荒い外洋の岩礁上に生えた海苔で、舌触りの強《こわ》い粗製品にすぎなかった。ところが江戸内湾の穏やかな細波《さざなみ》の気を吸って育った海苔は軟らかで、舌触りが滑らかである。これが元禄の頃（一七〇〇年ころ）には紙状に抄《す》かれた乾海苔となって、その奥行きの深い味わい、食品としての優秀性は、浅草海苔の名で天下に知れ渡ることになった。

それをさらに際立たせた一挿話がある。江戸時代の初めから後半の天明・寛政期を迎えるまで、美術工芸、書物の出版などの文化面はむろんのこと、生活万般におよぶ製品は、ほとんど京・大坂を核とする両国に基盤を置いていた。江戸など東国のとうてい敵《かな》うところではなく、大坂・堺両港から江戸へ向けて無数の品物が積み下されていった。これを江戸の人々は「下り物」と呼んで、当節のブランド品のように渇仰し、一方、江戸周辺でできる品は「下らぬ物」として格下に見ていた。

西国から下り物を積んだ廻船は、怒濤のように連日江戸湾へ押し寄せ、荷物を山積みした。ところが江戸から上方へ積み上せるほどの物は、浅草海苔以外にはなく、海苔はガラガラの返り船の中で独り気を吐いて、意気揚々と場を占めていたのである。江戸湾は江戸の人々に（後世には全国民に）、最上の贈

柿本人麻呂が長門国向津奥で「海苔」を詠んだ700年後，連歌師宗祇は故地を訪ねている。

り物をしたといえよう。こうして海苔は、しだいに日本人の心の深奥になじんでいく。

2　諸外国の海苔食

「日本人は、木と紙の家に住み、黒い紙を食べる」と幕末のころ日本に駐在した一米人が本国へ報告したという。また明治年間、欧米の博覧会に出品された海苔について、「この黒い紙はペンが引っかかる」との批評を受けたという。これらはわが国の海藻学の創始者、泰斗であり、明治中期から昭和初期にかけてノリ養殖を指導開発した偉大な学者・岡村金太郎博士の著書に取り上げられている。

欧米には十九世紀に入ってもなお、ノリそのものを知る人はごく少なかったことの例証となるエピソードだが、明治期から大正時代にかけて、主として海藻の専門家たちによって、日本独特の海産物であるノリは少しずつ紹介されていった。『海産論』（明治十八年、一八八五）の著者、英国人シモンドスは、「日本人が海藻を採るやり方は、支那人と同じではない。竹幹を海中遠くまで建て、養殖している」と、日本のノリ養殖を取り上げ、さらに、「甘海苔は、東京品川湾のものを最上とする」と説いている。

『海藻の利用法』（大正六年、一九一七）の著者、米国人マーシャル・ホウイーは、

現今、食用その他の目的を以て海藻を採集し、培養している国は日本である……昆布とテングサと共に、日本で最も重要な海藻類の一は、甘海苔属のアマノリ、アサクサノリ、又は単にノリといわれるものである

と紹介し、さらに、

東京付近で盛んに培養され、日本全国を通じ賞味されるが、輸出は少ない。多くは醤油、肉又は魚類と共にサンドイッチ（海苔巻寿司？）を作り、汽車のプラットホームや街頭の露店等で売られる。ノリの乾藻量の約三分の一は蛋白質であることから見れば、海藻の中では最も栄養に富んだ食物である

と、日本人のノリ食用状況について適切な評価を与えている。

これらにより、わが国のノリ養殖と浅草ノリ食用が、独特のものであると、明治・大正時代において一部の欧米人に認識されはじめていたことがわかる。

世界の中で、ノリを食べていた地域はごく限定される。概観すると、アジアでは日本のほか朝鮮半島から中国大陸、インドシナ半島までの一部地帯、それにハワイからインドネシア方面に至る太平洋諸島嶼がそれである。そのほかアラスカから南下して南北米大陸、太洋州に及ぶ原住民も食べていた（現在でも少数の人々が食べているという）。北ヨーロッパのノルマン系住民もノリを含め、各種の海藻を食べるが、食べ方は日本とまったく違っている（抄製品ではない）。

中国やベトナム産の製品は抄《す》くのではなく手で押しひろげる。円形（直径二〇センチほど）で、厚みを帯びている。もっとも私がこれを見たのは昭和四十年代のことであるが。わが国でも、島根県の羽根、鳥取県の津野、鹿児島県の関津などでも類似した製品を明治年間まではつくっていた。江戸末、明治初年に中国向けに輸出をしていたのは、これらの地のものであろう。

中国では「紫菜湯（ツァイタン）」と称し、湯吸物のような料理にノリをちぎって入れることが多く、

ノリの色、香りを好むわけではないから、質の硬い厚みのある岩ノリが適するのである。そのほか「紫菜索」と称し、岩から剝《は》ぎとったノリを長さ二〇センチぐらいの太い縄状にした製品をつくった。こうすると十数カ月は変色しないとのことである。

なお『海苔とともに』(全国海苔貝類漁業協同組合連合会編)による現況報告によると、中国の海苔といえば壇紫菜(タンチィサイ)が知られ、形状はさまざまであるが、吸物としての利用が多いとのことである。またスサビノリの養殖は昭和五十年に日本の技術が伝わって、山東省の青島から江蘇省南通市にかけて広がったという。広大な養殖可能海域をもつだけに、将来が期待されるが、平成十年代で壇紫菜を含めて三〇億枚、冬斑紫菜(チャオバンチサイ)と呼ばれる乾海苔は五億枚以下とのことである。

韓国の乾海苔生産は古い。リアス式海岸の発達した全羅南道、慶尚南道にまたがる広大な湾入にはノリ種が繁茂するからである。養殖開始期は李王朝仁祖の時代(一六二三―四九)に始まるという。大仁島の一漁民が海辺に漂着した木の枝にノリが着生することに暗示を得、竹を干潟地へ試し立てしたのが始まりといわれる。わが国の養殖開始期は元禄前後とみなされるから、それより七、八〇年は早いことになる。ただし一九〇二年(明治三十五年)の朝鮮水産業協会の報告に「韓人の製品は、製粗にして醜く、往々砂石、貝殻を混ずることあり」と記述されるように、日本の当時の製品に比較すれば品質が落ちていた。生産量も明治四十年代で約三〇〇万枚で、わが国の二億枚とは大きな隔差があり、ノリに寄せる両国民の歴史的関心の度合の違いを浮き立たせていた。

古くからの韓国における海苔の食べ方は、わが国のように風味そのものを賞するよりは、味付けして食べることが多い。例えば、胡椒、ニンニク、ゴマ油等々各種調味料を混ぜた汁を塗りつけ、焙《あぶ》って仕上げとする。あるいはこの数枚を貼り合わせて、餅状に乾かしておいたものを切って各種の料理に使う。ノリ好きの日本人にとっていちばん親近感のもてる国である。
前掲『海苔とともに』によれば、韓国における平成元年から同十年に至る間の乾海苔生産高平均は約七〇億枚である（日本は生産調整して一〇〇億枚）。全生産量の三〇％、約二〇億枚がマルバアサクサノリの岩海苔であることが特徴といえる。岩海苔はきざみが荒く、一・五〜二グラムと薄く抄くので穴だらけだが、焼きが早く、ゴマ油をひき、塩味をつける独特の製品は日本にはないもので、この味付海苔は最近日本でもずいぶん人気が出ている。

3　海苔ではないノリ名

分類されるどの藻類にも、ノリと名づけられるものが含まれているのは、後に触れるように、その触感による。

紅藻類

海苔と同類だけにかなり多い。それらの名称については後述するが、ほとんどは食用とされている。生のままなら酢の物、刺身のつまだが、煮ると文字どおり糊状となるので、凝結させてトコロテン状にして食用とする。

褐藻類

カヤモノリ　素干し、抄製品とする

ハバノリ　　やはり抄製し、汁の実とする

緑藻類

アオノリ　　素干し、抄製、粉末などアマノリと類似した製法

川ノリ類（緑藻類）

火山の伏流水の川下は清冽な流れとなる。わが国は火山が多いので、川ノリも多い。古くは平安・鎌倉時代から知られた、富士山麓芝川で採れる富士ノリが著名である。抄製品は気品溢れる緑色の光沢があり、高級料亭で珍重される。海苔と違って夏に採れる。このほか、江戸時代に名の見えたノリ名と水源付近の火山名、採れる川名を挙げてみる。

〈川ノリ名〉	〈国（県）名〉	〈採れる川名〉	〈関係火山〉
日光ノリ	下野国（群馬県）	大谷川	男体山
青倉ノリ	上野国（群馬県）	鏑　川	妙義山
塩沢ノリ	同右（同右）	烏　川	浅間山
高沢ノリ	同右（同右）	東渡良瀬川	赤城山
円原ノリ	美濃国（岐阜県）	武儀川	
富士ノリ	駿河国（静岡県）	芝川	富士山
菊池ノリ	肥後国（熊本県）	菊池川	阿蘇山

重複する分もあるが、岡村金太郎博士は大正二年の「水産講習所報告」で一二カ所について①成育の場所、②盛育期（七―九月が多い）、③生産状況、④製法と製品名、⑤販路、⑥採集の起源について、詳細に報告している。この中で、源頼朝が朝廷に献上したといういわれのある芝川ノリ（朝廷では富士ノリと記録した）の販路が京坂地方とあるのは興味深い。

藍藻類

水前寺ノリ

寿泉苔

熊本城下から四キロばかり離れたところに旧藩主細川公の旧庭園水前寺公園が今に残されている。この中の池から湧き出た水が流れて江津村に至り江津湖を作るが、この湖の浅い所に拇指くらいから子供の挙《こぶし》ほどの大きさの藍色のプリプリした粘塊ができた。

これを細かに砕いて、瓦の上にコテでならして塗りつけ日干しに仕上げる。江戸初期の『毛吹草』に肥後の「清水苔」が載せられ、『和漢三才図会』には「水前寺ノリ」がみられる。江戸時代を通じて、将軍家にも細川家から献上される、珍貴な食品とされていた。が、現在は水質汚染のために消滅に近い。

同質の藻《も》が、福岡県甘木市を流れる黄金川でとれる。この川の源流は阿蘇の外輪山に発し、その背中合わせの山中から発する菊池川を源流とするのが水前寺ノリである。

地元では川茸《かわたけ》と呼ぶが、江戸初期この製品を献上された藩主が、この珍味を賞で「寿泉苔」と命名したという。水前寺の原産地が消滅した現在、寿泉苔に代わって水前寺ノリの名で知られるようになっている。「ノリ」と名乗っても浅草ノリの感覚からすればまったく異質のものである。乾燥品は厚紙状で、水に戻すとプリプリして、トコロテン類に似た感じで、刺し身のつま、酢のもの、吸い物、五目すしの具など用途は広く、稀少価値の高い珍品である。

特筆されるのは海藻・川藻類すべての中で、ずばぬけた栄養価をもつことである。血液を増やす働きのある葉緑素・鉄・B_6・B_{12}などが含まれるほか、たんぱく質・B_1・B_2・ベーターカロチン、そのほか亜鉛など各種ミネラルも豊富であって、これにどうにか追随できるのは浅草ノリだけだといってよい。これと同等の栄養素をもつものに同じ藍《らん》藻類のスピルリナ（日本産はない）があるが、食べ物としてよりは健康食品として卓効が知られている。

第2章　海苔さまざま

1　大和言葉――ノリ、メ、モ

〝ノリ〟は、〝メ〟〝モ〟などと並んで、われわれの遠つ祖《おや》の持つ、素朴な感覚が生み出した大和《やまと》言葉である。文字が伝えられる以前から食用とされていた、海藻の大部分は、ノリ、メ、モのどれかを、その名の語尾に用いている。

メは、「海布」と「布」と書かれ、モは、「裳《も》」に通ずる。古代人は、海中に揺らぐ、布帛の形態が連想される海藻類にこの名を付けた。ワカメ・アラメ・ヒロメ（昆布）・カジメ・コルモハ（テングサ）などがそれで、比較的広巾《ひろはば》で長大なものに多い。

これに対して、比較的短小の藻類は、ノリと呼ばれ、「菜」または「苔」の字が当てられた。古代人の眼には海中の菜や苔《こけ》と映ったものであろう。ノリの語は、糊《のり》、血《のり》にも用いられているように、その感触〝滑《ぬら》〟から転じたものといわれる。海中から採り上げた海藻類には、おしなべてぬらりとした、柔らかな手触りがあるので、メ、モと呼ばれる少数を除けば、ほとんどがノリと名づけられた。古代（飛鳥・奈良・平安期）の記録からは、

＊ムラサキノリ、アオノリ、オゴ（ノリ）、エゴ（ノリ）、ツノマタ（ノリ）、フノリ

などが見いだされる（カッコ内の字は付かぬこともある）。鎌倉時代から室町期を経て江戸時代に至る間に、右に加え、

＊アマノリ、カヤモノリ、ハバノリ、ムカデノリ、ヒモノリ、サクラノリ、マツノリ、スギノリ、トサカノリ、カタノリ、＊ユキノリ、＊クロノリ、＊ウップルイノリ、コブノリ、＊アサクサノリ

等々たくさんの名が現われてくる。

このように各種のノリが見られるようになるのだが、この中で、われわれが現在いう「海苔《のり》」（アマノリ）の仲間に属する名称はごく少数にすぎない（右のうち＊印を付けたもの）。他はことごとく、名称だけは海苔と似るが、まったく別種の海藻類なのである。またその海苔ですら、内容は複雑である。

一口に海苔というけれども、それはさまざまの異称を持っている。ノリ（現代の一般的呼称）のほか、アマノリ・ムラサキノリ・アサクサノリなどが、なかでも代表的なものだが、これらは先に挙げた語尾にノリの呼称を持つ海藻類と同一に論ずべきものではなく、すべて海苔の同義語である。海苔の歴史をたどるにあたっては、なぜこのように多くの同義語が生まれたか、その歴史、これらの異同等々につき前もって明確にしておく必要がある（以下、文字と呼称の紹介の段階では海苔に代えて「ノリ」を使用する）。

2　海苔（のり）

『常陸国風土記』に、

古老《ふるおきな》のいへらく、倭 武《やまとたける》の天 皇《すめらみこと》 海辺に巡《めぐ》り幸《いでま》して 乗浜に行き至りましき 時に浜浦《はま》の上に多《さわ》に海苔（俗《くにひと》 乃里という）を乾せりき 是に由りて能《の》里《り》波《は》麻《ま》の村と名づく

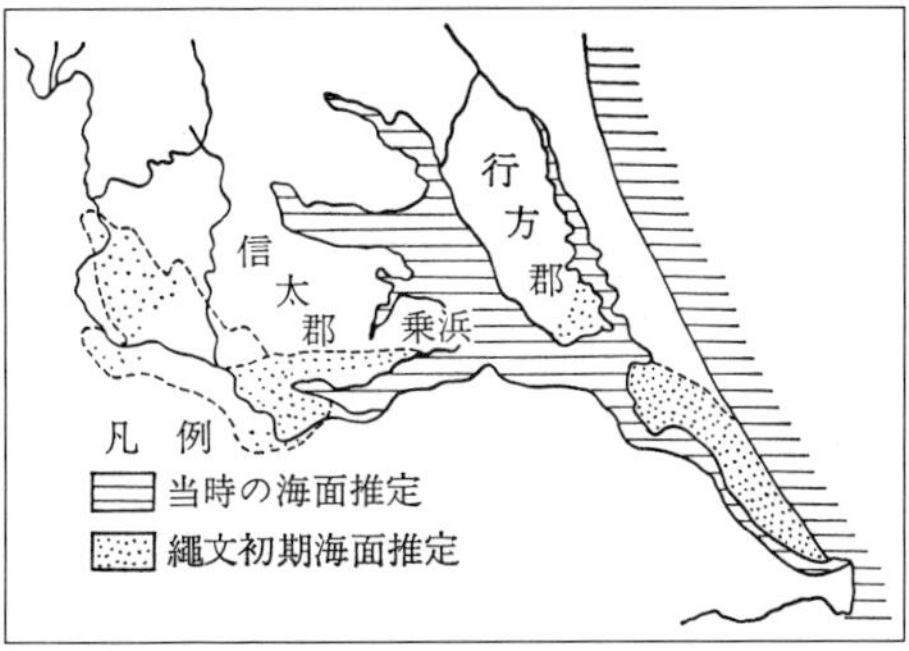

とある。倭武の天皇（日本武尊）は、実在に疑義ありとされるが、景行天皇の皇子で、四世紀の初め頃、大和朝廷のため、東国平定に尽力したと伝えられている。同風土記によれば、尊は、現在の水郷辺を覆い尽くしていた広大な湾内を舟航して、常陸国内を巡行されたらしい。右の一節は、舟行の一日、静かな浜辺に海苔の乾してある、美しい光景に眼を惹かれた時の挿話である。

日本最古の書物、『古事記』の成ったのは、和銅六年（七一三）だが、翌七年には、風土記撰上の詔が出ている。主目的が、諸国物産を報告させ、貢納を命ずる資料とすることにあったといわれるように、風土記は、諸国の物産紹介記となっており、当時の産業事情をよく物語っている。

『常陸国風土記』が記述する「能理波麻」の村とは、常陸国（茨城県）信太《しのだ》の郡、乗浜村のことである。後に平安時代の『延喜式』（九二七年）にも乗浜と記載されている。今日の古波、阿波崎に近く、霞ケ浦の西南端に臨む位置にあった。当時、霞ケ浦は、湾口を東南方に向け、太平洋に連なる大きな湾入の一部をなしていた。乗浜の対岸は、太平洋からこの湾入を守る半島を形成していたが、その沿岸、麻生《あそう》には「塩を焼く藻《もは》」が生えていたと同書に記され、海であったことを裏付けている。

この当時から、ノリの採れた浜が、全国各地にあったことは裏付けも

あるが、同意の海苔の文字が、現今われわれのいうノリの類を意味したと軽々に断定はできない。この文字は、風土記撰上当時から、平安時代に至るまで、海藻類一般の意味に用いられていた可能性が非常に強いからである。例えば『和名抄』(平安朝前期)には「藻《も》」(海藻類)は「海苔之属」だとある。『和名抄』にも『延喜式』にも、古くは正倉院文書にも、「紫菜」と記してあるが、海苔と書かれた記録は見当たらない。

海苔と書いて、はっきりとノリ一品を指すに至ったのは、江戸時代に入ってからのことで、それも後半に入ってからである。それ以来、「海」の「苔《のり》」の王座は海苔が獲得して今日に至っているが、それまでの道程はきわめて長かった。文字が導入されてから江戸期に至るまで、一千余年の長きにわたって、前記した紫菜《むらさきのり》あるいは「神仙菜《あまのり》」・「甘海苔《あまのり》」等々の文字と呼称が使われていたのである。

3　紫菜(むらさきのり)

ノリは、漢名を紫菜と書く。隋唐文化を渇仰することはなはだしかった古代人は、当然にこの文字をまねた。かの国から伝えられた海藻に関する文字は紫菜だけではない。まず、飛鳥・奈良時代を見ると、正倉院文書——天平宝字六年(七六二)から、宝亀二年(七七一)に至る間のもの——や、風土記などに載せられた海藻(漢字と古代名)としては、左のとおり一〇種類余がある(下段は、現代の文字で『辞海』による)。

海藻《にぎめ》——若布《わかめ》
藻《もは》——海藻類全般を表わす

滑海藻《あらめ》——荒布《あらめ》
末滑海藻《かじめ》——搗布《かじめ》
海松《みる》——海松《みる》
鹿角菜《つのまた》——角又《つのまた》
鹿尾菜《ひずき》——ひじき
大凝菜《こるもは》(おおこるもは)——凝海藻《こるもは》
小凝菜《いぎす》——海髪《いぎす》
紫　菜《むらさきのり》——海苔《のり》

わが国へ中国文字が渡来した時期は明確ではないが、百済の王仁《わに》が『論語』などを伝えた応仁天皇の御代(四世紀末)が一つの目安とされている。おそらく、そのころから、徐々に右にあげたような海藻類に関する文字も伝えられたものであろう。伝来された文字は、それぞれの藻類と照合された上で、右のようにわが国固有の呼び名があてはめられていった。そして、紫菜には〝ムラサキノリ〟の呼び名が当てられたらしい。

右記のように、大多数の藻類は中国文字と日本名との間に脈絡がみられぬのに、紫菜に限ってはほとんど訓読に近いのは不思議である。紫菜の中国文字とムラサキノリという日本固有の呼び名が偶然にも一致したのか、それとも固有の呼び名は別にあった(アマノリ? イワノリ?)が、輸入された紫菜の文字が最も適切なので、これを訓続する〝ムラサキノリ〟の呼び名が旧名を圧倒したのか定かではない。

が、ともかくも文字がわが国に伝えられ、各種の文書が現われて以来、紫菜=ムラサキノリは、わが国では最古のノリを表わす文字と言葉として使われた。正倉院文書には、紫菜と書いて「無良佐木乃里」と記してある。平安時代末期の『宇津保物語』では、音便化されて「むらさいのり」となっている。これらが古代における紫菜の読み方だが、まれには単に「のり」と読むこともあった。『出雲国風土記』には、「紫菜《のり》島の社」と記され、『延喜式』にも、志摩の国の調（雑税）として、紫菜（乃利）と訓が付けてある。

紫菜の文字は、ノリの色を紫と見たところから生まれた。ノリは、確かに紫色を含むが、それが「紅藻類」に属することでもわかるように、生ノリは肉眼で見る限りでは、青黒い中に紅色の含まれた感じはしても紫色だとはみられない。乾し上げた品は、黒紅紫の混合して生じた、蒼黒色の艶を持っているが、紫色のノリと断定するには難がある。それなのになぜ紫の菜《のり》と名づけられたか。乾した品は、月日を経、湿気を吸うと、しだいに色があせ、紫一色に変わる。古代中国の首都の多くは内陸部に位置していた。そこへ紫菜を送ったのは、新羅（今の南朝鮮）や山東半島の沿岸であったらしい。僻遠の海辺から時日をかけて都へ運ばれるうえに、管理の知識にも乏しいから、間もなく紫変する。中国の古い書物『本草図経』に、

紫菜石ニ附キテ海上ニ生ジ正青ナリ、取リテ之ヲ乾セバ紫色トナル　南海ニ之有リ

とある。乾せば紫色となると見るのは、まだ当を得ているが、郭璞の注には「紫菜　色紫ナリ」と、無雑作な断定を下してある。文字の国、中国でもノリに関する知識に限っては、あまり高かったとはいえない。

もっとも、これを紫色とみなしたのは中国人ばかりではない。わが民族の祖先の一部もそうだったらしいし、ノリの学名「ポルフィラ・テネラ」のポルフィラは、紫色を意味するから、洋の東西を問わず、ノリを見る眼は同じだったことになる。いずれにしても、古代人は、これを表面的な視覚だけからみて皮相的な名称を与えた。

次項に示すように、味覚から生まれたアマノリの呼び名がしだいに支配的となった、平安末期から、〝ムラサキノリ〟の呼称は、急激に姿を消し、応仁朝以来七百余年の歴史は終焉の様相を呈した。ただし、紫菜の文字は宮廷、社寺など支配階層の間に連綿として伝わり、公用文書に限っては、実に一千数百年後の近代にいたるまで用いられ続けたのである（明治以降も勧業博覧会、官庁統計などには必ず使われた。また、それにともなってシサイ、ムラサキノリの呼び名もわずかながら生きながらえてきた）。

なお、紫菜のほかに紫藻（大宝令の貢租の中に見られる）、紫莢（釈名にこの文字があり、江戸期の漁村維持法の中にもある）などの文字も使われ、共にムラサキノリと読ませている。『和名抄』の紫苔は「すむのり」と読み、川ノリを意味する。『食経』（隋の煬帝頃の書物）の紫苔は「乾苔」と説明があるだけだが、紫菜と同義語らしい。

『延喜式』には紫菜と紫苔が混同して使われ、江戸期の書物にも混同して使われている場合がある。

4　神仙菜・甘海苔（あまのり）

『和名抄』の神仙菜の項には、

『食経』にいう紫菜のことである。紫の帛に似て石上に生える。三、四種あるが、紫色が一番上品だ

と説いてある。別に紫菜の項があり、

『兼名苑』にいう紫菜のことで、一名を石薺という……俗に呼んで神仙菜という

と説いている。『本草和名』(平安朝)にも、

紫菜は、形状が紫の帛に似て、一名を神仙菜という

とある。

これらにより神仙菜は、紫菜の雅号であることが明らかとなった。神仙菜とは隋唐からの輸入文字である。中国では、トサカノリにも「鳳尾菜」(鳳《おおとり》は中国の想像上の瑞鳥)の雅号を贈った。トサカに似るので鶏冠菜とも書かれたが、美しい鮮紅色、美味が、かの国の貴人たちに珍重されて雅号を得たのである。

「神仙菜」の雅号もまた、その色彩、味わいなどを嘉賞した貴人たちが、紫菜に託するに不老長寿の憧れをもってしたところから生まれたものであろう。なぜならば、神仙とは中国古代に生み出された不老長寿の神人を意味するからである。神仙の住む地は蓬萊島と呼ばれ、海上はるかな神秘境にあり、この島には延命長寿の仙薬があると考えられた。

紫菜に与えられた神仙菜の名は、蓬萊島で採れた不老長寿の海藻を意味することになる。海上を隔たることはるか彼方、内陸に築かれた都城に住む古代中国の王や廷吏たちによって、このノリの味が讃嘆されたことを、この雅号は問わず語りに伝えてくれる。ただし、黄塵万丈式の若干オーバーなこの文字は、わが国の人々には少しくなじめなかったらしく、『和名抄』『本草和名』以後の書物にはみられなくなる。

ところで、紫菜と神仙菜は、同様にノリを表わす文字であるにもかかわらず、『和名抄』は前者を「無

良佐木乃里」、後者を「阿末乃里」と読ませた。ということは、平安前期にはすでにアマノリの呼び名がムラサキノリと併存していた事実を示すものである。『和名抄』に忽然として現われた感のある〝アマノリ〟は、平安時代後期に入ると、甘海苔の文字を得る。たとえば、平安末期の『宇津保物語』には、紫菜と甘海苔の両文字が記してある。これより鎌倉時代にかけて、甘海苔の文字は短年月の間に、「神仙菜」を棚上げし、「紫菜」をも駆逐してしまう。そして江戸時代ともなると、『和漢三才図会』が、

按ズルニ甘苔は総名ニシテ、所出ノ地ニ随ヒテ名ヲ異ニス

と説いているように、古くから甘苔（甘海苔）は総名の座を得ていたものとみられるに至ったのである。

鎌倉時代以降、甘海苔（アマノリ）が、ノリの総名の座を得たことは確実だが、『和名抄』以前にも（甘海苔の文字はともかく）アマノリの呼称があったことを示す記録は見いだされていない。したがって、平安初期くらいまではさかのぼれるが、それ以前となると紫菜にその座を譲らざるをえなくなるのである。とはいえ、『和名抄』がアマノリの呼称を使い、鎌倉期以後、総称となった事実は、この呼び名が古来の大和言葉であることを示すものとみてよいのではないか。あるいは紫菜より古いかも知れぬが、これらの点は明確ではない。

甘海苔は、それを噛みしめたとき、ほのかな芳香とともに甘味を感じさせてくれる。平安中期ともなると、保存・運搬にも意を用いだしたものとみえ、ノリが本来持つ美味を実際に感じ取った結果が紫菜を追い、アマノリの大和言葉に甘海苔の大和綴りを付けさせたらしい。この文字は、表面的・形式的な紫菜の文字に比しいちじるしく実証的であり、神仙菜と名づけた中国の神秘主義と比較してすこぶる現実的であ

る。大陸奥部に都をおく国と、四面環海、豊かな海産を謳歌していた、古代日本との環境の差異であり、アマノリに寄せる心情の相違であろう。

ともあれ、甘海苔の呼称は、江戸時代を経て近代に入っても消えなかった。それればかりでなく、日本人が甘海苔と呼ぶ海藻類は、学名ポルフィラと呼ばれる、紅藻類ウシケノリ科中の一種であることが明らかとされて、「アマノリ属」と命名されて以来、俗称から海藻学上の日本名（和名）へと昇格するに至るのである。すなわち、明治時代に入ると、わが国海藻学の泰斗、岡村金太郎博士は、太平洋沿岸の外洋に面した岩に生じる三種のアマノリ属に、マルバアマノリ・オニアマノリ・ササバアマノリと命名している。

その後の研究が進むにつれ、わが国の沿岸にあって、アマノリ属に入るものは、右のほか二〇数種類あることが判明した（世界には数十種）。そのうち、養殖乾海苔の原藻となっているのは、アサクサノリ・マルバアサクサノリ・スサビノリ・コスジノリ・チシマクロノリ・ウップルイノリなど数種あり、主として波静かな内湾に自生するものである。これに対しクロノリ・マルバアマノリ等々、外洋の荒波に洗われて生育する岩海苔（後述）と呼ばれるものもある。わが国の沿岸で、古来甘海苔と呼び、食用としてきたのは、内湾性、外洋性を問わず、これら二〇余種にのぼるアマノリ属なのである。なお各地の海に生える原藻の種類は一様ではないから、同じ甘海苔と呼ばれるものでも、かなりの品質の差異があったはずである。

5　浅草海苔（あさくさのり）

花の雲鐘は上野か浅草か　　芭蕉

の名句をもじって、江戸の剽軽者《ひょうきん》が、

はなをかむ紙は上田か浅草か

の川柳をひねった。江戸時代初期にあっては、再生チリ紙の産地は、信州上田と浅草にあったのである。浅草紙の起源は、遠く徳川初期の天和年間（一六八一―八四）前後といわれるが、わが浅草海苔は、製法の範をこれから採ったと伝えられる。浅草紙は、和紙としては三流の域を出なかったが、浅草海苔は、第一級食品となり出藍《しゅつらん》の栄誉を得た。

平安末期から、紫菜に代わって書物によく現われるようになった甘海苔の字は、鎌倉、室町、桃山時代と引き続いて使われるのだが、その一方、室町期ごろから、「出雲（海）苔」のように土地の名産として都に知られだしたものは、地名を冠して呼ばれるようになる。商品生産が進んで、甘海苔が各地の特産物としての色彩を濃くしていった江戸時代ともなると、その傾向はますます露《あら》わになって各地に続々と特産ノリが登場する。その中で最も著名となったのは、いうまでもなく「浅草（海）苔」である。

明治時代に入るとノリは学問的に注目されだす。日本沿岸のノリ（和名アマノリ属）を取り寄せ、養殖ノリの研究に最初に着手したのは、スウェーデン人チェールマン（Kjellman F. R. 1897）である。彼は、日本沿岸に六種のアマノリ属の存在を確認したが、そのうち、浅草海苔の原藻に対し、ポルフィラ・テネラ（*Porphyra tenera*）という学名を与えた。この学名に対応して、岡村金太郎は、当時の製品名として用いられていた「アサクサノリ」という呼称をそのまま和名に引用した。

その後、日本の沿岸にはアサクサノリの他に、二〇数種のアマノリ属の存在することが判明したが、これは海藻学界での話で、一般の人々の関知するところではなかった。海苔養殖者、海苔商、消費者などの間では、「浅草海苔」といえば抄製ノリのすべてを意味するほどに、その名は人々の心の中に溶けこんでいくのである。つまり、現在にあっては、アマノリ属の一種で、和名を「アサクサノリ」という場合と、アマノリ属中の数種を養殖して、乾ノリに抄き上げたものを「浅草海苔」と一般に呼ぶ場合と、学名、商品名の二様に使い分けられているのである。

元来、養殖ノリは、すべてウシケノリ科の中のアマノリ属の数種を原藻としており、なかでもアサクサノリが久しい間にわたりその主体をなしてきた。アサクサノリ種は、すこぶる適応性に富み、岩手県以南鹿児島県に至る間の内湾に広く分布していて養殖に適する上、体の大きいわりに葉が薄く、触感が柔軟である。製品は、黒く軟らかく、焼くと鮮緑色を見せ、香味共によい。

古くは、江戸時代における各産地のアマノリも、多くはこのアサクサノリを製したものである。前掲『毛吹草』などにあるアマノリの種類中、小湊苔がマルバアマノリなどを、十六島苔がウップルイノリを、雪苔がクロノリを原藻とする以外は、ほとんどアサクサノリを原料とした製品だとみられる。

6　岩海苔（いわのり）と柴海苔（しばのり）

岩海苔とは、品種ではなく、文字どおり岩礁上に自生するアマノリの総称である。その意味では古代から近世初頭にかけて用いられた文字、紫菜・神仙菜・甘海苔・苔などと同義語といってよい。しかし、江戸期以前においてこの文字、語が使われた明確な形跡は見当たらない。

江戸初期、元禄時代（一六八八―一七〇四）の大坂乾物市場における取り扱い物品中に、「木苔、石苔」

があるが、この石苔は木ヒビに付くアマノリに対して石に付くアマノリ、つまり岩ノリの類を指すのではないかとみられる。木ヒビとは、現在のような網ヒビ養殖の行なわれる以前、漁猟やノリ、カキ養殖用として海中に建てられた、一〜二メートルくらいの小枝である。木ノリ、石ノリという文字は、右の記録以外には見られない。代わって、柴ノリ、岩ノリの字が現われ出すのだが、明確に記録の上で見られるのは、明治以降のことである。

明治時代に入って、ノリ養殖が、国家的見地から検討され始めた時、両者は厳密に区別されたものと見られる。柴（養殖）ノリは、葉が柔らかく混じり物がなくて商品価値は高いが、岩ノリは葉が剛く、砂や小貝などが混じることが多く、産地周辺以外に消費圏を見いだすことはできない。明治政府は、副業振興の上からも、課税上からも、区別の必要を感じたのである。

養殖ノリが発達した現在でも、全国各地に岩ノリを産する海は多い。産地付近の人々は、その岩ノリに対し、地名を冠したり（殿島ノリ、城崎ノリなど）、雪の降る季節に採れるので雪ノリ、色が黒く見えるので黒ノリと呼んだり、あるいは単にのり、あまのり、いわのりと呼んだり、地方によってまちまちな名称をつけている。それらの総称としていわのりと呼ぶ慣わしがある。この呼称はことによれば、アマノリと並ぶくらい古い歴史が地方の海辺にはあったのかもしれない。

現在の岩ノリ産地は、平坦な海岸線が長く連なり、冬季の荒波をまともに受ける日本海側に多い。岩ノリは、そこの岩礁上に付着し、太陽と波しぶきの栄養を摂取して生長する。波静かな内湾の多い太平洋側は、ノリ養殖地帯が開発されているので、内湾にはほとんど岩ノリはなく、わずかに岬周辺で採られているが、微々たるものである。

海苔養殖の始まった江戸初期より以前は、「あまのり」といえば一般的には岩礁上から採り上げたものを指していたのだが、現在は、のり（あまのり）といえば養殖ノリを指し、岩礁上に自生するアマノリは、特に「岩のり」と呼び、区別するようになった（柴ノリの呼称は、あまり広くは使われていない）。岩ノリと（柴）ノリとの区別は、品種によるものではない。が、アマノリ属は、アサクサノリ、スサビノリなどのように、波静かな海を好む内湾性のものと、マルバアマノリ、クロノリなどのように、外海の荒波に打たれて生育する外洋性ノリとに大別され、後者が岩ノリと呼ばれるのである。

岩ノリは、質が剛いので、柴ノリのような仕上げはできない。多くは、荒叩き（切断）、荒抄きしたものゆえ、製品に穴が多く、舌触りも荒い。所によっては、素乾しにしたり、手でむしろや板に打ち（押し）つけ、押し広げて仕上げとする。抄製品は一般に柴ノリよりも判が大きく、なかには畳の半分程の大きさのものもある。素乾し物は俵詰めにして保管する所もあり、他の海藻類と取り扱いに変わるところはない。こうした岩ノリの遅れた製法や管理法は、急速に姿を消しつつあるが、これらの遺風によって、往昔の人々の岩ノリに対する関心の度合をある程度偲ぶことはできる。

7　生海苔（なまのり）・乾海苔（ほしのり）・漉海苔（すきのり）

海から採り上げたばかりのノリを生ノリという。岩ノリ産地では、煮染め、酢和え、味噌汁、醤油汁などでその風味を味わう。乾燥品にはない新鮮な香ばしさが鼻と舌を刺激して美味なものである。だが、養殖ノリ産地では原料として高価なものゆえ、生ノリの食用はあまり行なわれない。ノリの商品化率のきわめて高い所以である。養殖ノリ産地では、ときおり生ノリの売買が生産地と抄製先進地との間で行なわれる。古くは享保年間、品川で採れた生ノリを浅草の製造家が買い取って抄き、幕末には、横浜野毛山下の生ノリが大森へ輸送され、抄かれている。また、広島では昭和初期まで、草津、江波の生ノリが大河方面へ販売されるための生ノリ市が立てられていた。

乾ノリとは、養殖ノリ、岩ノリを問わず、抄いて乾し上げた製品を指す。明治以後の公式統計には「漉《すき》海苔」（乾ノリと同義語）と共によく使われている。江戸後期になると、ノリ商の看板やノリ箱の表面などに「本場ほしのり」「乾のり」などと書くのがならいとなった。近代に入ってからは、この文字と呼称はますます普遍化し、現今では、焼ノリ、味付ノリなどの加工ノリに対し、普通判に抄き上げた製品を乾ノリと呼んでいる。乾海苔こそは、紫菜・神仙菜・甘海苔・苔・浅草苔等々、時代性を背景にして、次々に現われ、消え去っていった、ノリ文字とノリの呼称の現代版なのである。

8　海苔（ノリ）の文字と呼称の区分

現代において、最も自然に使われるのは「海苔」の文字と「ノリ」の呼称だが、ここに落ち着くまでには表1のとおりに太古以来さまざまの変遷があった。表には、一応の時代別区分がなされ、さらに使用頻度の高いとみられる順に上から下に並べてあるが、必ずしも明確ではない。たとえば、現代でも、海苔、乾海苔、浅草海苔の使用頻度の高低を問われても、簡単には答えられぬようなものである。

表の作成にあたっては、各時代の出典を参考にしたが、ことによれば飛鳥・奈良時代にも使われたとみられる甘海苔、神仙菜の文字が、資料不足のために表わされぬといった不備が出てきている。

通観していえることは、紫菜（ムラサキノリ）と甘海苔（アマノリ）の寿命が最も長いことで、紫菜（ムラサキノリ）がわかっているだけでも一千数百年、甘海苔（アマノリ）が一千余年使われている。これに

鎌倉室町～桃山 1192～1602	江　　戸 1603～1867	明治～大正・昭和 1868～	現　　代
あまのり しおのり 地名特徴 うっぷるいのり いずのり いずものり さどのり すのり等 むらさきのり (むらさきのり)	地名特徴 **あさくさのり** しながわのり うっぷるいのり ひろしまのり いもぜのり いせのり ゆきのり くろのり等 **のり** **あまのり** ほしのり (いわのり) (むらさきのり)	**のり** あまのり あさくさのり いわのり すきのり しばのり ほしのり しさい (むらさきのり)	**のり** あさくさのり いわのり あまのり ほしのり
甘海苔 紫菜 塩苔 地名特徴 十六島海苔 伊豆海苔 出雲海苔 佐渡海苔 雪海苔 など	地名特徴 **浅草苔** 品川苔 十六島苔 広島苔 妹背苔 伊勢苔 雪苔 黒苔など **苔** 海苔 甘海苔 **甘苔** 紫菜 (紫苔) (紫藻) 乾苔 (木苔) (岩苔) (尼海苔)	**海苔** 甘海苔 浅草海苔 岩海苔 漉海苔 乾海苔 (柴海苔) (紫菜)	**海苔** 浅草海苔 岩海苔 甘海苔 乾海苔

表1　海苔（ノリ）の文字と呼称の時代別変遷表

	文字以前	応神朝～飛鳥奈良 5世紀～793	平　　安 794～1192
呼称 (通称)	あまのり？ むらさきのり？	**むらさきのり** あまのり？	**むらさきのり** あまのり (むらさきのり) (のり)
文字		**紫菜**	**紫菜** 甘海苔 神仙菜 (紫苔) 無良佐木乃里 (乃利)

（1）　地名特徴とは地名特徴を読みこんだ呼称のことである．
（2）　カッコ内はごくまれに使われたもの．
（3）　ゴシック体はその時代に最もよく使われた文字，呼称．

対し、浅草海苔はわずかに三百数十年、海苔、乾海苔にいたっては百年余りの歴史しかない。地方特産物としてノリが売買、贈答に使われ出したのはめだった変化である。江戸時代となって、全国的にノリの交流が始まると、その文字も呼称も種々さまざまとなる。江戸時代だけにみられた大きな特徴は、「海苔」の海を取って、「苔」と書いて「ノリ」と読んだことである。なお「海苔」の文字は、江戸時代中期ごろから、ぼつぼつ使われだして、明治以降になってから急速に一般化している。表にはあまり出てないが、「岩ノリ」も古くから広範囲に使われたかも知れない。

本書の目的は、乾ノリの生産・流通を中心とした歴史の流れを追求する点にある。ところで、ノリ史に焦点を合わせようとする時には、必ずこれまで紹介してきたようなノリにあらざるノリや海藻類あるいはもろもろの魚介類などがその周囲に出没するものである。乾ノリが、現在の食品界において枢要な地位を占めるに至るまでには製造、販売、料理等々の分野において、これら多くの藻類あるいは海産全般との複雑多岐な交流史が展開されている。それゆえ、本書には必要に応じ、ノリ以外のものをも取り上げることになるであろう（本書においては繁雑さを避けるため「海苔」に代え、一般的には「ノリ」の表記を用いる。また、「アマノリ」、「アサクサノリ」と片仮名で表現する場合は和名を示し、「甘海苔（あまのり）」と書く時はノリと同義で通称を、「浅草海苔」と書く時は江戸でとれたノリもしくは商品名を、「乾海苔」と書くときは商取引上のノリを表わす）。

第3章　海苔史のあけぼの

1　文書に初見のノリ

海苔が文書に見られる最初は、飛鳥・奈良時代（六〇〇年ころから七八四年の間）である。中央つまり平城京と西日本の出雲国（島根県）、東日本の常陸国（茨城県）で、ほぼ同時代に記録されている。これは大和朝廷の版図全域に、この頃ノリが知られていた可能性を物語るものかも知れない。

まず中央では大宝元年（七〇一）には律令が制定され、その税制のうち調の部で、「紫菜」が貢納品に指定されている。だが、『大宝律令』、またその流れを汲む『養老律令』にも紫菜の貢納地は記されていない。和銅六年（七一三）朝廷は、諸国に命令して風土記を編纂させた。諸国物産を調査して、貢納品を制定するのが主目的であった。そのうち現在まで伝わるのはごくわずかだが、幸いなことに当時の全国第一等のノリ主産地、出雲国の風土記は、ほぼ完璧な形で残されている。

以下において、『出雲国風土記』により、同国のノリ産出状況を展望してみよう。産出地帯は、出雲半島の北岸一帯は、西は、日御碕《ひのみさき》辺から東は美保関《みほのせき》に至る間に一六カ所以上もあげられている。

出雲《いずも》の郡（今の平田市西部、日御碕に近い）
気多嶋　紫菜、海松《みる》生ふ、鮑《あわび》、螺《さざえ》、蕀甲嬴《うに》あり
脳《なずさ》嶋　紫菜、海藻生ふ
楯縫《たてぬい》の郡（島根半島西部、平田市に入る）
御津《みつ》嶋　紫菜生ふ
能呂志《のろし》嶋　同
許豆《こづ》嶋　同
秋鹿《あいか》の郡（島根半島中央部鹿島辺）
白嶋　紫菜生ふ
凡《すべ》て北の海に在る所の雑《くさぐさ》の物は海藻《にぎめ》、海松、紫菜、凝海藻《こるもは》なり
島根の郡（島根半島東端、美保関付近）
比佐嶋　紫菜、海藻生ふ
長嶋　同
黒嶋　同
亀嶋　同
蘇嶋　同
毛都嶋　同
比羅嶋　同
赤嶋　同

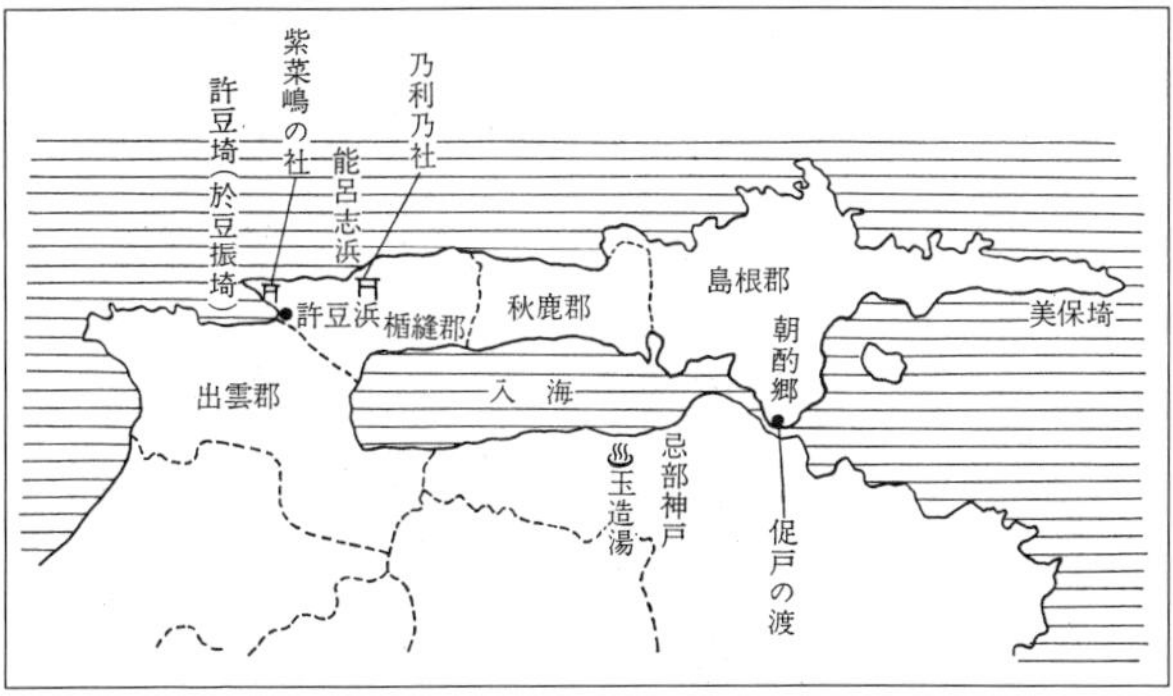

ここにあげられた限りでは、半島の東部に産地が集中しているが、『風土記』が「紫菜は楯縫の郡尤も優れり」と強調しているように、現在の平田市十六島《うっぷるい》周辺が優良品を産した。楯縫《たてぬい》の郡は、産出地の数こそ少なかったが、郡内には「乃利乃《のりし》の社」「紫菜嶋《のりしま》の社」と呼ぶノリの神社が二つもあった。その昔、紫菜島《のりしま》の社は許豆岬（現在の十六島地区前面の海辺）やノリの生える島々（岩盤の意味）を指呼の間に臨む位置にあった。乃利乃《のりし》の社は能呂島（今の唯浦海岸天狗島）にあった。

『出雲国風土記』によれば、当時の人々は、祭の日になると神前に集まって酒宴を開き、遊興を楽しみ、もろもろの話し合いも行なった。ノリ社の前でも、おそらくノリにより生計の道を得ていた人々が、神に感謝する祭を開いたり、年々のノリ採りに先立ち、打ち合わせをしたり、分け前を話し合ったり、ときにはノリ市を開いたりもしたのであろう。風土記撰上時代より一三〇〇年を経た今日でも、両社はノリを採る人々の崇敬の対象、集い合いの場所となっており、太古さながらの祭がとり行なわれている。

現存する風土記は少ないが、『延喜式』に記載されたノリ産地からみると『出雲国風土記』ほどたくさんのノリ産地を詳細に報告した書は他にはなかったことは間違いない。報告の結果、同国は全国で最大のノリ貢納地に指定された。貢納の済んだあとは、国内の各地で開かれた市に運ばれ、山の幸、野の幸と物々交換されたことであろう。出雲国ならずともノリの産出地は、概して野山の幸に恵まれぬ海辺にあった。当時は冬の波の荒い日本海側では、冬期の漁猟はほとんど期待できなかったから、ノリはことのほか重要な貢納品であり、交換品だったことであろう。

『常陸国風土記』にもノリに関する記録のあることは、既述（一五ページ）のとおりである。そこには「海苔」の字が使われているが、古代には中国風に紫菜と書くのが慣わしとなっていた。同『風土記』の記述が後世になって書き換えられたかも知れない。いずれにしろ同書の「海苔」が他の海藻である可能性は薄い。

ともあれ、当時の大和朝廷の版図（東北の一部、関東地方より南西方）の中央、東・西両地方でノリが知られていたのである。しかも律令によれば、紫菜は海藻中では群を抜いて高い貢納価値を認められていたのである。ノリは、その歴史の黎明から栄ある将来性を天下に示していたことになる。むろん大和朝廷以前、神話の時代からノリの食物としての評価は、それの採れる海浜を中心に高まっていたものであろう。

2　飛鳥・奈良時代の藻食

藻食は大和朝廷草創の時代になってにわかに流行したものではない。既出の万葉集、律令、風土記などが物語るものは、それ以前つまり原始時代から、海浜はもちろん内陸の一部の民にも、藻食の有用性は知られていたということである。しかし閉鎖的な原始社会では藻類の流通範囲は限られていたことであろう。海辺の民に偏していた藻食が、全国的な食風となりはじめたのは、大和朝廷による全国統一と、朝廷による大陸文化の導入、なかんずく仏教の導入に起因するところも大きい。初めて中央集権に成功した朝廷は、国々から朝貢させる調の中に藻類を加えた。また神々に捧げる神饌にこれを加えた。都にある人々は、文字の導入、伝来された書物の研究などによって、海藻の分類、名称、特質などに関する知識を蓄えていった。

仏教信仰が弘まり、殺生の戒律が厳しく称えられだして、肉食の禁令が天下に布達された。飛鳥・奈良時代を迎えたとき、農業はまだ穀物を除けば振るわなかった。いきおい、魚介類や採集植物に頼る度合はひじょうに大きくなった。採集植物の中では、貴賤を問わず、海辺ではもちろん、おそらく陸地の奥でも海藻類が最も重視された。山菜のようにあくがなく、手軽に食べられる上に塩分摂取の効能があり、乾燥しても特有の持味がある上に携行・運搬にも利点が多かったからであろう。当代における大宮人の食事の原型が神饌に遺されており、その中で藻類の比重がきわめて高かったことについては後に記述するが、神話の時代から大和朝廷へと経てくる間に、藻食は完全に大宮人の食饌に溶け入っていたのである。早くも万葉の時代となると、

丈夫《ますらお》は御猟《みかり》に立たし少女《おとめ》らは　赤裳《も》裾《すそ》引く清き浜廻《び》を
くしろつく手節の崎に今もかも　大宮人の玉藻刈るらむ

などの和歌にみられるように、高殿の大宮人にとっては海辺の貝拾いや藻採りは生活のためではなく、遊戯的行事となりきっていた。ところで、『万葉集』には玉藻を詠んだ歌がかなり載っているが、玉藻とは必ずしも特定種を指すものではなく、人々の藻類に寄せる親愛の情、価値観が玉の字で表わされたもので

あろう。が、人麻呂の長歌によれば、ノリの意味にとれる場合もあったようである。『万葉集』は、このほか「沖つ藻《もは》」「辺《へ》つ藻《もは》」と藻類を総称しているが、今もこの呼び方は祝詞式の中に残されている。

奈良時代に知られた海藻類につき、正倉院文書のうち「二部般若銭用帳」（天平宝字六年、七六二）、「奉写一切料銭用帳」（宝亀元年、七七〇）、「奉写一切経」（宝亀二年、七七一）から抽出してみよう。

海藻《にぎめ》　海藻根《まなかし》　滑海藻《あらめ》　若滑海藻《わかめ》　未滑海藻《かじめ》　干海松《ほしみる》　海松
青乃里《のり》　布乃利　紫菜　奈能利僧《なのりそ》　大凝菜《おおこるもは》　小凝菜《こるもは》　鹿角菜《つのまた》
鹿尾菜《ひずき》　母豆久《もづく》　於胡《おご》　蔣子《こも》　生古毛《こも》　都志毛《つしも》

このほか『万葉集』には、縄苔、広布（コンブ）萱藻《かやも》、玉藻などが出てくる。

当代に食べられた藻類は二〇種以上になったが、その中では何がよくとれ、よく食べられたかを諸文書の出典頻度によって調べてみよう（表2）。

まず、国々の風土記は、貢納可能の藻類の産出地を伝えている。風土記に関する限りニギメとムラサキノリが多い。右にあげた正倉院文書は主として写経生に支給する月料を記載したものであり、都にある主要寺院で消費されていた藻類を示している。これによればニギメ、アラメが圧倒的に多く、ココロフト（テングサ）、フノリ、カジメがそれに続く。

ムラサキノリ（紫菜、現在の海苔）は当時の貢納用産地が限られており、主産地出雲、隠岐、石見三国（現在の島根県）は都から僻遠の地にあった。他の貢納国は志摩（三重県）と土佐（高知県）の二カ国しかなく、貢納の絶対量が多いはずがないので、正倉院文書による支給量はきわめて少なかった。写経生のよ

表2　飛鳥・奈良時代における藻類の出典頻度

	ニギメ	アラメ	ココロフト	ムラサキノリ	フノリ	カジメ	ミル	その他
出雲国風土記	27		1	19			3	
常陸国風土記							2	3
豊後国風土記	1							
肥後国風土記	5						4	1
小計	*33*	*0*	*1*	*19*	*0*	*0*	*9*	*4*
正倉院文書	73	64	25	3	15	9	7	4
合　　計	106	64	26	22	15	9	16	8

うな中流以下の生活者にまでムラサキノリを支給する余裕はなかったのである。稀少価値が高くて、列島海岸至る所でとれるといってよい、ワカメ、アラメの類とは格が違っていたのである。

3　古代のノリ市

大化の改新以後、歴代天皇は国力の涵養に努め、各方面にわたって奨励したので、地方にも各種の産物が生まれた。地方に産業がおこると、原始生産物だけだった交換の市は、農芸品、工芸品を含んでいっそう盛んとなり、各地に新しい市も開かれるようになった。古代の市は信仰との結びつきが強い。人々は祭の日になると社前に集い、酒宴や歌舞を楽しむ一方では、銘々が作った物産を社前近くに持ちよってそこを交換の場としたのである。

早くも八世紀になると、地方にもこのような市のあったことを国々の風土記は伝えている。『出雲国風土記』によれば、忌部《いむべ》の神戸《かんべ》（今の玉造温泉付近）では「男も女も老いたるも少《わか》きも、或は道路に駱駅《つらな》り、或は海中を州に沿いて日々に集いて市を成し、繽紛《みだれまが》いて燕楽《うたげ》す」とあって、大勢の人が市日に歌舞飲酒し、道も海岸沿いも市に集う人で充ち満ちていた様子が描かれている。また、同国朝酌《あさくみ》の促戸《せと》の渡《わたり》（松江市内多賀の宮に近く中の海と宍道湖の通い合う地）でも「浜、譟《さわが》しく家闐《にぎわ》い、市人《いちびと》四方より集いて自然に鄽《いちくら》（商店）を成せり」とあり、浜辺の市場に商人が集まり、それぞれに品物を並べて売る店の賑わいが偲ばれる。

神戸と促戸の渡と、同国の市は共に浜辺にあったが、これは出雲国だけではない。『常陸国風土記』によれば茨城郡高浜へ「商豎《あきひと》（商人）と農夫とは艀艖《こぶね》に棹さして往来《かよ》う」とあるように、当時の市は船路にも便で、海幸と山幸を交換するに格好の場所に位置している。この当時、出雲も常陸も、海岸付近の平野では米や穀物が穫れ、絹や麻が織られており、海からはたくさんの海産が得られた。出雲の場合、日本海側で漁業を営む人々が、さまざまの海産の中でも高価な交換品としてノリを市へ運びこんだとみて間違いあるまい。そしてノリは、市人の手を経て平野部や山間の各地に運ばれたことであろう。

このようにノリは、遅くとも奈良時代の初めから、遠く本州の西方にある出雲国において売買されたのだが、都でも売買されていたであろうか。和銅三年（七一〇）、平城京（奈良）奠都に際し、朝廷は令して西の京、東の京に一カ所ずつ市を設けた。市には国々の産物が市人の手によって持ちこまれ、朝廷も取り立てた貢納品の余剰分を売りに出した。天平神護元年（七六五）、平城京の米価が騰貴した際には、朝廷は貯蔵米二千石を東西の市にセリ売りして米価引き下げ策を講じたことなどにより、この市は単なる流通機能のほかに物価調節機能をも付与された国の重要な経済機関でもあったことがわかる。東と西の市場には、種々雑多の店が設けられた中で、藻類関係では、海藻鄽《にぎめたな》（ワカメの店）、心太鄽《こころぶとたな》（トコロテンの店）が置かれた。海藻の文字は当時、ニギメまたはメと読んでワカメを意味した。ワカメ以外では滑海藻《あらめ》、未滑海藻《かじめ》などが売られたとみられるが、ノリが売られた可能性はあまりない。ノリは以下に記すように、貢納物としては貴重な品であったから、余剰が出るほど大量に都まで運ばれていたかどうかは疑わしい。

4 ノリ、調《みつき》に選ばれる

紫菜の文字が初めて見られるのは、大宝元年（七〇一）八月、唐令にならって制定された『大宝律令』のはずだが、これは残されていない。だが、ほぼその校訂版だといわれる現存『養老律令』により、内容はほぼ明らかとなる。その中におさめられた『賦役令《ぶやくりょう》』の中に左のような租税大綱がある。

税制は大きく分けて租《そ》・庸《よう》・調《ちょう》の三種となり、調《みつき》はさらに正調と調の雑物に分かれる。正調は、絹・絁《あやぎぬ》・糸・綿布など七種の糸製品中のどれかを規定量だけ納める。これらのどれも納められない場合は（正丁一人当たり）①鉄十斤、②鍬《くわ》三口《ふり》、③海産物二九種のそれぞれ規定量のうちから、どれかを選んで納める（正丁とは二一歳から六〇歳までの男子をいう）。

海産物の内訳は、魚介腹足類二〇種類（ほとんど乾製品か加工品）と塩と藻類八種となる。正丁一人当たりの貢納量は、それぞれの品の、当時における評価を基準にして定められた。これによれば（上位五位まで）、

紫菜《むらさきのり》四九斤、凝海藻《こるもは》一二〇斤、海藻《にぎめ》一三〇斤、海松《みる》一三〇斤、雑海藻《くさぐさのもは》一六〇斤、

となり、紫菜の評価は群を抜いて高かったことがわかる（一斤は約一六〇匁。一人当たりの貢納量は、少ないほどに評価の高かったことを示す）。

一応ここにあげられた貢納海藻類について解説してみよう。現在まで伝わる古代文書の中で、ノリを含めて海藻類の文字が見られる最古のものはこの『養老律令』である。

紫菜　――現在の岩海苔にあたる。
凝海藻――現在のテングサにあたる。
海藻　――カイソウと書き、ニギメと読む。ワカメを指す。
海松　――古代にはワカメと並んで重視された。現在ではほとんど用いられぬが、韓国では食べられるという。
雑海藻――文字どおり右以外の雑多な海藻類をいうが、調に名の示されたアラメ、カジメ、マナカシを除く。

紫菜《のり》の四九斤は、それ以下の四位までにくらべ、貢納量が約四割でよいことを示しており、高く評価されていたと実感できる。だが、魚介類の貢納量は左のとおりで、評価は断然高い。

鰒《あわび》一八斤、煮堅魚《にがつお》二五斤、熬海鼠《いりこ》二六斤、烏賊《いか》三〇斤、螺《さざえ》三二斤、堅魚三五斤、雑魚楚割《ざこすはやり》五〇斤

七位がやっと紫菜と肩を並べるというわけで、魚介類の高評価にくらべれば、紫菜をはじめとする海藻類は従の立場に置かれている。が、陸産貢納品として指定されているのは沢蒜《ひる》と島蒜だけだから、海藻類の植物性食物貢納品に占める比重は圧倒的に高かったことが知られよう。もっとも陸上植物性の食用が少

なかったわけではないが、それらを乾燥したときに海藻類のように貢納用にふさわしい価値の生じるものがなかったからであろう。ともあれ、『養老律令』制定当時の七、八世紀には紫菜の評価は、植物性食物の中で抜群の高さを示していたのである。

第4章　平安京におけるノリ

1　『延喜式』に見るノリ貢納

唐との交流は、平安時代となっても、なお百余年にわたって続く。寛平六年（八九四）、遣唐使が廃止されるのだが、これに至るまでにかの国から伝来された食品、調味料はきわめて多い。その中には、唐菓子（これが伝えられるまで、菓子は果実類を意味していた）や酥《そ》、酪《らく》、醍醐《だいご》（どれも牛乳製品で、バター、チーズの類）をはじめとして、熊の掌《たなごころ》、鵞《が》の膝《ものはみ》（咽喉）、兎の唇《くちびる》、竜の脳《たつき》等々の珍奇な食品があった。

唐との交流が断たれてのちは、唐風を巧みに同化しつつ、日本独自の文化が形成されてゆく。食饌の世界でも、各種の加工食品（特に調味料など）や栽培する菜穀類などで、日本食の中に溶けこんだものがかなりあるが、一方では前記した珍奇な食品は、わが国の食風になじまず、しだいに姿を消していった（ただ胡椒などは、後世まで大きな影響を及ぼしている）。平安時代もまた、飛鳥・奈良時代と同様に、米穀を主食とし、魚、貝、菜、藻食を副食とする、日本的料理の原型を育て続けるのである。ただし、前代との大きな差異は、後に記すように藻食の重要さが、菜食や魚鳥料理などの進歩と裏腹に後退したことであろう。

延喜五年（九〇五）右大臣藤原時平が勅を奉じて着手し、藤原忠平が受け継いで延長五年（九二七）、

『延喜式』五〇巻が完成された。平安時代の政治機構を記したものだが、その中に各地の特産物の記録を見出すことができる。以下に紫菜に関する貢納品を挙げてみよう。

調の雑物
志摩国（三重県）紫菜《むらさきのり》・海松《みる》・青苔《あおのり》・海藻《にぎめ》・海藻根《まなかし》・小凝菜《こころもは》・角俣菜《つのまたのり》・於胡菜《おこのり》・滑海藻《あらめ》
隠岐国（島根県）紫菜
出雲国（島根県）紫菜
石見国（島根県）紫菜
交易雑物
土佐国（高知県）紫菜

次に藻類別貢納国数によってノリと他の海藻類を比較してみると、ムラサキノリは三重県、高知県と島根県からの貢納品だが、島根県からの貢納量が最も多かった。ムラサキノリの貢納国は平安京からは遠く離れているが、貢納価値は奈良時代から引き続いて断然他を引きはなして高かった。遠国からはこばれる故に稀少価値も高く、味も天下一品だったのである。

2　五位以上の食べ物となる

『延喜式』には「大膳職」から、もろもろの儀式に際して、百官に支給された食料が載せられている

（大膳職は、諸国から貢納された海産物などを収納し、官吏、神社、寺院などに対する配給を任務とした官庁である）。左にその中から、ノリが支給されている鎮魂祭と新嘗祭を取り上げ、その際、五位以上の高官に給せられた食料と、六位以下のそれとに分けて考察してみよう。

右の食料のうち、五位以上と六位以下との相違点をみることにする。

共通に支給された食料――米・酒・大豆・小豆・醤《ひしお》・塩・鮭・堅魚《かつお》・東鰒《あわび》・鮓・栗・橘《たちばな》・海藻《にぎめ》

五位以上だけに支給された食料――隠岐鰒《おきあわび》・熬海参《いりこ》・烏賊《いか》・押年魚《あゆ》・堅魚煎汁《かつおいろり》・腊《きたい》・紫菜《むらさきのり》・海松《みる》・干柿・ツケナ

六位以下にだけ支給された食料――鯖《さば》・雑鮓《すし》

このように、五位以上だけに特別に支給される食料があって、ノリはその中に入っていたのである。なお、妃・夫人・無品親王・内親王など、皇族の月料として支給される食料が別に記載されているが、その内容は五位以上のそれと変わらない。皇族の月料には、それぞれ規定量があった。左にノリとニギメのそれを掲げてみよう。

賀茂斎《かものいつき》内親王月料	ムラサキノリ	一斤一三両
	ニギメ	一〇斤一〇両
無品《むほん》親王内親王月料	ムラサキノリ	一斤一四両
	ニギメ	七斤　八両

女御月料　　ムラサキノリ　一斤一四両
　　　　　　ニギメ　　　七斤　八両

ノリと違って産地も貢納量も多いニギメは、ノリの六〜一〇倍も支給されているが、ノリと違って六位以下も食べられた。

これらによってみても、ノリは傑出した価値を認められた、稀少性の高い食品であり、しかもこれを珍重することのできたのは貴族たちだけだったことなどが知られるであろう。さらにその例証を『宇津保物語《うつぼものがたり》』（平安中期の作品とみられる）にみよう。同書によれば「紀伊守が国のつかさたち」をひきいて、天皇の御前に参向した時の献上品には、壺入りの甘海苔・壺入りの鰹《かつお》・壺焼の鮑《あわび》・鯉十棒・雉子《きじ》十棒・銀の餌袋入り蜜・千歳汁《あまずら》などがずらりと妍《けん》を競っている。

これこそが世にいう「山海の珍味」である。豪華この上もないこの献上食物の中に名を連ねたことよりみても、アマノリは貴族らの贅美を尽くした食品の一つだったことは明らかである。なおこれらは壺入りだから生ノリだったとみられる（甘海苔の文字がみられる最古の書物は、この『宇津保物語』である）。が、〝生〟〝乾〟の詮議はともかくとして、前代に引き続き平安朝時代もまた、ノリにとっては最高の栄耀栄華をきわめた時代だったということはできる。

3　精進食に用いる

仏家が肉食を断つ風は奈良時代からひろまっていた。平安時代となっても、その風潮は変わることはなく、『延喜式』の中の大膳職に定める食饌をみると、厳しい戒律を守って精進食に徹していた僧たちの日常がほうふつとして眼に浮かぶ。神官や皇族、公卿たちに給付された魚介類も、仏家に対してはもちろん一品たりとも支給されてはいない。それに代わるものとして大豆・小豆・大角豆《ささげ》など支給される豆類の種類と量がかなり多い。また調味料、嘗物《なめもの》も多く、果物の種類も豊富である。ことに奈良時代には少なかった蔬菜（採集より栽培が圧倒的に多くなった）の増えたことも注目される。そしてまた、海藻類が廷吏・神官らに比し、きわめて多く支給されていたこともかなりめだつ点である。

『延喜式』に掲げられた聖神寺の斎会《とき》に際し僧たちに支給された食料を分類すると、穀糖類一三種、調味料七種、菜類（漬物を含む）二〇種、藻類一一種、果実類五種となり、藻類は果菜類に次いで多い。同じ聖神寺の「正月修太元師法料」に際して支給された食料は、藻類が一四種にも及んでいるが、その他では芥子《からし》、胡桃子《くるみ》、塩、醬、滓醬《かすびしお》と五種の調味料が支給されたにすぎない。参考として、藻類以外ではどのような食料が支給されたかを、同じく式内に示された金光寺などに例をとってみよう。同寺の講読師に給付されたのは、飯料二升・饘《かたいかゆ》・粥《しるかゆ》四合・雑餅四升、芥子一両・大豆小豆各五合・油二合、醬・未醬各一合、と種類は少なく、副食の中に蔬菜はみられぬ。また、七寺の盂蘭盆《うらぼん》供料の際には、米・糯米《もち》・糖・小麦・豆類・胡麻《ごま》・油・醬・味醬・薑《はじかみ》・熟瓜・茄子・水葱《なぎ》・胡桃《くるみ》・橘《たちばな》・杏子《あんず》・梨子・桃（以下略）などだが、藻類がここへ九種加わる。このほか、延暦寺・大安寺・嘉祥寺などの法会に際しては、調味料と藻類だけが給されている。これらに各寺院が供養料とした各種藻類の使用頻度をみると、海藻《にぎめ》が最も多く、続いて紫菜《むらさきのり》と滑海藻《あらめ》、それに大凝藻《おおこるもは》が多く使用されている。昆布も三種を合計すれば同じくらい多く、飛鳥・奈良時代にはみられなかった変革である。後年における上方の仏教信仰に結びついた、旺盛な昆布需要の萌芽は、すでにこの頃から育ちはじめていたのである。紫菜は前項に記したように、貢納価値が第一位であり、使用頻度も第二位である（表3）。貢納価値二位のマナカシ以下の藻類は使用頻度で落ちる。使用頻度第一位のニギメは貢納価値はぐんと落ちて第七位となる。

藻類の食品価値に関する差別は、すでに有史以来存在したものだが、菜類の栽培が進まず、加工食品も少なかった奈良時代までは、若干玉石混淆のきらいがあった。が、各種食品の多彩化した平安時代となると、厳しい選別が進行して、上の表にみられるように数種の藻類がクローズアップされてくる。その中では、ノリだけが群を抜いて人気も高く、価値ある藻類となっていたのである。鎌倉時代となり、宋からさらに多数の食品加工法が導入されると、藻類の食品価値はさらに低下するが、それでもノリに限っては不変の位置を維持するのである。

表3　貢納価値と各寺院における使用頻度順位（『延喜式』）

	貢納価値	使用頻度
紫菜	1位	2位
海藻根	2	10
於胡菜	3	5
大凝菜	4	4
小凝菜	4	—
角俣菜	4	9
海藻	7	1

4　紫菜の貢納価値

紫菜の貢納地は、志摩・出雲・石見・隠岐・土佐の五カ国で、このうち隠岐では、調と中男作物と二通りで貢納している。神話によれば出雲・石見・隠岐は、いずれも最も古くから開けた国々であり、志摩国も伊勢神宮の草創とともに開けた国である。日本誕生に有力な一翼をになった国々が、紫菜の最古の貢納地＝産地となっていることは、ノリと日本民族の祖との深い縁《えにし》を示すものといえよう。奈良・平安時代となってから、ノリが貢納品中で第一級食品としてもてはやされた秘密はこの辺に隠されていそうである

（なお土佐国が紫菜の貢納地もしくは産地と記録された公文書は、後世に至るまでこの『延喜式』を措いて他には見当たらない。明治十八年になって「水産品産額表」にあらわれた高知県の産額はわずかに五〇〇円、全国順位は二三位。これらからみると紫菜の貢納地となったのが不思議なくらいである）。

さて、紫菜の貢納物としての価値を知るために、再び『延喜式』の主計式より各種の調を抜きだして、正丁一人当たりにつき規定された量目を紫菜と比較してみよう。

米	六斗	塩	三斗	大鹿皮	一張	堅魚《かつお》	九斤
烏賊《いか》	一〇斤	鰒	四斤	乾鮹《たこ》	九斤余	乾螺《ほしにし》	一〇斤余
イリコ	八斤余	鮭	二〇隻	乾鰯	三六斤	雑魚楚割	一六斤
紫菜	一六斤						

これらを米の規定貢納量である六斗を基準として比較することにより、他の品目の価値を知ることができる。たとえば塩三斗もしくは紫菜一六斤が、米六斗に相当したことなどが知られるのである。

続いて左に、藻類に限ってそれぞれの正丁一人当たり、および中男一人当たりの調を、量の少ない順に並べ、ノリの価値をみよう（一斤は約六〇〇グラムとみる）。

	一丁（正丁一人）	中男一人当たり
① 紫　菜	一六斤	二斤
② 海藻根	一六斤	四斤

③ 於胡菜	二六斤	—
④ 大凝菜	三〇斤	六斤
⑤ 小凝菜	三〇斤	八斤
⑥ 角俣菜	三〇斤	—
⑦ 海　松	三三斤	五斤
⑧ 海　藻	三三斤	六斤
⑨ 鹿角菜	三三斤　五両	—
⑩ 滑海藻	八六斤一〇両	一二斤
⑪ 雑海菜	—	八斤

正丁一人当たりでみれば、紫菜と海藻根《まなかし》は、同価値を持つように見える。しかし、中男一人当たりでみると、紫菜は海藻根の半分を貢納すればよいことになっている。さらに鹿角菜《つのまた》、大凝菜《おおこるもは》や海藻《にぎめ》の三分の一、滑海藻《あらめ》の六分の一の貢納で済んだ。紫菜の貢納品としての価値が、他の藻類よりきわ立って高かったことが知られるであろう。なお注目すべきことは、『延喜式』の調の規定量を『大宝令』のそれと比較してみると、左のように変化がみられることである。

	『大宝令』	『延喜式』	『延喜式』になって減少した割合
米	六斗	六斗	0
塩	三斗	三斗	0

紫菜	四八斤	一六斤	$\frac{1}{3}$

ノリの場合を例示すれば『養老令』当時の四八斤（約二九キロ）という大量貢納は、実際には困難だったのではなかろうか。ともかく、『延喜式』の施行により、実情にかなり即した規定書が制定されてからも、藻類中ではノリの貢納価値は随一だった。

しかし、『延喜式』施行前後を比較すると、ノリの貢納価値は、貢納物の種類が増加したために、相対的には沈降している。『養老律令』によれば、調の品目は三三にすぎず、そのうち海産物が約八割を占めており、藻類だけでも八品目、三割近くに達していた。ところが、『延喜式』の時代になると、手工業の進歩によって、交易雑器、交易雑物などの名目で盛りこまれた何百種類にもおよぶ貢納品が現われた。これに反して藻類の場合はまったく種類が増えなかったのだから、その貢納価値は霞んできたはずである。

また、調にあげられた食物は数十種類に及ぶが（ほとんど水産物）、そのうち藻類は一〇種類で他の食物の品数との比は五対一となる。奈良時代において三対一だったことと対比すると、食品類の中における藻類の、ひいては紫菜の貢納価値はかなり下降したことを示している。すなわち、紫菜をも含めた藻類の食品価値が高かったのは、太古より奈良時代までである。平安時代になると種々の食品が出現して食生活が多彩となり、藻類の食品価値は相対的に低下したこと、平安京におけるノリの価値もまた前代ほどでなかったことを『延喜式』は物語っている。ノリが貢納物として重視された慣習は、奈良時代が絶頂であり、平安時代に入っては横ばい状態となり、さらに下降してゆき、鎌倉時代ともなるとほとんど姿を消してしまうのである。

第5章　中世のノリ

1　伊豆ノリ献上

鎌倉時代、東国においてノリを産して知られた所といえば、太平洋の波しぶきに晒される磯——伊豆半島と房総半島、それに相模湾などだったに違いない。なかでも伊豆半島は、全岸にわたってノリを産出する自然的好環境に恵まれていた。が、惜しいかな鎌倉時代以前には、これを世に出すにふさわしい社会的基盤に恵まれていなかった。けれども鎌倉の町が栄え、たくさんの仏寺（精進食を摂る）が建立される事態となってからは、伊豆ノリなどは鎌倉にも運ばれるようになった。これに目をつけ、土地の名産として世に出したのは、鎌倉将軍家であった。

『吾妻鏡』の文治二年（一一八六）二月の条には「供御《くご》ノ甘海苔自二リ伊豆国一到二来ス鎌倉一ニ彼国ノ土産也任レセ例ニ差二専使一被二ル京進一レ之」とある。時は後白河法皇が院政の全盛時代で、頼朝が鎌倉入りして六年目のことである。彼はこれよりさらに六年後の建久三年に、征夷大将軍に任ぜられ幕府を開いているが、この頃はまだ必ずしも将軍の座に安住していたとはいい難かった。弟義経を探索し、奥州を征伐して全国を統一した上で、朝廷の信任を全面的に得ようと努めていた時代である。そうしたさなかの献上品に、伊豆産のノリが選ばれたのだから、すでにその頃からそれは東国特産としてかなり重視されていたものであろう。

なおこの後も文治四年（一一八八）四月、文治五年（一一八九）十一月、建久五年（一一九四）一月の三回にわたって「伊豆産海苔」の献上された記録がある。ちなみに三回目にノリを贈った文治五年は、義経が衣川において殺された年で、その翌年には頼朝が上洛している。第四回目にノリを贈ったのは建久五年だが、その翌年にも彼は上洛し、天皇に従い東大寺の供養に臨んでいる。二回にわたって上洛する前年にノリが献上されているのである。

北条氏執権の初期（一二八〇年頃）、三浦半島の金沢八景近くに北条実時が創設した金沢文庫に残る文書によれば、金沢貞顕は所領陸中国玉造郡より貢納された「和布《わかめ》一合《おり》」を称名寺に贈った。これに対し称名寺からは「和布」は「此へんにはめずらしく……返々《かえすがえす》御うれしく……」と御礼状を送った。同じく「甘海苔」もまた遠く海を隔てた佐渡島や伊勢国、遙か西国の出雲国から取り寄せ、贈答品としたとある。出雲ノリが京へ送られた記録は平安末期に見えるが、それがさらに東国まで約二百余里に及ぶ道程を送られていたことが明らかとなったのである。

2　ノリに涙した日蓮上人

鎌倉時代に称名寺の僧侶が、遠く伊勢、佐渡、出雲の甘海苔を食べたという記録は、それ以前まで西国に偏っていたノリの移動経路が全国的に拡大され、東国の人々にもノリ食に関心を寄せる時代が到来したことを告げている。鎌倉に仏教が発達し、多くの仏僧や信徒が精進食に親しむようになると、東国に古くからあった海藻産地が自然に浮び上がってくる。鎌倉へ海藻を送っていた国々としては、伊豆、安房、下総、駿河、遠くは佐渡、陸中などが現存する記録にみられるが、もちろんその他の国々、上総、武蔵などからも送られたことであろう。

鎌倉など関東の各地で熱烈に法華経を説き、のち幕府の忌諱《きい》に触れ、佐渡島へ流された日蓮上人は、この島で故郷の安房や鎌倉に在ったときと同じ海藻類を見いだす。後年許されて本土へ帰り、甲州身延山に僧坊を開くと、上人の足跡が及んだ各地の海浜からノリ、ワカメの類が送られてくる。偶然といおうか、奇縁というべきか、上人が一生のうち遍歴し、説法して歩いた安房、鎌倉、佐渡などはみな、ノリの名産地か、それに関係ある地であった。鎌倉は伊豆ノリが出廻っていたし、佐渡は称名寺へも送ったことのあるノリを名産としていた。身延にあった上人の許へは佐渡の信者・紺入道からはワカメ、コモなどと共に甘ノリ二袋が贈られている。

日蓮上人誕生の地、安房国小湊付近は現在も岩ノリの産地である。上人在世時からノリをよく産し、上人は幼時からその味に親しんでいた。身延にある上人のもとに、故郷安房の大尼御前ならびにその子《むすめ》新尼御前から、甘ノリ一袋が届けられたとき、今は亡き師の御坊を偲び、両親を追慕しつつ、つぎの一文をしたためている。鎌倉を去り、山峡甲斐国身延の沢にかりそめの庵室を結んでから八カ月目、文永十二年（一二七五）二月十六日、上人の誕生日のことである（新尼は、日蓮の父母が恩を受けた名越尾張守公時の妻だった人、名越家は日蓮の故郷に近い長狭郡東条郷の領家の家柄だった）。

峰に上りて、わかめや生ひたると見候へばさにはなくしてわらびのみ並び立ちたり、谷に下りてあまのりやをいたると尋ヌれば、あやまりてみるらん　せりのみしげりふしたり

故郷の事はるかに思ひわすれて候つるに今このあまのりを見候て、よしなき心をもひいでて憂くつら

しかたうみ、いちかは、こみなとの磯のほとりにて　昔シ見しあまのりなり　色形あじわひもかはらず、など我父母かはらせ給ひけんとかたちかえ（方違）なるうらめしさ、なみだをさへがたし

贈られた甘ノリに、小湊の磯辺に育った幼少の頃、ワカメやノリを採った思い出を偲び、甘ノリを見るにつけ、その色形味わいは変らぬのに、なぜわが父母は変ってしまわれたのかと嘆く、綿々の情露《あら》わな名文である。

この文によれば、小湊のほか、市河（千葉県市川市）、片海（場所不明）などで甘ノリが採られている。市川は江戸川の近くに位置し東京湾に面する。これまで記録の上に出現したノリ産地――出雲、隠岐、石見、佐渡、伊豆、志摩、土佐、伊勢、安房、常陸の九カ国（のち常陸国は淡水湖となったから除く）――のうち、内湾性のノリを産した可能性のあるのは伊勢国だけで、他は全部外洋性アマノリを産していた。当代に至って「市河」の名が見られたことにより、初めて後年の養殖ノリ産地と関係ある、内湾の海でも採られていたことが明らかとなったのである。

3　抄製の先駆け、川ノリ

日蓮上人に贈られた藻類品目は「諸人供養品目私考」（身延山中村敬師）に表4のとおり収録されている（表中、上野時光、南条兵衛は地元の檀徒、新尼御前は安房、紺入道は佐渡国）。

表にあらわれた供物を種類別に分けると、ワカメ六件、カワノリ四件、アマノリ四件、ヒジキ、コモ、トリサカ（トサカノリ）、コンブ、カジメ各一件となり、ワカメ、ノリの多いのがめだっている。称名寺の

表4　日蓮上人に贈られた藻類品目（「諸人供養品目私考」）

かわのり	二帖	上野時光
あまのり	一袋	新尼御前
わかめ	皆一俵	上野時光
かじめ		
あまのり わかめ こも	紙袋二 十帖 紙袋一	紺入道
河のり	五帖	南条某
和布	一連	
河のり とりさか	紙袋一	南条兵衛
ほうのり かわのり	一籠 五条	上野時光
生ひじき 干ひじき		四条金吾
昆布 海苔		三沢殿
のり わかめ		千日尼
生和布	一籠	池上大夫志

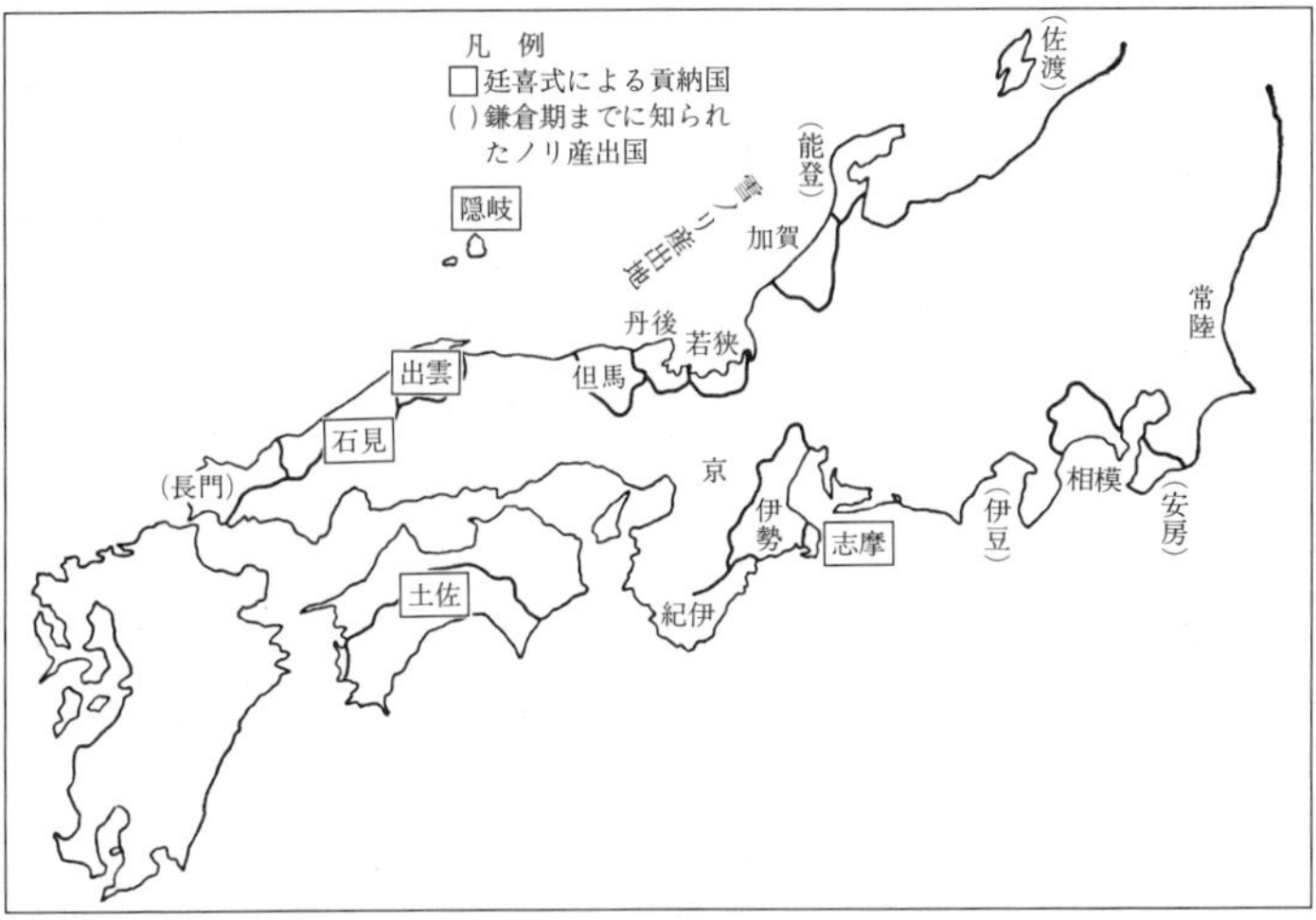

京に知られた中世以前のノリ産出地帯

僧たちもノリ、ワカメの贈与を受けているが、後述するようにこれは当時の一般的傾向で、平安時代に比べれば藻類食用にはかなりの変化がおこっていたのである。

表4で興味深いのは各種藻類の荷姿である。ほうのりや生《なま》ワカメなど生ものは籠に入れ、ワカメ、カジメなど多量の場合は俵入れとした。ワカメは一連、一合《おり》などの単位の使われたことでもわかるように、精選して並べ広げて乾し上げ、畳む場合もあった。甘ノリはまだ抄《す》かれるまでに至らず、採取したまま紙袋に入れるという簡単な貯蔵法がとられていた。これに対し、富士ノリと佐渡ワカメに限っては「帖」が単位になっている。このワカメは、佐渡の紺入道から贈られたもので、広幅で一枚を押し広げただけで紙状に仕上がる。河ノリは葉が小さいから「帖」（紙状の薄片を数量で表わす場合の呼称単位）で呼ばれる以上は、多量のノリをまとめて押し広げて製するか、抄きあげたものであったに違いない。甘ノリより一歩早く、なんらかの形で抄製品が生まれていたのである。江戸からそれほど遠くない所に紙状の河ノリがあったのだから、後年、浅草ノリが抄きノリとして生まれ変わるについては、富士ノリの影響を幽かながらも受けた可能性なしとはいい切れぬのではなかろうか。

4　精進料理の中の海藻

精進料理の材料は、黄粉《きなこ》、素麵《そうめん》、蒟蒻《こんにゃく》など大豆などを主とする加工品類と牛蒡、葱、大根、松茸、椎茸などの蔬菜や菌類と果実類、それに藻類の四本立てとなる。が、鎌倉期以降における藻類の地位は、奈良・平安時代に比べればはるかに低下していた。もはや精進食品中の単なる一品にすぎなくなってしまったのである。南北朝期に書かれたと伝えられる『庭訓往来』の中には点心《てんしん》、菓子、御斎汁《おんときのしる》、菜などに大別して左のような精進食品があげてある。

点心　――砂糖羊羹、マンジュウ、碁子麵《キシメン》、巻餅《ケンピン》、饂飩《コントン》
菓子　――タチバナ、熟瓜《ホゾチ》、柚柑《ユコウ》など
御斎汁――豆腐羹（汁）、薯蕷《ショコ》（イモ汁）など
菜　　――繊蘿蔔《センロホ》(千切大根)、煮染ゴボウ、コンブ、カジメ、アラメ、黒煮フキ、アザミ、酢漬ミョウガ、薦子蒸物、ナス酢菜、キウリ甘漬、ナットウ、イリマメ、茶苣エンドウ、セリ、ナズナ、差酢ワカメ、アオノリ、ジンバソウ曳干《ヒキホシ》、アマノリ、塩ノリ、酒炒マツタケ、平茸

海藻類は「菜」二四種の中では八種が記され、比重はやや高いが、精進食品全体からすればわずかである。

この傾向をさらに裏付けるものとして、室町末期に一条兼良が著した『精進魚類軍物語』（文明年間、一四八一年頃）がある。『平家物語』になぞらえたユーモアに溢れる通俗文学で、源平に分かれた精進軍と魚軍の合戦記である。この中には多数の魚類、精進食品の名が見えるが、精進軍の中における海藻部隊の勢力はあまり強いとはみられない。精進軍の大将格はすり豆腐権守と納豆太郎糸重で、はるか末席に昆布大夫、荒和布新介、青海苔、昆布苔、鶏冠《とさか》、雲苔《すのりの》太郎などの海藻軍が控えている。海藻は、魚軍と同じく海を故郷に持つ因縁で、一門の総帥格「昆布大夫」の娘「磯の若布」は、「鯛の赤介味吉」に嫁いでいた。いざ合戦となって、赤介と若布は、進退きわまって懊悩を重ねるが、ついに若布は離別され、泣く泣く親許へ帰るという一幕もある。ところで、甘ノリ一族を代表して軍に従った雪苔《すのりの》太郎は、海藻軍の最後尾に

名を連ねる一将にすぎず、彼についての説明はなにもない。
「雪《ゆき》ノリ」は、徳川初期の書物に、北陸方面における岩ノリの通称として記されており、室町時代にあっては、十六島ノリと並び能登、若狭方面から京へ送られていた代表的なノリであった。『延喜式』の時代には貢納品として出雲、石見、隠岐、志摩の各国から送られて、都には多種多彩なノリがあったのだが、ノリが貢納品から外された鎌倉期以降は、遠国よりも地理的・宗教的にあるいは商取引上、近縁関係にあった北国のノリが運ばれるようになったのである。本場出雲ノリ（十六島ノリ）も室町時代には、贈答品としては送られているけれども、もはや朝貢時代と違って運ばれる量に限りがあり、ごく貴重な食品となっていた。田舎食品である雪ノリは、京へ上っても地味な存在だったに違いない。だからこそ精進軍の控えの一将の地位に甘んじていたものといえよう。

5　紙状のノリ誕生

室町時代に入ると進士流、四条流、大草流など料理の流派が出現したことでも明らかなように、料理の種類は激増した。しかし『四条流庖丁書』に載せられた四〇余種はすべて魚鳥料理であり、『大草流庖丁書』の九〇余種の中にも藻類は七種しかない。しかもその中にノリ料理は三種だけである。そこから二種をあげてみよう。

のりからみ　くづしの中へアマノリを入れて湯引し、少し炙って切れば、ノリが筋のように見える。これに薄垂れをかけ添肴をして出す。

藻巻　タイ、コイなどの身をすりつぶして、梅の実ほどに丸め湯で煮て、黒ノリで美しく包み、カツオ、タレ味噌、酒などで汁を作り、かけて出す。

青ノリが単に色合と香気を添えるのにすぎないのに反し、ノリは藻巻、ノリからみなど、料理の主要部をなしている。青ノリが採取したまま乾燥して粉にされたのに対し、ノリはすでに紙状に仕上げて使われていた。くづしの切口にノリが筋状に現われたり、くづしを包むのに使われたことなどが明らかな証拠である。形式虚礼をはびこらせた風潮が、当代の料理界にも停滞をもたらしたことは既述のとおりだが、一方では微妙な舌の味を得意がる繊細さも芽生えつつあった。また見て楽しむ料理を好む傾向も、ノリの精製品の進歩にとっては幸いであった。それが単に紙状に押し広げた程度か否かは分からぬが、ともかくも一種の抄製品が誕生したのである。ただし、それは色合を美しくするために使われただけで、風味を尊ばれた模様はない。形式化した公卿料理は、ノリの真の味を活かすことができなかったのである。

料理書にはあまりみられなかった藻食も、日常食にはよく用いられた。当時の日記は、中世から近世に及ぶ公卿の日常生活をうかがい知ることのできる貴重な記録であって、出録される食物の種類もかなり多い。その中から、主要な海産品の表われる頻度を記してみると（山口和夫『日本漁業史』による）、

貝類　アワビ三五九、ハマグリ一四六、カキ四二、アカガイ一五、バイ四三、サザエ四

藻類　コンブ二七七、ミル二二五、アマノリ八五、アオノリ八四、ワカメ五六、モヅク六二、カタノリ二九、フノリ一三、トサカノリ四、シロモ二、ヒジキ一、ホンダワラ一

となる。ここに表わされた使用頻度は、必ずしも当時の実情をそのまま表明しているとは断定し難いが、公卿社会の藻食事情のおよその傾向を知ることはできる。

平安時代まではワカメの使用頻度、使用量が最も多く、続いてアラメ、カジメ、フノリ、ココロブトなどの使用が多かった。当代となると、それらに代わってコンブの使用頻度が圧倒的に増えた。また古代から神饌に供され、和歌に詠まれて馴染みの深かったミルの食用頻度の著増していることが、中世公卿社会の一つの特徴となっている。アマノリは、平安時代までは貴重食品の部類に属していたが、当代に至っては、アオノリと共に使用頻度が増加して、アラメ、カジメの食用価値、食用量の低下と好対照をなしている（ただし、アラメ、カジメはヒジキなどとともに、庶民の間では根強く食べ続けられていた）。

ところで、中世にあっては食品全般の中における海藻類の占める比重は、古代に比しはるかに後退したことについては既述のとおりである。これがさらに室町期に入るとなお顕著となり、一方では個々の食品に対する選別眼が肥えたので、藻類の場合も古代のように〝食べられるものは何でも〟という風潮は消えて、右に挙げたコンブ、ミル、アマノリなど数種の味が特に好まれるようになったのである。中世は古代と近世との味の懸橋となった時代であり、日本食の形成された時代でもある。中世の公卿社会で好まれた右の数種は、江戸期に入ってもなお、支配者階級の食饌、茶席の料理などで重んじられる海藻であった。そして現代においても、ミルが退き、代わってトコロテンが登場した点を除けば変わりはない。日本的藻食の特色は、中世以来変化はないといってよい。

6 茶の湯に用いる

喫茶が盛んになってからは、集香湯《しゅうごうとう》（苦参、肉桂、甘草などを調合した粉薬に湯を入れる）に代わって茶が用いられるようになり、点心の性格も茶請に軽食の意味を持つようになった。今でも茶懐石料理には、点心と呼ぶ軽食がある。中国では今も茶請を点心と称している。現在の引菓子は、点心の遺風だといっている。

茶懐石料理は、茶の湯流行にともなって発達した料理である。温石を懐に入れ、冷めぬ間に食べ終えるほどの料理、つまり一汁二、三菜の簡単な小座敷料理であって、宴席の料理ではなかった。懐石料理の中には「椀盛《わんもり》」と呼ぶ汁物がある。この種の汁には、豆腐を算木に切ったり、ソバを摘み入れたり、いろいろの工夫がなされていたが、この中へは生ノリあるいは乾したノリを焼いて摘み入れ、香味を添えた。中には豆腐と貝柱の汁へノリを入れる、当時としては豪華な料理もあった。ノリを焙れば汁の中へ入れてよし、そのまま食べてもよしで、ノリ独特の風味は、僧坊の人に充分認識されていたのである。

焼ノリの味は、精進料理が発達し、喫茶の風が弘まり「茶の子」が好まれるようになったことによって、なお一層人々の心を捉えていった。公卿料理が見落としたかも知れぬノリの風味は僧坊料理の中で認められたのである。

茶の子とは、室町時代になってからは、料理のあとの喫茶に際して必ず食べられたものである。点心と同義語に使われる場合もあるが、一般的には区別されていたとみるべきである。『山内料理書』によれば「ちゃのことはてんしんのちまいるをいふ、されば点心以後の茶子なるゆえにしほしほしくこまやかなるもの」だとして、串かき、のり、くり、むすびこぶ、金柑、麩などをあげてある。茶の子とは、淡白な量の少ない木の実類、海藻類などをいい、点心のような濃厚な甘味類は含まれない。点心には宋風を模倣した食品だけがみられるのに対し、茶の子は日本風の食品が多い。点心が外来語であるのに対し、茶の子は建武のころから使われ出した日本の用語である。『庭訓往来』の中で茶の子としてノリが使われたことはすでに紹介したが、『続庭訓往来』にも「茶の湯法」の中に、点心として「羊羹、巻餅、素麵、饅頭、饂飩」、茶の子として「麩拮物、笋干、生栗、干松茸、豆腐上物、油煎和布、青苔、出雲苔、煎昆布、紫苔《すむのり》(川ノリ)、海雲、甘苔、菊池苔、大豆、牛蒡」をあげている。点心が中国風の菓子や餅類、麵類であるのに対し、茶の子は大豆食品、海藻類、菌類、菜類などの日本的軽食品であり、両者の区別は明瞭である。特に、ノリなどの藻類がかなり多く使われていることにより、茶の子はいっそう日本的な色合を濃くしている。

なお、右以外で、海藻類が茶の子として扱われた例をもう少しあげてみよう。『新札往来』の茶の子として、「榛《はしばみ》、胡桃、栢実《かやのみ》、海苔、干棗《なつめ》、杏仁、干松茸、笋《たけのこ》干、唐納豆、結昆布、串柿、吹上麩《ふ》、干薑蔔(干大根)」が、『尺素往来』には「干栗、栢実、干棗《なつめ》、串柿、胡桃、干松茸、豆腐上物、油炙、麩指物、結昆布、泥和布《ぬため》、出雲苔、海苔」があげられている。結コンブ、ノリ両種は、海藻食が退潮の兆しを明らかにしてきた当代となっても、茶の子として欠かせぬ品となっている。両種のほかではモズク、青ノリ、ワカメなどが時たま用いられたにすぎない。精進食品と並んで、藻類の使用量が多かった茶席料理にしてこの有様である。一〇余種の藻類が貴族たちにより、ふんだんに使われていた古代公卿社会と対照すれば驚くべき変化といえよう。

茶席料理としては、川ノリの見えることは一つの特徴である。『続庭訓往来』に紫苔《すむのり》がみられ、さらには遠く肥後国菊池川上流の菊池ノリが送られてきている。コンブは、煎コンブ、炙コンブ、結コンブなどと加工してもてはやされている点が注目される。ノリは、甘ノリのほかに出雲ノリ、塩ノリなど、種類の増加がめだっている。塩ノリはおそらく、海水から採り上げたまま乾し上げたもので、甘ノリは長持ちさせるために水洗いして乾し上げたものであろう。

出雲ノリは出雲国島根半島の十六島岬《うっぷるい》を中心とした産地の品である。富士ノリ、菊池ノリなど、川ノリと並んでアマノリの中に初めて地名を冠するノリが出現したのである。平安末期から鎌倉初期の作といわれる『堤中納言物語』に「出雲の浦の甘海苔」と出ているが、「出雲苔」と明確に書かれた文献は、当代になって初めてみられた。

出雲ノリのうちでも十六島岬《うっぷるい》産は特に十六島ノリといって珍重がられた。早くも応永年間(一三九四―一四二八)において京の聖護院の献立に「十六島」が見え、文明十五年(一四八三)の『蜷川日記』にも同じくこの名が見られる。どちらも茶席での献立に出てくるものである。「うっぷるい」と呼ぶだけでノリを意味していたのだから、公卿や僧侶階級では、よほど古くからこの品を用いていたものであろう。

7　戦陣料理

戦国の世を迎えると、武家は戦場を疾駆すること多く、寛いだ食事をする暇は少なくなった。ここにおいて陣中食としての即席料理が種々に工夫されたことが、徳川時代の軍学者たちによって説かれている。『吉備温故秘録』によれば「昔乱世には味噌をすり、薄く押し固め俵にして之を持ち」とあるように、干味噌が戦陣に用いられた。『不伝妙集』によれば「陣中へ干菜、干大根わらび、芋の茎など入持て、先にて水を入れて煮ればそのまま汁になるべき也」とあるが、これらの他、干魚、鰹節、昆布、葛などの乾物類が用いられたことが諸書に見えている。

ノリが戦陣食として用いられた記録は、『甲陽軍鑑』の中にみられる。「湯漬之事」として「のり」を使っているのがそれで、即席に適するところを認められたものであろう。このほか、陣中の即席料理として用いられた一つに「冷汁《ひやじる》」がある。出陣が決まると醬油で凍豆腐、煮干しなどを大量に煮て、そのまま樽などに詰め戦場に携行する。その汁を食事の際、別に携行した干菜類にそそいで食べるのが冷汁である。もし暇があれば、干菜に代えて、青菜、海藻類を茹でて冷汁の実とする。徳川時代になってからのことだが戦乱の鎮まってなお日の浅い寛永年間に書かれた『料理物語』には、冷汁に用いる藻類として、「モズク、カジメ、アマノリ、浅草ノリ、ウップルイ、ノロノリ、富士ノリ」をあげている。これらは焙ったり、あるいは簡単に湯がいた上で、冷汁を注げばすぐ食べられる即席食品である。こうした冷汁の料理法が見られる書物は、『料理物語』が初めであり、泰平の打ち続いた後世となるとしだいに見られなくなる（郷土料理としては各地に現在でも存する）。同書と戦陣料理との関連の深さからして、ノリが冷汁用の陣中食として用いられることはあったとみてよいであろう。

8　菓子として

乱世を収拾した秀吉の時代となると、彼の豪快闊達な気性によって、燦爛《さんらん》眼も眩《まば》ゆいばかりの芸術、建築を生み、絵画では後世に桃山時代と讃えられる一時期を画した。しかし、飲食の面では、戦国の気風が抜けやらず、進歩の跡はあまり見られない。公式の饗饌には、室町時代以来公卿の間に伝わる、固定化した料理の流義が用いられていた。秀吉は、千利休を登用して茶の湯を学んだので、それまで京や堺などの一部町人や公卿階級がもっぱら嗜んでいた茶道は、広く大名・武家の間に伝播されていった。

室町時代も約二〇〇年間にわたって続けば、いかに故事旧実を重んじた時代とはいえ、茶の湯や献立の内容などにも、若干の変化が生じるのは当然であろう。室町初期には、茶の子、点心と分かれていた茶請も、末期になると総括して「菓子」と呼ばれるようになった。ノリは元来軽食品としての性質上、酒肴、茶請には最も適している。この時代の「菓子」とはそういった意味であって、現在の甘い菓子ではない。

永禄四年（一五六一）三月三十日、将軍足利義輝が、三好義長邸に出向いた時の献立がそれである。当時、織田信長は美濃の斎藤氏と戦い、上杉謙信は武田信玄と川中島で戦うという群雄割拠の時代であった。この饗応は十七献に及ぶ豪華な献立で、その中の「御ゆづけ」の部の最後に、「御くハシ（菓子）」として

きそくこんにゃく、ふ、きそくくるみ、かちぐり、のり、山のいも、むすびこんぶ、くしがき、からはな、みかん

があげられている。内容は木の実、海藻、果物、根菜など、種々雑多だが、いわゆる現今の菓子は含まれていない。

これより二〇余年後の天正十三年（一五八五）七月、秀吉が関白となって参内した時の宮中の献立では、現今の菓子の様相がかなり濃くなっている。

御菓子九色　　うすかは、からはな、やうひ、りんご、まめあめ、こぶ、かちぐり、もも、のり

このうち、うすかは、からはな、やうひ、まめあめは加工菓子である。右の中にりんご、ももがあるが、奈良・平安の昔は「菓」はすべてクダモノを意味していたのであって、当節になってもなおその名残りを留めていたものといえよう。くるみやかちぐりは、噛みしめて甘さを感ずる菓子であった。それではノリ、コンブは採取したそのままの自然の磯の香を噛みしめる菓子だったのであろうか。あるいは加工を施した菓子であったのか。

この当時、菓子として名の出てくるノリは塩ノリと甘ノリである。既述のように、室町期の塩ノリは天然の潮の香をそのままに残したもの、甘ノリは一旦淡水で洗い上げて乾したものと分類したが、これはあくまで推察である。あるいはコンブの例にならって、ノリも若干の加工は加えられるようになっていたかも知れない。ノリの持ち味を活かして菓子とすることは容易だからである。現在、ノリ菓子といえば、品川巻があるが、これは江戸期にできたものである。そら豆の油炒りや川柳を書いたひねり紙を混えたお好みせんべいの中には、ノリを厚く押し固めて小さく短冊型に切ったのが入っている。油いためにして塩味を付けたもので、酒のおつまみにも茶請けにも良いものである。戦時中、東京湾のノリ場ではこれと同様に採ったままのノリを押し固め、せんべい代わりに子供のおやつとした。塩ノリはこういった菓子になっていたものであろうか。近世初頭において、ノリがどのような製法で菓子になっていたかは不明だが、このころノリが菓子とみなされていたのはきわめて特徴ある事実である。

第6章　浅草海苔の誕生

1　浅草ノリ由来記

浅草ノリがいつ、どこで採れ、こう名づけられたかが話題となりだしたのは、江戸時代中期から後期（享保〜天保年間）にかけてであり、種々の書物がさまざまに説いている。

まず浅草ノリの採取年代については、単に「むかし」と表現している本が多いが、具体的に「元亀天正の頃」（『東都歳時記』天保五年、一八三四）、「国初の頃」（『御府内備考』文政九年、一八二六）と明記したものもある。ここにいう国初とは、家康の江戸入りした年――天正十七年（一五八九）を指す。浅草の町造りは家康江戸入り以後に進められたことから、かなり真実味があるといえよう。

次に浅草周辺のどこでノリが採れたかだが、諸書は浅草（観音）周辺だと一致して説いている。『御府内備考』は「此川（浅草川、隅田川）古は入海なりし由は観音縁起にも載たり」と、入海状の浅草川で採れたと説く。この説は、『江戸砂子』、『江戸図説』、『近世奇跡』、『新編武蔵風土記稿』など多くの本が主張している。「浅草の海」で採れたとする『東都歳時記』、『江戸名所図会』の説も同様なものである。

浅草ノリ名誕生の由来についての主張は五項に分かれる。

①浅草周辺の海で採れたから
②浅草で売られた（名物となった）から
③浅草で製され（かつ売られ）たから
④浅草の商人が売り出したから
⑤浅草寺および寛永寺との関係から

これまで紹介してきた諸書のほとんどは、浅草周辺の海で採れ、製し、売ったからと主張している。①②③のどれか一説、あるいは複合説を採っているのである。

④⑤についていえば、文政九年（一八二六）、幕府が『御府内備考』の編纂を企てた際に、江戸市中の有力商店に由緒書の提出を命じたが、ノリ商からは当時最も勢力を振るっており、老舗でもあった浅草材木町の正木四郎左衛門と永楽屋庄右衛門が指名された。この両店の由緒書が唱える説がノリ商あるいは浅草寺、寛永寺の名を弘めたというものである。

正木説によれば、「寛永の頃（一六二四―四四）葛西中川の海辺で蠣殻《かきがら》流木等へ付いたノリを掻《か》き取り、当所で干し立て、植木を商いながら干ノリを売り弘めたところ、元禄・宝永のころ（一六八八―一七一一）から大いに弘まって、自然浅草海苔と唱えるようになった」とのことである。

永楽屋説によれば、「浅草観音周辺が海であった時代に、浅草寺中興の祖となった平公雅卿が、ある夜夢枕に立った観音のお告げを聞いた。宮戸川沖に黒、赤、青の三つの海苔を見いだし、食べたら〝味わい美にして尋常の香高くて栴檀《せんだん》香木〟のようだった。それを知って土地の民家が取り揚げ、製して諸国に売り弘めた。浅草寺の薩埵《きった》（観音）の霊現より生じたので、浅草海苔と称した」という。

名付け親を天海大僧正だとするいい伝えが寛永寺に残されている（元全国海苔問屋協同組合連合会長・宮永清氏が、同寺住職より代々の口伝だとしてお聞きになった）。天海は寛永二年（一六二五）、三代将軍家光が菩提寺として東叡山寛永寺を建立したときの初代大僧正で、浅草寺を徳川家の祈願所に推選したといわれる。寛永寺には年々正月となると、将軍家をはじめ諸大名が陸続として年賀に参詣する。このとき同寺から浅草の名産として返礼とされたのがノリだったというわけである。当初は浅草寺からの贈り物だったが、元禄年間から享保年間にかけては、正木・永楽屋の二大浅草ノリ商を御用商人に指定し、大々的に買い入れ、参詣者への土産とした。それが浅草ノリの名を生むきっかけとなった、とされるのである。

以上を総合した上で私見を加えてみよう。

(1)はるか昔は浅草観音周辺は海であったから、その時代にノリは生えていたであろうが、採られていたかどうかはわからない（浅草が入海に面した最終時代は永禄初年（一五五八）ころとみなされる）。

(2)浅草から海が遠ざかっていく天正末年（一五九一）、徳川家康江戸入りのころ、浅草市は栄えていた。その市で近くの海、たとえば葛西・深川浦辺から運ばれた海産の一つとしてノリが売られた可能性はある。が、浅草ノリの名が生まれていたかどうかは不明である。

(3)慶長～元和年間（一五九六―一六二四）となると、江戸および浅草周辺の町造りが進んで、浅草は海から遠ざかった。が、この間に「浅草ノリ」の名が知られだした。それは江戸の町が繁栄して浅草観音信仰が深まり大勢の参詣者が観音門前で浅草ノリを買い求めるようになったからである。しかしながら、まだこの頃抄製品はなく、手で押し広げた程度の製品であった。

(4)寛永のころ（一六二四―四四）には「浅草ノリ」は、浅草で売られるノリの総称として使われている。供給地は葛西浦であった。この頃、品川浦でとれるノリが「品川ノリ」として知られだした。やはり抄製品ではなく、生ノリもしくは粗製乾燥ノリであった。

これらを要約すると、浅草が入江であった時代には、ノリが採れたとしても、浅草ノリの名が生じていたとは考え難い。特産名が生まれるについては、それを大量に求めるにふさわしい大後背地の出現が条件とされるからである。それは家康江戸入りまで持ち越される。江戸入り後の江戸および浅草の町造り、ならびに隅田川の改修工事により、河口が前進し、浅草が海岸から遠くなったが、その浅草市、観音門前町は繁栄し、大都市となった江戸の大群衆が参詣する浅草でのノリ評判は高まったのである。遅くも元和年間（一六一五―二四）には浅草（苔）の名は知られだしたとみられる。

2 『毛吹草』に見る諸国名産ノリ

『毛吹草』は正保二年（一六四五）に俳人松江重頼によって板行された俳諧集である。その巻末には当時の「諸国より出る古今の名物、聞触れ、見に及ぶ類」が詳細に載せられている。記された諸国名産の数は一八〇〇種に達する。このうち四割近い六〇〇余種を畿内五カ国（京、大坂など）が占めており、残余の一二〇〇余種が六二カ国の産出品である。単純平均では約二〇種となるわけだが、幕閣の所在地である江戸の特産物は七種にすぎない。その七種に「浅草苔《のり》」と「品川苔《のり》」が紹介されているのだから、江戸名産として「苔《のり》」の評判がどれほど高かったかが推察されよう。

『毛吹草』による諸国名産「苔」は左のとおりである（江戸時代には、産地名に苔と書くのが一般的で、海苔の表記はあまり使われなかった)。

下総国　葛西苔《かさい》　是ヲ浅草苔トモ云《イウ》
安房国　小湊苔
武蔵国　品川苔
伊勢国　甘苔
長門国　向津奥苔《むかつく》　向津ノ奥ノ入江ノササナミニ苔カくアマノ袖ヤヌレケン　人丸の詠ト云
備前国　藤戸苔
出雲国　十六島苔

右の内、外洋性の岩ノリは、小湊ノリ、甘ノリ、十六島ノリであり、内湾性は葛西ノリ、品川ノリ、藤戸ノリ、向津奥ノリだが、まだ養殖は行なわれていなかった。浅草ノリは浅草へ持ってきて売られる葛西産の総称で、原産地で売られれば葛西ノリといわれた。すでにこの頃、浅草ノリは通称にすぎなくなっていたのである。この後、深川や品川で採れたノリも浅草へ運ばれ、加工されて浅草ノリとして売られるようになる。

葛西浦で浅草ノリの原藻が採られだしたのは、利根川の水が隅田川から分離され、中川へ落とされた文禄三年(一五九四)以後のことであろう。以後葛西浦はしだいにノリの生育に適する海況となり、浅草へは最短距離の産地としてノリ輸送の適地になっていく。『毛吹草』に記された実状がそれを物語っている。

しかしまだ葛西産生ノリがすべて良かったわけではなかった。万治年間(一六五八―六一)板『東海道名所記』には、葛西ノリは色が赤く、磁器を紅に染める、との記述がある一方、浅草ノリと並んで品質がよいとも書かれているから、良質品はなるべく浅草へ送り、地元では真潮の影響の強い三枚州方面の色赤いノリを多く売っていたのではないか。

これより四〇年ばかり降って、元禄十年（一六九七）板行の『本朝食鑑』には、生のときは蒼色で、乾したのちに紫蒼色となるものを上質品とするとして、「浅草苔、葛西苔是也」とあって、『毛吹草』を裏付ける記述となっている。同書はさらに続けて、「浅草苔ハ　本《モト》総州葛西ノ海中ニ多ク生ズ土人之ヲ採リテ浅草村市ニ伝送ス　葛西ノ土人モ之ヲ販《ヒサ》グ」と、当時の浅草ノリ事情のすべてを物語っている。

この記述より一三年後の正徳二年（一七一二）に出た『和漢三才図会』には「総州の葛西苔、武陽の浅草苔……紫蒼色……味わい甘美なり」と称讃されている。

享保十八年（一七三三）の『江戸砂子』に、

葛西苔　葛飾郡桑川、船堀、二之江、今井、これらの所にて取り、其所にて製す名産なり……浅草苔に似て異なり、本草に紫菜と云ふは此海苔の事也

とあって、すでに浅草へは送られなくなり、葛西浦の産物でしかなくなってしまっている。

さらにその二〇年後を語る『葛飾記』には「名物葛西紫海苔　近年ハ少ナシ　寛延二己巳年（一七四九）ノ大水ヨリ絶ヘタリ」とある。しかし永久に絶えたのではなく、以後数年おき程度に復興と衰退を繰り返したが、浅草ノリの原藻主産地の位置を再び取り返す日は来なかった。

その理由の第一はたびたび襲ってくる水害である。第二は葛西浦に代わる新産地の出現である。第三は

葛西浦のように、天然自生のノリ採取でなく、養殖による大量採取を計る産地の出現である。

第一について言えば、葛西浦では貝殻、流木などに付いたノリを採る、原始的採取方法に終始していたので、いったん氾濫が起こると、ノリの宿生源である貝殻が埋まり、ノリ生育地が攪乱されてしまう。大水害などが発生すれば、少なくとも二、三年は原藻（ノリ）の浅草送りができなくなるのである。

第二の葛西浦に代わる新産地としては、深川浦、品川浦の登場があげられる。品川浦については項を改めることにして、深川浦を取りあげてみる。

『古今夷曲集』の中に「浅草苔に歌そへてえさせたる返事」として、

武蔵なる浅草のりは名のみなり　お心ざしの深川のもの　信海

とある。作者・宝蔵坊信海は、元禄元年（一六八八）に五四歳をもって死亡した人だから、この和歌はそれ以前、遅くとも明暦から貞享の頃（一六五五—八八）のもので、その頃深川ノリが浅草へ送られていたことを物語るものである。

正徳三年（一七一三）の永代寺門前、仲町裏通（深川蛤町）の「書上《かきあげ》」によれば、「仲町裏通」に「ノリ干場」があり、芝の廣岳寺門前の「家主藤次郎」なる者が、以前に小屋を建ててノリを造っていたとある。この頃、隅田川の河堤の造成が進んで、河口は西南方の芝浦、金杉浦を指向していたので、芝の住民の中にノリに関係したものも現われたのである。

正徳より四五年後の宝暦八年（一七五八）、深川八幡に近い「芥《ごみ》捨場跡」をノリ「干場」としたいという願人が出て、許可され、製造したとある。これらから推察すると、深川浦でのノリ干し、製造は、規模は大きくないが、百年くらいは続いたとみられる。しかし深川猟師町や近くの佃島は、江戸湾漁業の中心的漁民の根拠地であり、ここでノリにたずさわる者は亜流的な存在であった。

3　品川苔・浅草苔

葛西浦から浅草へ送られる生ノリは、天然着生のものだから多くはなかった。浅草ノリの需要が少なかった江戸前期までならそれで間に合ったが、江戸の町が繁栄していくにつれ、生産が需要に追いつかなくなる。深川生ノリの浅草送りも、需要増に応じるために始められたものだが、それでも間に合わなくなったとき登場したのが、本命ともいうべき品川生ノリである。

品川は江戸から上方へ向かう第一の宿場町であり、開幕後から、特に参勤交代の定められた寛永末年以降は、宿場の往還が激しくなっていった。「品川苔」は正保二年板の『毛吹草』に見られる（既出）ほか、江戸城における饗応品目に記してあるから、その名の出現は浅草ノリと同じく、江戸のごく初期のことであろう。

けれどもその当時は、後の生産地、天王洲は目黒（荏原）川の、同じく鮫洲は立合川の、それぞれ沖合にあるが、小河川のためにその影響は大きくなかった。そのため真潮の影響を強く受けて紅色を呈し、伸びも良くはなかった。『東海道名所記』（万治年間、一六五八―六一）には、「品川苔　色赤く形とさかのりの小さきもの也」とあり、『本朝食鑑』（元禄年間、一六八八―一七〇四）にも、「品川苔　状鶏冠《とさかのり》ニ似テ柔滑、海蘿《もづく》、鹿角菜《つのまた》ニ似テ精粗末紅……」とある。同書はさらに続けて「古ヨリ食スル所ハ此の苔也」と説くが、「麁《ソ》ニシテ密ナラズ、故ニ味ヒマタ美ナラズ」と書いており、評判は良くなかった。

正徳三年（一七一三）の『和漢三才図会』も、葛西ノリ、浅草ノリを「紫蒼色」にして「味ヒ甘美也」と誉めながら「武陽ノ品川苔ハ紫色ナラズ　味マタハルカニ劣レリ」と、依然として評価は低い。

明暦の大火の頃（一六五五―五七）までは葛西浦には隅田川と中川の淡水が好影響を与えていたが、品川浦はまだ隅田川の潤うところとはなっていなかった。が、この後、下町の開発が進み、芝竹町と品川間の海岸堤防の完成、永代島の築島、向島の築堤などの大土木工事が承応～元禄年間（一六五二―一七〇四）に相次いで行なわれた。

これによりそれまで葦原だった瀬が埋められて陸地となり、前進した海岸線は築堤工事がなされて、その前面には広大な遠浅の海が展開された。そこへ堤防工事の進行により河口が前進して、はっきりと品川の海を指向した隅田川が、潤沢な栄養塩類を供給するようになった。このために、とさかのりに似て紅と評されていた品川ノリは蒼紫色の優良品となっていった。その時代は元禄年間前後と推定される。

享保十七年（一七三二）板の『江戸砂子』には葛西ノリは追いやられて「品川苔を浅草で製す」とあり、享保二十年に出た『続江戸砂子』にはさらにはっきりと左のとおり説明してある。

浅草海苔　　雷神門の辺にて之を製す
品川生海苔　　品川大森の海辺にて取る　　浅草にて製する所の海苔は此処の海苔也

『日本山海名物図会』（宝暦四年、一七五四）にも、

品川の町にて製したるを品川苔、品川にて取たるを浅草にて製したるを浅草苔と云ふ

と明快に断じている。

そして、ちょうどその頃より浅草ではノリ抄《す》きが始まったので、品川からは生ノリ輸送が当時の主流となった。このころから浅草ノリ商は、全盛時代へ突入し、問屋の形態を整えていった。強力な生ノリの仕入れ網を有し、どしどし買い集めて浅草へ送り、人を使って抄き、乾し上げ、販売していたのである。『日本山海名物図会』には「品川の沖にて取るのり　ちぎれて磯へ打ちよするを　子供のしごとに是をすくひ取りて　浅草の商人へ売るなり」と記してある。拾いノリまで買い集めて浅草へ運んでいたのである。同書が「浅草のり　仕上げよろしく清らかにして名物なり」と説き、『近世奇跡考』（文化元年、一八〇四）の中で、山東京伝が、ノリを商う旧家・中島屋から聞いた話として「品川より生のりを取りよせて、浅草にて製したるは近きことにして　極品《ごくひん》の海苔は二十年ばかりさきまでも浅草にて抄きし」と伝えているように、浅草で抄かれたノリは上質で、品川ノリは並等品であった。文化元年より二〇年ばかり前といえば安永末、天明初年（一七八〇頃）にあたる。浅草で抄きノリが始まった享保の頃から、天明初年に至る約七〇年間というものは、品川の海は浅草ノリの原料供給地としての地位に甘んじていたのである。

けれども、浅草のノリ商が浅草ノリの主要原料供給地と認めたことによって、品川の海のノリ養殖は大きく発展した。『日本山海名物図会』によれば、江戸の名物として、「四日市（日本橋辺で開かれた市）のミカン市」、「住吉浦の汐干」と並び、「品川苔」の養殖の光景があげられている。後年、広重（一七九七—一八五八）も品川鮫洲辺のノリヒビの有様を「江戸名所百景」の中で取り上げているように、それは品川の海の一大偉観となっていた。

天明を過ぎる頃から、浅草でのノリ抄きは止み、以後品川の海では、養殖者が極品、下品を問わず、すべてを抄くようになる。安永前後におけるノリ需要の急増によって、浅草ノリ商は売買に手一杯で製造ま

品川の海でノリを拾う図（『日本山海名物図会』）

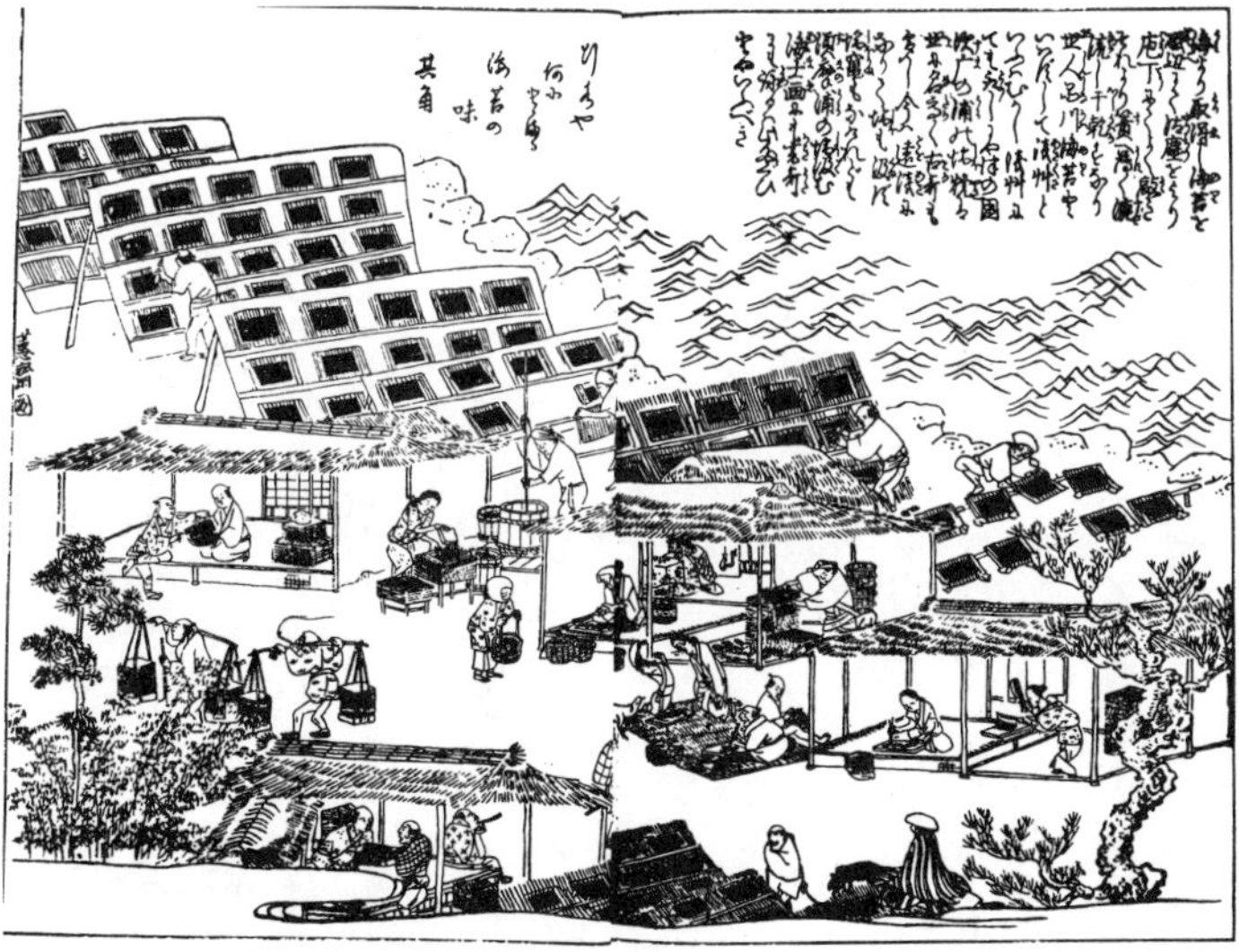

浅草ノリを製する図（『東海道名所図会』）

で廻らず、養殖者たちは、生ノリ販売の不利を覚って抄製技術の練磨に努めたのである。

同じく品川辺で抄製されながら、浅草へ運んで売り出されれば浅草ノリ、品川辺から売り出されれば品川ノリと呼ばれたのは、天明以降のことなのである。品川辺の養殖者たちが、抄製部門を完全に掌握し、浅草ノリ商の抄製技術に頼らなくなった意義は重大であった。これによって製品を比較的高価に販売できるようになったばかりでなく、地元にノリ仲買商が育成されるという副産物を生んだからである。それ以前は、浅草商人が直接現地に来てノリを買い、あるいは彼らが指図し、資金を供与してノリを抄かせていたものとみられる。

ところが、品川ノリ場が製造地として独歩できるようになってからは、豊富に産する製品を売りさばくために、仲介業としての仲買商の重要性はとみに増大していった。大井、大森などを中心としてノリ仲買商が続々と出現したのは、品川浅草ノリが江戸市中に氾濫しだした時期と一致している。

4　大森ノリの由来

大森ノリという呼び方は、江戸後期に至るまで現われなかった。それ以前は、品川ノリの中に包含されていたのである。品川浦に比べれば、大森浦のノリが著名となった時期がかなり遅れたことはこの一事でも明らかだが、この海のノリ起源説はかなり古いものがある。

この地に人が居住した歴史の古さは、有名な大森の貝塚の存在が物語っている。この地における漁猟の初めは鎌倉末期とされるが、ノリ採りに関する伝承もまたこの時代に始まる。口碑によれば、嘉元年中(鎌倉時代、元寇より二〇年後)荏原の海中の岩石や貝殻などに黒色のノリが生えたのを、村人たちが初めて採って食料としたという。また別の伝承によれば、源義経の時代までさかのぼるのだともいわれる。すなわち大森八丁目にある厳島神社の縁起がそれである。

この神社では、毎年正月十一日、水神祭を行なっていたが、ある年、海面に建てた注連《しめ》竹に黒々とノリが生じた。人々が怪しみながらこれを食べてみると、風味がよくて実においしいものなので、年々採るものが増え、ついには鎌倉の将軍家に献上するようになった。

というのだが、これには左のような異説もある。

義経が、兄頼朝の平家討伐挙兵の報を聞き、奥州平泉から弁慶らを引き連れて急拠鎌倉へ向かった時のことである。家来と共に多摩川を渡ろうとしたが、折しも水嵩が増していた上に、あいにく大風に吹き晒されて、小舟はみるみる海まで押し流された。あわや舟が顚覆《てんぷく》かと思われた時、雨霧の中から小さな瀬島が現われ、舟は横倒しに瀬に乗り上げて一命は助かった。

暴風雨の中をかきわけ島の小高い丘に登ると、小さな茂みの中に祠《ほこら》があり、一匹の白蛇がいる。さてはこれこそ一命を救ってくれた神の使いかと、祠前で感謝の祈りを捧げると、たちまち雨風はやんだ。義経は、この島を去るに際して、舟の竹竿を一本、記念に海中へ建てていった。

日を経て、村人がこの瀬島の祠《ほこら》へ詣でた時、その竹には黒々とノリが付いて、以後村人たちの生計の資となった。これ以来神の功徳を讃え、祠（厳島神社）を修復し、義経の島に着いた日を祭日と定め、盛大に祝うようになった。

これら厳島神社にまつわるノリの起源説には確たる根拠はない。が、大森には盤井神社（香川の北方、平和島付近）のように、『延喜式』に記載された、平安朝以来の由緒ある社もある。その付近に住まう里人は、意外に古くからノリの味に親しんだものかも知れぬ。

時代はぐんと降って元禄十六年（一七〇三）十一月二十三日、関東一円に及ぶ大地震（マグニチュード八・二、江戸時代では第二の大地震）が起こった。永楽屋の「浅草海苔由来記」によれば、この時、陸地はいうに及ばず、海中の深い所が瀬となり、浅草方面では、「地変じて貝殻」は埋まり、ノリは生ぜず、「名高い名草の根」は絶えてしまったという。ところが同書によれば、翌宝永元年二月二十八日大水で出水おびただしかった時、浅草川から流れ出た楢《なら》の小木が品川の南境、大森沖の益木《まさき》が瀬（昭和年代に至るまで、最上品のノリ産出地として著名）に留まり、根を埋めて生木の苗のように立った。同年冬至の頃になると、不思議にも黒色のノリがその枝に生じ、寒気の増すにつれて洲に満ちたと、宝永年間から大森でソダ建ての始まったことを伝えている。

以上の記録は、どれも不確実なもので、伝説の域を出ない。江戸府内外の事件に関する権威ある編年体記録として知られる『武江年表』は、「大森村の辺にて海苔を製」したのは「貞享年間」（一六八四―八八、元禄の直前）と記している。同書は正確な考証の行なわれていることで著名だが、なにぶんにも幕末の嘉永元年（一八四八）ころの著作であり、大森ノリの起源に関する資料の出所は明らかにされていない。『四神地名録』（寛政六年、一七九四）には、大森では昔はノリが採れなかったが、七、八〇年このかたよく生じるようになったと記してある（計算すると、正徳、享保初年（一七一一―二〇）のころとなる）。これらの諸書を総合すると、元禄・宝永（一六八八―一七一一）前後から、大森ではノリを採りだしたのではなかろうか（ただし、採りだしたということは、直に養殖を開始したということにはならないが）。前に記したように、元禄前後から、品川はもちろん大森の海に至るまで隅田川の好影響を受けるようになっていたから、このころが大森ノリの始まりとする右の諸説は十分肯定できよう。

ところで、浅草ノリの名と関連させて、大森ノリの創始を、浅草漁師の大森移住に関係ありとする説が『大森区史』などに記載してある。次に記すように、浅草から漁師たちが移住した事実はあったが、ノリを始めたとは考えられないけれども一応取り上げてみよう。

貞享四年（一六八七）、五代将軍綱吉は、天下の悪法として後世まで聞こえた「生類憐みの令」を発した。それに関連して、元禄五年（一六九二）には、浅草近辺一六丁四方の漁業が禁止された。『御府内備考』によれば、当時諏訪町の南、浅草川端、瓦町、今戸川端等々に「浅草川筋　南は諏訪町より　北は聖天町の間において殺生仕間敷候」と記された高札が建てられた。

もっとも、殺生禁断のしきたりは観音出現以来のことだと「三社権現縁起」「浅草地名考」などに記してあるが、この年高札の建てられたことは事実である。浅草漁師は、この禁令が出たとき大森へ移ったのだといわれるが、実際にはそれより以前、隅田河口の前面の海が遠ざかり行くにつれて移住したものである。『大森区史』によれば、天正の頃まで浅草に住んでいた漁師がその後しだいに移住し始め、万治・寛文（一六五八―七三）の頃にめだち始めたことが、大森諸寺の過去帳により明らかにされたという。

この縁故から大森漁師は、浅草最大の祭である三社権現祭（観音を拾い上げた土師臣、檜熊浜成、同武成を祭祀する）には、必ず船を出し、神輿《みこし》の供奉者となった。『浅草寺誌』によれば、権観祭の前日、神輿を乗せる船は、安房、上総の浦々から漕ぎ出て、荏原郡大森浦につながれる。祭の当日は、駒形堂より神輿を船に乗せ、浅草見附の船付場より上り、本道を御蔵前―諏訪町―並木町―雷門―本社へと練り歩いたとのこと。権現祭には、大森の船が到着しなければ祭が始まらず、三社の賽銭箱の権利は、大森の漁師が握っていた（明治維新後売り払う）。

彼らは浅草方面から万治・寛文の頃に移住し、貞享年間（一六八四―八八）には大森でノリがとれた（『武江年表』の説）という。第二次大戦で観音堂が燃え落ちるまで、本堂の右脇にはノリ船に擬した銅製の観音像があったが、これは大森のノリ仲間からの寄進によるものだったという。

これらの一連の事項により、大森のノリ製造仲間と浅草から移住してきた漁師を結びつける説が生まれた。しかし、浅草から移住した漁師たちは、海岸（今の徳浄寺付近）に船付の根拠地を与えられて、貝漁網漁に従事したが、漁猟以外へ乗り出したとは考えられない。彼らにはノリ干場にするほどの土地は与えられなかった。もしも、彼らがノリ採取を業とするならば、品川ノリより早くから浅草へ送られ、大森ノリの名声が聞こえたことであろうが、その事実はない。大森ノリの創始は、先住の農業者によるものであることはまず間違いあるまい。

5　初期の浅草ノリ料理

江戸前期までの食物文化は遅々とした歩みをみせていたから、江戸では精進料理に親しむ寺院を除けば、ノリを買い上げて食べる階層はあまりなかった。しかし、室町時代からの料理の流儀は、支配階級の間には伝えられたので、彼らの献立の中に少量ながらノリ料理を見いだせぬわけではない。もちろん、それは室町風の亜流の域を出ぬものではあったが。

徳川家は、日常の食膳では節倹を重んじたが、公式儀礼の饗膳には、四条流を採用して餐応した。その料理の中には、あまり多くはないがノリが使われている。たとえば文禄四年（一五九五）三月、徳川家康が豊臣秀吉を迎えて饗応した時の御膳には「寄盛《よせもり》　鶉《うづら》　花はす　甘海苔」とある。饗膳の場所が京だから、これは十六島ノリ、雪ノリの類を使ったものであろう。

幕府が成立してからも、勅使、院使、朝鮮来聘《らいへい》使らの江戸参府に際しては四条家法式で饗応した。ただし、浅草ノリはまだ徳川家では用いなかったのか、幕府の文書（江戸初期）の中からその名を見いだすことはできない。寛永三年（一六二六）の「大猷院様二条御城行幸」の際の献立には、

七日　御汁　海猟　山芋　はじかみ　鰹　山葵《わさび》　海苔

八日　御肴　焼海苔

とある。この時も前と同様に場所が京だから、江戸のノリではないとみられるが、江戸はすでに地元産のノリが知られていた時代である。同じ寛永のころ、江戸城では、例年参向する公家衆に対する「御料理献立」（三月）の中に「吸物　卯の花いり　品川のり」と記してある。品川ノリの名が見いだされて、浅草ノリの名のないのがこの時代の江戸城献立の特徴である。

これらによれば、当時のノリ料理は、汁、吸物に入れて他の食品と共に用いるか、焼ノリとして用いるか、どちらかだったようだが、この傾向は江戸中期になるまであまり変わらない。

寛永二十年（一六四三）に発行された『料理物語』は、室町風料理を範として、浅草ノリのような江戸期の素材を使った、当代最古の料理書である。いわば室町期から江戸期へと料理の懸け橋の役割を果たした江戸風料理の開眼書であり、江戸前期を通じて大きな影響力を与えた。本書によれば、当時は汁料理を主体とし、これに焼物・熬《い》り物・膾《なます》などが使われていた。調味料は現代と大差はなく、たれ味噌・酒・

酢・塩・溜《たまり》・砂糖が用いられ、煮出汁用としては昆布が用いられている。ノリの味わいを高めるのに役立つ醤油の名はまだみられぬが、溜《たまり》がそれにあたる。材料としては、

海魚　四九種　貝類　二〇種
川魚　二四種　鳥　一七種　獣　七種
青物　七四種　茸　一〇種　海藻　二四種

などが使われている。このうちノリを一覧すると左の四種となる。

甘　苔　ひや汁　あぶりさかな
浅草のり　右同前　いろあかし
十六島《うっぷるい》　ひや汁　あぶり肴　くわしにも　雲州に在
能登のり　すひ物　あぶりさかな　浜松さしみ　あへもの

これらに共通した料理法は、ひやじる（または吸物）とあぶりさかなである。

ひやじる（冷汁）は、戦陣食として発達した即席料理で、煮ぬきで仕立て上げ、一度冷やしてから用いる。中身は随時変えるもので、同書にはアマノリ以外でも、もづく・ふじのり・栗・生姜《しょうが》・茗荷《みょうが》・蒲鉾《かまぼこ》・あさつきなどを入れてもよいとある。これらは冷汁に入れれば即席で食べられるものである（が、乾したままのノリでは食べにくいから、一旦焙るなどして用いることが多かったであろう）。あぶりさかな（炙り肴）

は、文字どおり炙って酒の肴などに用いるもので、アマノリの風味を最もよく活かす料理法である。青ノリや富士ノリなど食性の似た藻類にとっても、普遍的な料理法となっている。

この頃すでに十六島と書くだけで、うっぷるいのりだとわかるほどに、世間に通用していたものとみえる。このノリに「くわし」(菓子)としての用法があったことが記されているのは、室町時代以来、京を中心として各地で茶席の逸品とされたがためである。

能登ノリもまた室町期以来京に知られたもので、本書も高く評価している。さしみ、和え物に使われたほか、左の二種の料理がのせられているところからみると、生ノリが京へ運ばれていたものであろう。

吸物の部

三　国　能登のりである。だし　たまりで仕立て、川海老を加える。吸口は胡椒の粉。

さかなの部

能登苔　水で洗い　煎り酒で揉《も》み　栗、生姜を刻んで入れ、胡椒の粉を振って出す。

このほか「海苔」を用いた料理は左のとおり、かなりみられる。

汁の部

芳飯《ほうはん》の汁　かまぼこ　栗　生姜　玉子(ふのやき)菜(あへて)あげ昆布　茗荷《みょうが》、花鰹などとともに煮ぬく。

ひしほ煎り　うす味噌にだしを加え　雉子《きじ》を入れ仕立て、山の芋　海苔などを入《いれる》(ひしほとは中国の嘗《な》め物。この当時すでに味噌をもって代用していたことが明らかである)。

山かけ　だしに生垂《た》れを加え、雉子を入れ仕立てる　つまには山の芋、海苔、青苔などがよい(生垂れは味噌に水を加え、袋の中でもんでたらす)。

とろろ汁　煮ぬきがよい　山の芋　青苔を細かにすりおろす　海苔は適当に入れる　あたため過ぎては悪い　吸口は胡椒のこと

吸物の部

卯の花　いかの背の方を筋かい十文字に切れ目を入れ、適当の大きさに切り湯煮をしてつまに海苔を入れる。

冷汁、炙り肴などのノリそのものを味わう料理法を除けば、汁物、吸物の中でノリが果たす役割は、料理の主体ではなく、「つま」の程度にすぎない。が、その風味は充分に認識されていたものと見えて、昆布に次いで海藻中では各種の料理に最もよく用いられている。このほかでは、青ノリが三回、ワカメ、カジメなどが一、二回名を見せているだけである。

二〇余種に及ぶ海藻類が、食膳の上に彩《いろど》りを添えた飛鳥・奈良時代は遠い昔の物語となり、料理書の対象となる海藻の種類はかなり絞られてきている。江戸前期を通じて重用された海藻は、ノリとコンブであり、これに万治年間に発明された寒天が加わる。が、まだこの段階ではノリの消費量は少なく、寛文年間(一六六一—七三)にあらわされた『料理物語』にも、『寛永料理物語』の中に出たノリ料理の焼き直しが記されているにすぎない。

『寛永料理物語』やそれをまねた『寛文料理物語』は上方で発行されたものだが、延宝二年(一六七四)

になると『料理集』が初めて江戸で発行された。さすがはノリ産地を近くに控えた江戸のことゆえ、生ノリを使っているのが同書の特徴である。このごろ、江戸には初物賞玩の気風が生まれていたせいか、同書は藻類についても、生ノリのほか生ヒジキ、生ワカメなどの料理を紹介している。生ノリ料理とは、

本二三汁　生のり汁　十一月何日　御夜食　御汁　生のり　白魚　五月何日　御夜食　品川生のり

などがそれである。また左のとおり「生のり汁」の製法が載せられている。

赤みそを出し半分、水半分を入れて、薄味噌に仕込みおく。御膳と申す少し前にかけ、煮立て下ろしておく、再び御膳と申す時にかけ、のりを入れ、一あわ煮立て、酒を指して塩あんばいとゝのえそのまま出す。

ここには生ノリの持味を損なわぬため、食事の寸前に「一あわ煮立て」るだけに留めるという、細かい心配りが見られる。生ノリ料理の真髄ともいうべきものだが、抄き乾ノリの発達にともない、このような調理法は書物の中から消えてゆく。

同書より十数年後の元禄二年（一六八九）に出された『合類日用料理抄』は、非常にたくさんの料理がのせられている書物だが、ノリは左のとおり二カ所に使われているにすぎない。

精進の類
一、いとまき　のり　一、こんにゃく　いわたけ　一、たうふ　青のり　さんせうのこ　一、松たけ
はつたけ　ひらたけ
吸　物
一、うなぎ　のり　一、しじみ　一、かき　こせうのこ　一、白うお　ほうれんそう

『和漢精進料理抄』（元禄十年）には、和漢のノリ料理が三種のっている。

吸物　つくつくし　あさくさのり
笋羹《しゅんかん》　すくひたうふ　あさ草のり粉にしてふり　くずのあんかけからみ大こんおろしかける也
紫菜《つっあい》　あまのりをくだき油少したたせ、鍋をぬき油を少の間さまし置き彼のあまのりを入て推返し推返してさて醬油少し入れ又ぬるき炭火にかけて推返し推返しする也

江戸前期は、料理書の発行地が京・大坂だったせいもあり、抄きノリの発明されていなかったゆえもあって、ノリ料理はあまり多くはない。また調理法も簡単であり、『和漢精進料理抄』にもみられるように、焙るとか、粉にして使うことが一般的だった。享保に入るころまでこの傾向が続く。『寛永料理物語』が出てからのちも、約百年にわたってノリ料理はまことに粗末なものだったのである。「つっつあい」は「漢」（中国）読みである。かの国のノリ料理は「あまのりをくだき」とあるように、乾燥されたものをほぐして油炒りするのを基本としたことがわかる。

6　江戸初期の内湾性乾ノリ

江戸初期以前にあって、アマノリは外洋性の海辺の民によってよく採られているが、内湾沿岸で採られていないのはなぜか。外洋性ノリを採る人々の多くは、農耕地にはあまり恵まれぬ外洋に面した海辺に住んでいるのでノリは貴重な食料となる。特に冬の海の荒れる日本海側では漁猟が非常に困難となるので、冬の飢餓から免れるためにはノリは重要な数少ない交易物資ともなった。これに対して、のちにノリ産地となった内湾側の多くは、大河の流末にあるので、氾濫に悩まされ、分流される河川により居住し難い地となっていた。したがって、人の多くは海を遠く離れた台地上にあり、海岸は少なく、農業や漁業により生計をたてていた。ノリを生計の糧《かて》としなくても食糧資源にあまり事欠かなかったから、ほとんどの人がその価値に気づかぬばかりか、ノリの存在すら知らぬところが多かったのである。このほかに内湾性のノリは、人家の稠密《ちゅうみつ》な海岸に近い海でないと、繁殖力が少なく、人目にもつき難い特質を持つことにも原因があったとみられる。

『毛吹草』と『三才図会』にのせられた内湾性産地は、下総の葛西浦、武蔵の品川浦、紀伊の和歌浦、備前の藤戸の四カ所である。このうち藤戸は海況の変化により間もなく忘れ去られたが、両書には見えなかった広島が、江戸中期以降、同じ山陽道筋にあるノリ産地として、藤戸に代わるめざましい発展を示してゆく。この五カ所の付近では大河の改修が進み、河畔には、徳川の政権掌握前後から、政治、軍事の中心として、あるいは河口港として、人口の蝟集《いしゅう》しはじめた都市が控えていた点で共通している。隅田川尻の浅草と江戸、和歌川尻の和歌山、倉敷川尻の藤戸、太田川尻の広島などがこれである。もともと、これらの川の河口一帯は外洋の荒波をまともに受けぬ上に、干潟が広大なためにノリの生育にふさわしい環境を持っていた。そこへ都会が出現して栄養分が海へ流れ込んだので、ノリが急速に繁殖し、人々の眼にとまるようになったものであろう。その結果、江戸期以前にはノリの産することも知られていなかった各地が、全国有数の産地となっていくのである。次にこれら産地の出現過程を展望してみよう。

和歌浦

和歌浦は和歌浦湾に面して、切り立つ岩壁と奇巌に取り囲まれ、寄せては返す大波が砕けて、躍動的な光景を持つ新和歌浦に現在では名勝の座を奪われてしまったが、かつては南海随一の景勝を誇っていた。また歴史的にも数々の名勝旧跡を持ち、遠く上方からも遊ぶ人は多かった。加藤清正の母がはるばるこの地の風景を賞でに来て発病し、死の床に臥した地は妹背山と呼ばれる。いにしえは杜鵑山と呼ばれたが、竹元丹後によって二枚の夫婦岩が献じられてからこの名に変わった。和歌浦に突き出た小さな岩島で、眼下は砂床の見える清澄な海である。和歌浦の妹背ノリは、この山下の海で初めて採れたところから命名されたものである。

和歌浦名産妹背苔の名は、『毛吹草』には見られぬが、六〇年後に著された『和漢三才図会』に至って初めて現われる。その中では「浅草苔に次ぐ」との評価が与えられている。海況が幸いして、出現後日ならずして天下に名だたる上質のノリを産したのである。江戸初期において浅草ノリ、十六島ノリ、雪ノリと並んで有名なノリとなった。

一説に浅野長晟の広島国替に際しては、カキとともにノリをも移植したともいわれるが、確実ではない。比較的明快な伝承としては、寛永年間（一六二四―四四）に、ノリ、カキ営業の独占権が和歌村の百姓太郎兵衛に与えられたという話がある。彼の事業は発展して正保三年（一六四六）には、村方助成のために「年々銀二十目」を差し出すまでになった。この三年後には、ノリ採りを希望する村人が増えてきたので、営業権は和歌村の庄屋の支配に移されることに決まった。庄屋はさらに村人の希望者に入札させ、三カ年の契約で請け負わせることになった。同年には新蔵が最初の請負人に指名され、数年後の明暦元年（一六五五）からは、同村の角兵衛に請負権が移り、以後連綿として彼の子孫がこの権利を継承して幕末に至るのである。角兵衛家では、多数の従業者を雇い入れ、大規模に採取したが、ヒビ建ては江戸後期、天保年間（一八三〇—四四）に至ってもなお行なわれなかった。

藤　戸

備前国（岡山県）藤戸は、その昔児島半島が島であった頃には、この島随一の湊であった。謡曲「藤戸」の中に「佐々木四郎高綱……藤戸の湊に着きにけり」の一節があることでもわかるように、児島の湊として源平の合戦に役割を担った。江戸初期には、すでに児島は備前平野に連なる半島となっている。そして藤戸は、その付近まで前進していた倉敷川の入江に位置する渡しとなっていた。隅田川口に位置した吾妻橋辺と同じ役割を果たしていたものといえよう。

倉敷川の上流にあった倉敷の町は、幕政の初めより天領となり、備前米の集散地として米蔵が軒を連ね、殷賑《いんしん》をきわめていた。この町の繁栄が、藤戸の入江にノリを繁茂させ、藤戸ノリの需要を喚起したのである。広島ノリや妹背ノリより早く、瀬戸内海で最初に特産ノリとしてその名を知られたことは銘記されなければならない。しかし、広島や和歌浦が江戸後期となるにしたがって、ノリ産地として著名になったのに反し、藤戸の名は間もなく消え去ってしまい、長い沈潜の時代が続く。この方面でのノリ採りが再び著名となったのは『毛吹草』より三百年後の現代になってからである。

広島

広島湾の広袤《こうぼう》は南北約五〇キロ、東西約三〇キロ、海底面積約三〇〇平方里、その自然環境は、アサクサノリ、カキなどの生育にきわめて適している。海深は概して浅く、沿岸ことに河口付近は、一〇メートル以下の浅海および干潟に富んでいる。太田川とその分流小瀬川は、今津川をはじめとする数多の河川により、湾内の水温、比重を適度に調節するとともに、豊富な栄養塩類を湾内にもたらす。加えて干満の差が激しいので、干潟がよく露出する。海底は花崗岩の細粉で敷き詰められていて貝類の棲息に適するなど、数々の好条件を備えていた（昭和初期まで）。

この湾のノリ養殖の起源については岡村金太郎博士が『海藻と人生』の中で「一説に安芸国佐伯郡大竹町の旧記に慶長年中既に今日の区画漁業たる形を為して居た様だ」と記述しておられる。とすれば、大竹市が広島ノリの創始地となるわけだが、これはほぼ事実とみてよい。

慶長年中、小田太郎左衛門景康なる者が毛利氏の朝鮮出兵に従って数度の戦に功を立てた。帰国後大竹に移ったというが、これは関ケ原合戦後、広島城を追われ長州萩に移された毛利氏に追従せず帰農したことを意味するのではないか。当時の大竹村は農漁業共に振るわず、村民は疲弊していたのを見て、太郎左衛門は海面にノリヒビ（篊）を建ててノリ養殖を始めた。大竹村の養殖業は永続せず、後に広島に一本ヒビを建てる養殖が始まるのだが、浅草ノリ産地と違った一本ヒビが忽然と広島の海に出現したのは大竹の影響を受けたからであろう。一本ヒビは朝鮮南部で古い歴史を持つから、朝鮮従軍の際、太郎左衛門がこれを胸に留め、大竹で実験に成功したとも考えられる。彼は隣村との海面区画争いの際、大竹の代表として藩と折衝して勝ち、村繁栄の礎を築いたが、慶長十二年に刺客の手にかかった。村民の敬仰は高まって小田神社の建立に至っている（小田氏の子孫・小田明則氏の資料による）。

太田川のデルタ上に発達した広島ノリの生い立ちは、隅田川の形成したデルタ上に生まれ、ノリ産地となった江戸の町と数々の類似点を持つ。ただし、江戸の近くに鎌倉期から開けた浅草観音の地があったのに対し、広島は、天正十九年（一五九一）の毛利氏築城以後ようやく茅原が開かれ、城下町の形態を整えたところだから、ノリの需要が生じたのはかなり遅かった。浅草ノリに比べ、広島ノリの創始期が遅れたのはここに原因がある。『延喜式』によれば、安芸国正税として苫《とま》が貢納されている。苫は和船や家の屋根葺きに用いるもので、干潟に生えるカヤを編んでつくる。その昔広島周辺に広大な干潟が横たわってお り、カヤが無数に繁茂していたものと見える。そのような海には貝類が棲息し、貝殻やカヤにまつわりついてノリの揺らぐ姿が見えたはずだが、江戸時代初頭になってもなおそれが採られた形跡はない。広島湾頭に城下町を建設した輝元でさえ、わざわざ出雲国から十六島ノリを取り寄せて賞味している有様である。

元来、静穏な内湾に芽生えるアサクサノリは、荒波がもたらす栄養分を吸収して育つ外洋のイワノリとは違って、河水が運び来る栄養塩＝人間がつくりだす有機質肥料分がなければ大きな伸びを見せない。広島ノリが誕生するためには、広島の城下町の発達と、太田河畔の繁栄がぜひとも必要である。

天正十九年、毛利氏築城以来、思いきった町割が行なわれ、領国内外から商人を集めて城下町の建設が始まった。毛利氏は九年後の慶長五年、関ケ原の戦に破れ、この城を追われて、その後に福島正則が封ぜられる。その治世は二〇年と続かず、元和元年（一六一五）には信州須坂に流される。元和五年、紀州から浅野長晟が移封されてからは、広島の町造りは面目を一新し始めた。おそらくこの頃から、ノリは人眼につくほどの伸びを見せ始めたものであろう。これよりやや早い慶長年中に、同じ安芸国大竹の海でヒビが建てられたともいわれており、広島でノリ採りが始まるについてはこの影響をうけた可能性はある。また、広島の海のカキ養殖が影響を与えたことも考えられるが、これについては省略する。

ノリが広島の海に生育した時代をさかのぼってたずねることは、江戸の海の場合と同じく考古学、植物学の分野に属する。問題は広島の海に繁茂したノリが採られるようになった時代だが、これについては諸説があって明確ではない。

広島ノリ濫觴《らんしょう》の地として、一般に認められているのは仁保島《にほじま》である。万治三年（一六六〇）には、仁保島のうち、本浦《ほんうら》の人、長三郎が「えびらノリ」の製造を開始し、藩主に献上した。えびらというのは、芦の茎（後には女子竹《おなご》）を二尺×二尺五寸に編んだ簀をいい、形状が箙《えびら》（竹矢を盛って負う具）に似ているところからこの名を生んだといわれる。えびらノリとは、この簀にノリを押し広げて乾し上げたからこう呼んだとも、製品にエビが混じっていたから（江波では海老などの字を当てた）ともいい、明らかではないが、箙説が妥当であろう。

その後、御茶屋半三郎が、えびらノリを精選して、「高野ノリ」と称え、藩侯にも献上するとともに高野山へ送った。貞享四年（一六八七）には、芸州藩から幕府に対する献上物として、三原酒、西条柿、広島苔の名が見えている。また享保二年（一七一七）には幕府の巡見使に対し、領内の名物として報告した目録の中に仁保島苔の名が見られる。正保二年（一六四五）の『毛吹草』や正徳二年（一七一二）の『和漢三才図会』には記載されていないが、芸州藩の記録などにより、広島ノリ特に仁保島ノリは、『毛吹草』に紹介された数種のノリに劣らぬ古い伝統を持つノリだったことは明らかとなった。

仁保島のうち大河《おおこう》では、梅津屋清蔵が、寛保年間（一七四一―四四）にえびらノリを製し、製品を初めて高野山へ納めたという。高野ノリを創始したのは、前記御茶屋半三郎だとの説もあるが、どちらにしても高野山へのノリ納入が早くから行なわれ、広島ノリの名声を高めるに効果があったことは確かなようである。享保十二年（一七二七）仁保村大河の両国元右衛門は、藩主が参勤交代の折、従って江戸へ赴き、浅草ノリ製法をじかに見て帰り、木ソダに代えて女子竹を用いる、本格的なノリ養殖を開始した。これこそ、江戸式と広島式製法の融合した画期的な事件であった。

仁保村に次いで歴史の古いのは江波《えば》村である。宝暦二年（一七五二）二月三日、雛の節句の日、同村柳屋又七なる者が、江波山上に登り、隣村仁保の海を埋めて立ち並ぶノリヒビを見、初めてノリ製造業の発起を決意した。だが、製法の秘密を厳守する仁保村から教えを得ることはできない。彼はそれにもめげず、種々の工夫を試みた。まず海中に石を配置したが、結果が思わしくない。そこで小柴に変えてみたところ、たまたまその中に混っていた二、三本の小笹にノリの付きがよかったので、翌年からは全部女子竹に代えてみた。こうした努力を繰り返しつつ、ようやく明和四年（一七六七）になって成功をみるのである。寛政元年（一七八九）にはえびらノリの製法に改良が加えられていっそう名を博した。江波もまた高野山にノリを贈ったと見え、江戸時代に左のような俚謡が流行した。

江波のえびらはしあわせ者よ
　人の中でも女子は行けぬ
光り輝く高野へ登り
名僧知識の引導受けて

柳屋又七碑

玉川流れに身を清め
　末にや故郷の海へと帰る
是も御法《みのり》のお蔭なり

第7章　浅草ノリの本場と浅草

1　江戸名物となる

浅草ノリの名は、寛永末年の書物に現われてからのち約四〇年にわたって、残念ながら記録の上に見いだすに至っていない。たとえば延宝二年（一六七四）の『国町の沙汰』は江戸の名物を尽くして記してあるが、そこには「金竜山の千代かせし」、「米まんじゅう」、「浅草の木の下おこし」の三種が浅草名物とあるだけでノリの名はみられない。『延宝料理集』にも品川ノリはあるが浅草ノリはない。まだこの段階では広く世に知られるほどの名物ではなかった模様である。

貞享四年（一六八七）に著された『江戸鹿子』は、江戸前期における、江戸の諸職、商人の店名とその取り扱い商品を網羅した案内書である。それらを町ごとに分類して紹介してあるので、当時の江戸市中における町別の産業状態を一覧できる。これによれば、浅草は日本橋と比肩する繁華の町で、たくさんの名舗が軒を連ねていたことがわかる。特に浅草の名産を売る、米まんじゅう＝鶴屋、奈良茶飯＝檜物屋、うどん・そば粉＝ひょうたん屋、隅田川諸白＝山屋などの名舗がずらりと並び、その名を尽くしているかに見えるが、残念ながらそこにも浅草ノリを売る店の名は見いだすことができぬ。

『江戸鹿子』より一〇年遅れて、元禄十年（一六九七）に『日本国華万葉記』が著された。『江戸鹿子』の記述をそっくりそのまままねた本で、店名、商品名などに若干の変化が表われた程度にすぎぬ。この書物にも浅草ノリを取り扱う店が現われていない点は前書同様である。

では浅草ノリは売られていなかったかというとさにあらず、『江戸鹿子』の末尾には「武蔵国名物の部」が設けてあり、その中には、江戸の町の内外で知られた各種名物とともに「浅草の苔」が紹介されている。

永代島のかき	浅草の苔	芝のえび	かさいきそ村青菜
ねりま大根	岩付ごぼう	川越なるとうり	府中あうひの御紋爪
新田ほんたうり	みのまくわうり	八王子山水くわ	塩町あんやき
浅草鯉			

また『日本国華万葉記』にも武蔵国名物の部があり、左のとおり『江戸鹿子』に洩れた名物があげてある（ここには浅草苔はなく品川苔がある）。

江戸葵爪	根深	紫染	飛鹿子	芝ござ	久我素麺
川口蜆	海松くい	金川なまこ	かつお	鯛	白魚
目黒御福餅	牡蠣	若布	品川苔		

前記した『江戸鹿子』の名物は、ほとんど生鮮食品ばかりである。『国華万葉記』になると、二、三の

加工食品が記載され、若干の変化傾向がみられる。が、いずれにしても、貞享・元禄時代の「苔」は、生ノリや天然のままの素干しが多く、加工されたとしても完全な抄きノリとはなっていなかったのである。浅草ノリと品川ノリの名が『毛吹草』に現われてから四、五〇年を経たにもかかわらず、なお両種のノリは高い評価を得られるほどの製品とはなっていなかった。名物となっても店頭で売られる名産品の地位を獲得するまでには至らず、浅草の市などで売られても、これを売る店が出現するところまではいかなかった。もちろん、浅草ノリの専業商人は生まれていなかった。これが貞享・元禄時代までの、江戸のノリが得た精一杯の商品価値だったのである。

2　浅草にノリ商出現

ノリ商としては、最古と目される正木屋の由緒書によれば、同店は寛永の末（一六三八年頃）、植木商を営むかたわら、葛西浦中川のノリをとって冬の商いとしたという。同店は、浅草の町、山の宿の名主だった三田家（浅草寺観音が海中から発見された推古天皇の御代、草堂を造営して観音を安置するに貢献した一〇人の童子の後裔と伝えられる由緒ある家柄）の別家である。まだそのころは冬の副業として売り歩く程度で、ノリ商人と呼ばれるほどではなかったが、それより二、三〇年を経た、承応～延宝（一六五二―八一）年代となると、はじめて東叡山のノリ御用商人の地位を得るようになった。そして、元禄～正徳（一六八八―一七一六）間には東叡山御用の看板を許されている。

浅草の町にノリを商う店が出現した年代はこのように意外に早かったが、まだこの段階では需要が行き渡らず、正木屋とても専業ノリ商人だったと断定することはできない。こうした状況なので、後続の店はなかなか現われなかった。第二の老舗、永楽屋は、その創業を享保年間（一七一六—三六）と称している。正木屋や永楽屋がノリ商売を成り立たせたのは元禄以後から享保時代とみて間違いない。宝永から享保初年にかけては、料理食物文化が栄え、ヒビ建て、ノリ抄きもまた同じころに始められ、ノリの商品化が一段と進んだ時代だからである。それだけでなく、正徳元年（享保の前の年号）には、浅草の町に少なくとも一軒の著名なノリ商の存在した事実が明らかにされているからである。当年、浅草観音堂に掲げられた絵馬に、楊子《ようじ》＝木下庄兵衛、浅草餅＝桔梗屋安右衛門、隅田川諸白＝山屋半三郎などのもろもろの名舗と並び、「海苔＝品川屋」とノリ屋の名がみられ、その他に女川菜飯、正直蕎麦、御所おこし、茶筌《ちゃせん》、とうもろこし、大仏餅、浅草川白魚、浅草川毛長えび、雷おこし等々も見える。

ノリを売る品川屋は、その名からみると品川出身者かも知れぬが、その後の記録から姿を消しているので詳細はわからない。が、ともかくも寛永以来の銘酒を醸造する老舗・山屋と並ぶほどのノリ商が出現していたのである。正徳より享保（一七一一—三六）へかけて、浅草には強固な経済力を養った商人がひしめくようになった。彼らの中には、資本を投下し、製造小屋を設けて、各種家内工業を盛んにする者も多かった。隅田河原にある橋場や今戸などには、瓦焼小屋が並び、浅草門前や田原町には、抄返《すきかえ》し紙屋や胡粉《ごふん》屋があった。浅草随一の家内工業だった、茶筌や楊枝など、竹細工の店はことに多かった（後年のことだが、文化四年調べでは二二〇店）。

浅草は、工芸品の町であるとともに、食べ物の町でもあった。江戸中の食欲をそそり立てるような名物や食べ物屋をたくさん抱え、観音参詣人を堪能させたのである。享保二十年（一七三五）に出た『続江戸砂子』には、あまたの食べ物案内が載せてあるので、その一部を紹介してみよう。

金竜山奈良茶　金竜山麓にあり、茶を以て米をやわらかに煮て上つゆ多し、江戸の茶粥也
目川菜飯　浅草雷門広小路にあり、東海道石部草津の間、目川村にて製する所の風味を模す
大仏餅　浅草並木町にあり、根元は京方広寺大仏殿の門前にあり、浅草にて製するはこれをならう
蕎麦切・うどん・料理茶屋　並木町に多し
まんじゅう　駒形堂傍にあり
浅草海苔　雷神門の辺にてこれを製す
品川生海苔　品川にて産し　浅草にて製す

前に紹介した正徳の絵馬や、『江戸鹿子』、『国華万葉記』なども併せ見ると、浅草がいかに江戸っ子の食欲を満たすに足りる、豊富で多彩な食べ物を供給する町であったかが偲ばれる。この時期に浅草ノリが、浅草名産として名を馳せるに至るのだが、その背景には、このような食べ物の町としての浅草の繁栄があったのである。

享保年間はまた浅草ノリが抄《す》きノリの装いも新たに、洗練された姿で浅草に現われた時代とみられるが、これもこの町の家内工業（紙抄きなど）の発達が影響している。品川生ノリを取り寄せ、雷門前や橋場の辺でノリを抄いて売る、問屋製家内工業制をとる専業商人が少数（三、四軒くらいか）ながらも出現したのは、明らかにこの時代である。東叡山御用商人の看板を得ていた正木屋、新興の永楽屋、それに品川屋などが、寺院群や、成金町人、武家などを強力な需要層として成長し、しだいに江戸百万の町人たちに新商品、抄きノリの出現を知らせていくのであった。

3　諸家御用ノリ商人

享保を過ぎること一五年後の寛延二年（一七四九）八月十五日、浅草寺境内に、高さ約一メートルの石の高麗狗《こまいぬ》二基が建立された。この寄進者氏名は台石に刻まれたが、そこには浅草の著名商人を尽くしている。その中にはノリ商の部があり、左の四名の名が見られる。

材木町　海苔屋四郎左衛門（正木屋）　正面
材木町　永楽屋四郎右衛門　正面
並木町　長坂屋伝助　東面
並木町　扇屋太郎兵衛　東面

（注・雷門前の町が並木町で、それと斜めに交差する町が材木町である。正木屋はまだ正木姓を名乗っていなかった）。

ここにはすでに品川屋の名はないが、雷門前にノリ商が集中的に出現して、浅草の町が浅草ノリの本場らしい様相を呈していた具体的事実がはじめて明るみに出たのである。

寛延に続く宝暦年間（一七五一―六四）に画工、重長、春信によって描かれた『江戸土産図会』の「浅草観音」の条には、仲店の模様が取り上げてある。雷門を入ると、右隣にノリ小売商の店頭が描かれたうえで、仲店の繁昌ぶりが左のとおり記されている。

浅草観音仲店のノリ商（『江戸土産図会』）

坂東巡礼の札所なれば、むかしより参詣多かりしに、御江戸御繁栄にしたがい、参詣の老若、雷門よりどろどろとおしあい、名物のノリ屋見世をのりこし、あさくさ餅のかとに至り、仁王門を経て観音へ詣て……門前の奈良茶飯、菜飯、ぎおんとうふの見世、酒家、茶屋軒をならべ、繁昌いはむかたなき霊地なり

これより安永・天明（一七七二—八九）にかけて浅草寺は、江戸随一の参詣客を集めて、門前町は雑沓を呈するようになった。晴天の日は一万人以上、雨天の時でさえも、三、四千人に達する盛況だったという。観音を中心にして、北に待乳山、南に向島、東に浅草川（隅田川）、西には新吉原があり、四季の遊楽地に事欠かず、江戸一番の盛り場となる条件は整っていた。安永三年（一七七四）、本所と浅草六地蔵河岸が吾妻橋によって結ばれて以来、観音周辺には、揚弓場、講釈場、見世物小屋、芝居小屋などが軒を並べ、参詣者たち

の娯楽の場、うつを散ずる場として、より一層の繁昌を呈したのである。

消費面だけではなく、流通面でも、浅草は重要な町となった。蔵前、六地蔵河岸など悠揚たる隅田の流れに沿った船着場が、諸国の物資の集散地となっていたからである。品川、大森方面で養殖が活発となると、どしどしノリが船荷で送りこまれてきた。浅草ノリ商の店と六地蔵河岸は眼と鼻の先にある。ノリ荷を運びこむにも売るにも、地の利を得ていたことこそ、浅草ノリ商発展の大きな要因である。

享保のころに体をなした浅草ノリ商は、安永・天明年間における料理文化の発達やノリ巻寿司の創製により画期的な躍進をとげる。このころから浅草でのノリ抄きはしだいにやみ、浅草ノリの主体は品川物や大森物となるのだが、そんなことにはおかまいなく、「浅草ノリ」は江戸随一の名物、うまい物として江戸っ子の自慢の種となるのである。

ノリと問えば浅草と答えるほどに、浅草のノリ商の位置は江戸市中に揺るぎないものとなったが、相互の商戦は激しくなった。商戦に勝ち抜くためにとった方策は権威の活用である。がんらいノリは奈良・平安朝の昔から貴人の食べ物とされ、その風習は鎌倉・室町期から江戸期まで受け継がれた。享保年間になり上品の抄製ノリが工夫されたのち、需要はしだいに促進され、将軍家や寛永寺をはじめとして、諸侯、諸寺院が御出入ノリ商人を抱えるのが流行の観すら呈した。これら上流階級の消費力は強大であり、上方や諸侯の国元などに向け、江戸名産として進物となる量も多かった。

しかし、それだけの客では増加してきた専業ノリ商の経営は成り立たない。江戸の膨大な人口の潜在需要を掘り起こす方途を考えねばならぬ。ここにおいて彼らは、御膳ノリ商——江戸城と東叡山御用商人は御膳海苔商と称する——の地位を十二分に利用し、華々しく宣伝戦を展開するのである。

文化十年（一八一三）に出た『浅草寺誌』には、実に九軒にものぼる専業商人が記されているが、そのうち六軒までが、御膳御用商人の看板を麗々しく掲げていた。

茶屋町　永楽屋庄右衛門　西御丸　東叡山　水戸殿御用
　　　　扇屋太郎兵衛　東叡山　尾張殿御用
　　　　正木屋四郎左衛門　東叡山御用は二代大明院宮の時より、松平越前守殿御用
並木町　長坂屋伝助　東叡山　水戸殿御用
　　　　井筒屋源七　東叡山　藤沢山浄光寺御用
　　　　尾張屋庄吉
雷神門仲見世　大黒屋文右衛門
田原町三丁目　中島屋平左衛門　東叡山　山科　一橋殿　田安殿
諏訪町　住吉屋藤兵衛

この中には、雷門仲店で小売商をやっている大黒屋まで記してあるから、当時の浅草の専業ノリ商を尽くしているとみてよいであろう。また、諸家御用を勤めていた六軒が有力な問屋だとみられる。

4　浅草ノリ問屋の商売

江戸後期になると、江戸の市中には各業種に及んで問屋が生まれ、問屋仲間の結成が増える。大坂におけ

御膳御用看板

る問屋といえば、生産者から委託された品を、仲買商へ入札により売りさばいて口銭を稼ぎ、自己売買は原則として行なわなかった。だが、江戸の問屋は必ずしもこの流通経路を厳守しなかった。浅草ノリ問屋もその例に洩れず、問屋機能と小売機能を併有していた。そればかりでなく、抄きノリの始められた享保から天明の頃（一七一六―八九）まで、約七〇年間は、問屋が製造まで差配していたのである。

寛政年間（一七八九―一八〇一）板行の『東海道名所図会』には品川、大森辺で抄いたノリを「かはかし、畳み重ねて、浅草町の海苔問屋などへ売るなり」と記述してある。このころから、浅草の問屋は、品川、大森で抄製したノリを一手に引き受けるようになったのである。寛政十一年の『東遊』に描かれた浅草ノリ問屋のナンバースリー、中島屋の店舗全景を眺めると、店頭で大口の箱売りも行ない、呼び売りなどへも卸し、また小売も行なっている。間口は四間くらいあり、店頭に見える奉公人だけでも七、八人はいる大店である。同店は、化政期の戯作家として名高い柳亭種彦に「御膳海苔所」の報条《ちらし》を書かせている。当時の浅草のノリ問屋は、すでに専業であり、江戸の町に隠れもない商勢を知られた、江戸一流の問屋だったのである。当時戯作家などに店の宣伝文を作らせたのは中島屋のほかにもある。そればかりではなく、左のように『江戸名物詩』なる書物の中に取り上げられた店さえある。

雷門前永楽屋干海苔

帖帖乾シ来テ積ンデ如シレ紙ノ　年年売出ス早春ノ風

白魚ノ吸物豆腐汁　纔ニ有二レバ一枚一味ヒ不レ同ジカラ

将軍家、諸大名へ納入した各問屋は、客筋が良いので、極力精選した極上品の販売を心がけた。たとえば、永楽屋では、将軍家に御膳ノリ上納が済むと、同型（一尺四方）同質のものを売り出しているが、一〇枚で最高は金一分という高値であった。御膳ノリは、大判であり、裏表を剃刀《かみそり》でそいで、貝殻、塵芥類を取り除き、一枚一枚丁寧に仕上げた高級品である。小判御膳は、御膳ノリの三分の一から二分の一の値で大きさも半分くらい、ノリ巻寿司などに普及品として用いられた。

ノリ需要が増大し、養殖法が進歩し、上質の抄きノリができても、それだけでは他の植物性食品と同様に、季節商品に留まらざるをえない。したがって、主業たりえても専業ノリ問屋の生まれ出る余地はないはずである。浅草ノリが、生鮮食品中の一名物の位置から擢《ぬき》ん出て、江戸浅草の重要物産となり、通年売買に従事する専業商人を生むに至った原因は、囲いノリ法の工夫されたことにある。

中島屋平佐衛門の店頭（『東遊』）

ノリの色香と持味を損なうことなしに梅雨期を越し、新ノリ出廻り期まで手持商品を保護することが、大方の要望に応えられる方途である。そのためには、焙炉《ほいろ》にかけ、茶商が用いるような穀瓶《こくがめ》に容れ、吸湿性の高い炒り米などを入れ、渋紙で外から入口をよく封じておく（『広益国産考』『日本製品図説』）という智恵が、長年の経験の中から生まれた。囲いノリ法が始められたのは宝暦年間（一七五一—六四）だといわれるが、享保年間（一七一六—三六）が抄きノリ発明期で、享保末年には有力ノリ商が出現しているから、もう少し早いのではないか。

表5　文化10年のノリ価格（永楽屋）（『浅草寺誌』）

御膳海苔	10枚	金1分または10匁，7匁5分，5匁
小判御膳	10枚	銀3匁5分，3匁，2匁5分
下之部	10枚	100文より64文

先に記したノリ商中島屋の店頭には、店の正面、奥部にたくさんのノリ入り土瓶が並んでいる。土瓶を用いて囲いノリが行なわれていたことを示すものである。こうしておけば「夏を越すも少しも色かはることなし」（『広益国産考』）という好結果を生んだ。だが、化政期（一八〇四―三〇）のノリ商、木村屋の報条《ちらし》の中に「囲い海苔ゆくほどとなく色あせて」と記されているように、その方法はまだ充分ではなかったようである。浅草ノリ問屋が繁昌をきわめていた記録としては不充分だが、左の哀話は、浅草へノリが大量に送られ、ノリ売買が活況を呈した模様を推察させてくれる（『浅草寺誌』）。

観音本堂の東北に秩父三十二番般若法性寺観音銅像があった。その像の台座には、

ねがはくは般若の舟にのりを得て　いかなる罪もうかぶとぞきく

とあり、正面には「寛政九丁己年五月十八日　影光林現童子　修名　佐野六次郎十四歳」、左に「新吉原江戸町一丁目万字屋施主貞操同秀」としておよそ左のような話が刻んであった。

「寛政の頃、新吉原に質両替の万字屋という店があった。後家ひでの一子久次郎というもの、幼時より浅草筒町の伊勢屋治兵衛方に奉公したが、一四歳の時、三挺船に乗り合い九人、船頭一人で、品川みなとの浦に来たとき、大森村より出る紫菜《のり》を積んだ五大力船が誤まって突き当たった。三挺船はたちまち覆り、久次郎を始め六、七人が溺死した。生き残りの二、三人がまだこの事を伝えぬうちに、母の耳に〝久次郎が唯今帰りました〟と告げる声が聞こえ、姿もありありと見えた。後でそれが

幽霊であることを知り、悲嘆のあまり菩提のため、秩父徳性寺観音像を模して納めた。」

この哀しい物語を記した『浅草寺誌』には、付記としてノリを積んだ船は、お上より吟味があり、八間の船に九反の帆をかけ馴《なら》し、三人衆でともの方に一人しかいなかったのは、法外のことと、三人とも江戸お構い（追放）となったとある。品川から浅草まで八間の舟とはずいぶん大きな船で、多量に運んだものである。ノリを積みこむ品川港の繁栄、浅草ノリ商の繁昌ぶりが偲ばれるであろう。

5 浅草市

小田原北条氏の時代に栄えたとされる浅草市の江戸初期における動向は明らかではないが、遅くとも寛文年間（一六六一—七三）ともなるとかなりの繁栄を呈するようになった。年三回——三月（三社権現祭）、六月、十二月（歳の市）の各十七日には、観音の縁日で市が賑わった。三月と六月の縁日には、春・夏の必需品を中心とする市が、十二月には新年を迎える品を専一に扱う市が開かれたのである。

市立ての場所は、古くは観音の前から雷神門に至る、今の仲店通りの辺だったが、のち、しだいに発達して雷神門の外まで延びていった。享保の頃には、観音堂より二キロも離れた浅草橋から、御蔵前—駒形—並木町—雷門に至る大通りは市物が満ち、雷神門の正面大通りの東西五〇〇メートルほどは、三列にも四列にも並んだ。大通りから溢れた市物は、観音堂の裏手にあたる山の宿から待乳山方面まで寸土も余さぬばかりの盛況ぶりであった。時代がさらに降って文化年間ともなると、市物の並び立てられた地域は、南は浅草橋、東は吾妻橋を渡り本所まで、西は上野山下まで、蜿蜒《えんえん》と続いたという。

年三回の市の中で、最も殷賑《いんしん》を極めたのは歳の市である。この市で売られるのは、正月の飾り物を第一とした。いつの頃からか江戸の人々は、こぞって浅草の歳の市で新春を迎える品を買い求めるのを嘉例とするようになった。町人・百姓はいうに及ばず武士まで加わり、貴賤老若男女を問わず、江戸市中はむろんのこと、遠く葛飾方面や、下総、武蔵両国内からも集い寄った。

商人たちは、二間四方余の葭簀《よしず》を張った床店《とこだな》を設けた。見渡す限り並んだ床店には、正月の縁起物が所狭しと並べられた。海藻類では、お供えの飾りとして欠かせぬ、昆布、ほんだわらが家毎に買われたが、ちょうど新ノリの採れる時期にあたる浅草ノリも、初春の訪れを告げる品として喜ばれた。

寛政六年（一七九四）板行『江戸名所図会』には、歳の市のノリ売りが盛んな有様を、次のように記録している。

雷神門の外、花川戸町の入口角に、六地蔵の石灯籠あり、故に土人、ここの河岸（隅田川）を指して「六地蔵河岸」といへり。この地は、往古より奥州街道の馬次（宿場）なりしとぞ。その頃は観音の門前、旅籠《はたご》町にして、この六地蔵のあたりは、馬駕籠《かご》の立て場にありしといふ。此故に今も毎年十二月十八日の歳の市には、此辺の浅草ノリを鬻《あきな》う家々にて近在より参詣する旅人をして止宿せしむるとぞ伝へ云ふ

ここに明らかなように、その昔の旅籠屋が、歳の市の頃になると、ノリシーズンの間だけ賑わしくノリを売ったのであった。浅草ノリは、専業ノリ商人と浅草市の季節商人、それに行商人の三本立てで売られていたのである。

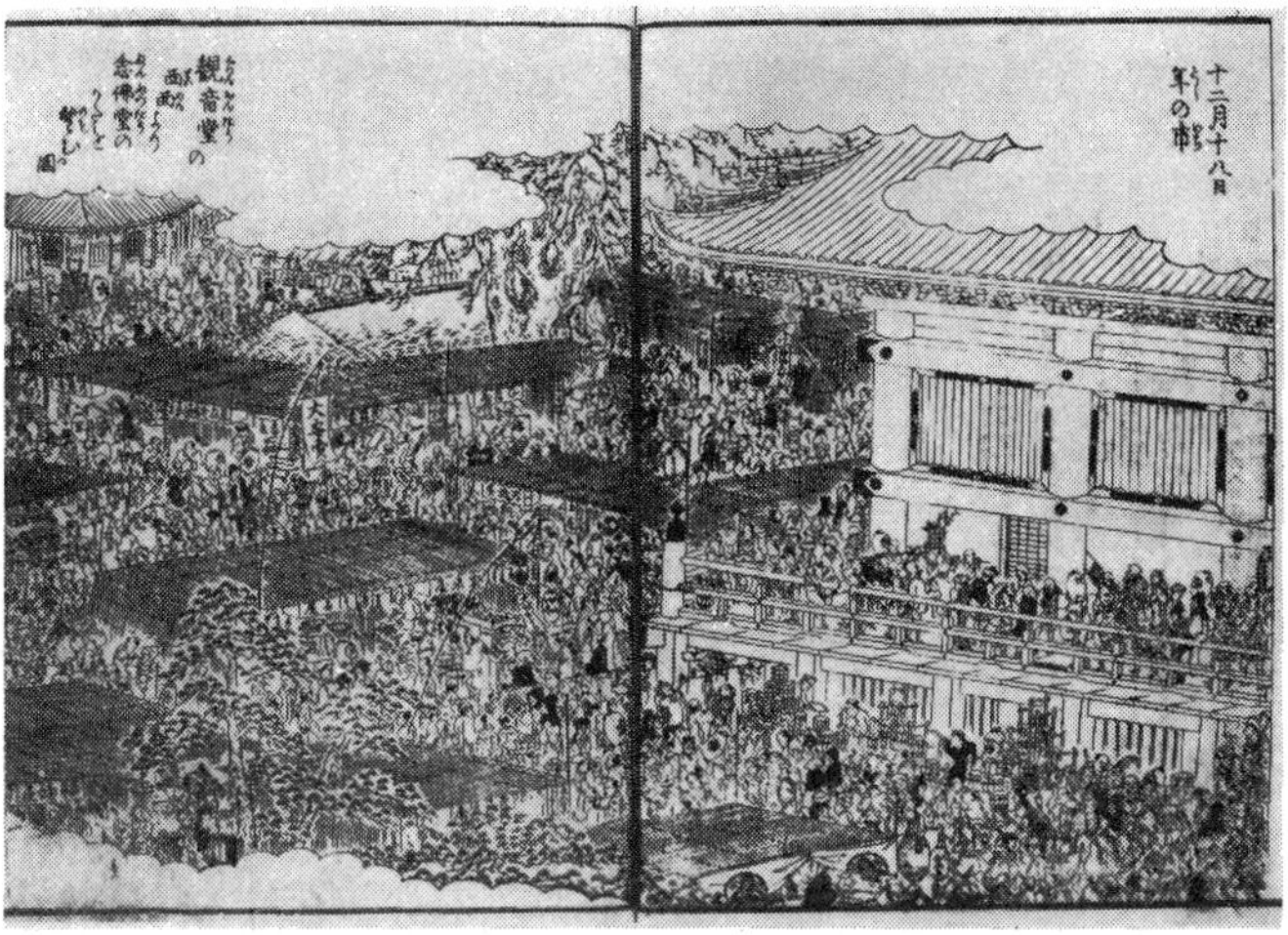

江戸期の浅草歳の市（『江戸名所図会』）

6　浅草ノリ商の衰退

江戸の料理文化が絢爛《けんらん》たる花を咲かせた、寛永のころから化政期までの間が浅草ノリ商の最盛期であった。以後、幕府の衰退と歩調を合わせるかのように、衰微の方向へ歩んでゆく。退潮の直接のきっかけとなったのは、永楽屋が処罰されたことにあるが、根源は深い所にあった。

文化・文政のころから、浅草ノリは江戸の町をあげて親しまれる味となった。そればかりでなく、関東一円から東海道筋、はては上方まで、その消費圏は拡大されていった。それまで製造地は品川の海に限定されており、集荷権は、浅草商人に握られていたが、いまやそうした既得権益を維持し続けることは困難な情勢となった。

史上初めて訪れたノリの消費ブームの到来により需給関係の均衡が崩れ出したころから、浅草以外にあって、ノリ問屋を営もうと夢見ていた商人たちの間に、新産地待望の気運がみなぎり始める。こうして、江戸の海の遠くあるいは近く、続々と乾ノリの新産地が出現する。既存産地もまた、ヒビ建て場の拡張に狂奔し始める。

急激に膨張したノリ需要に応じうるほど、大幅にノリが増産されると、大量のノリをさばくことは、もはや浅草のノリ商の集散能力の限界を上廻ってしまった。このころから、彼らによる産地支配網のほころびは眼に見えて広がり、売買ルートの一手独占時代は去っていく。

江戸の町の大発展により、中枢の座を得て商業の中心街となったのは日本橋である。日本橋は、特に食品類の売買ではめざましい発展をとげ、ノリ商売もまた活発であった。浅草に比べれば品川・大森に近く、ノリの集散どちらにも地の利を得た日本橋は、しだいに多くのノリ商を生み、かつ育てる。この地にノリ問屋が成長するにつれて、浅草のノリ問屋は斜陽の一途をたどる。維新まであと三年という慶応元年（一八六五）に著された『当代全盛格付』には、わずかに次の四店の名が見られるだけである。

浅草並木町　永楽屋　正木屋

同　田原町　中島屋　遠州屋

しかし、この四店でさえ、その当時において活躍していたかどうかは疑わしい。なぜなら、維新後の記録には、浅草ノリ商の名はあまり見られないからである。江戸開府後間もなく興った浅草ノリ商は、幕府の興隆と共に栄え、奇しくも幕府の滅亡するときその運命を共にしたのである（明治になっても前記四店とは別個のノリ問屋はあったが間もなく消え去った）。

第8章　江戸料理の中のノリ

1　食通の横行

「元禄の着倒れ」に対し、「享保の食倒れ」の諺が今日まで残っている。豪華な衣裳に満ち足り、遊興にも飽きた江戸の町人たちは、享保の頃（一七一六―三六）から食物にも贅を求める方向へ進む。それ以前までは、上方料理の模倣に終始していた江戸の町には、しだいに独得の江戸前料理が現われ始める。食べ物屋が次々と増えはじめる。ノリの味を引き立てるに役立ったとみられる、醤油を商《あきな》う店が続々と現われたのもこのごろのことである。こうした江戸の町の食風好転の影響をうけて、乾ノリ需要はしだいに江戸町民の間に広まる。どうしようもないような泰平の世を迎え、江戸市中にくまなく奢侈の風がみなぎり、宵越しの金を持たぬという江戸っ子気質が、喰い物のうまさを漁る方向へ急傾斜していったのは安永・天明期（一七七二―八九）である。江戸の町における味覚の上の奢りは、当代に至って絶頂を指向する。料理は、技巧が加えられる余地がないところへさらに趣向が凝らされ、贅沢は極まって、珍味佳肴を得るためならば、千金を投じるも厭わぬ風潮すら生まれた。

十八大通と呼ばれた、一八人の通人が、豪奢を衒《てら》って、遊蕩の限りを尽し、江戸の流行を生み出す源となったのも当代である。彼らをはじめ、世事万般〝通〟を誇る風が社会に瀰満《びまん》した。巨富を積んだ者たちは、狂歌、川柳を弄び、浄瑠璃、小唄を嗜み、日夜遊里に出入りし、料理茶屋、食べ物屋を食い歩いた。粋客、食通を自認する彼らは、茶を飲めば、その銘や水の出所をいい当てて自慢し、摘み入れカマボコを食べれば、「これは鯛、これは平目」と食いわけるなど、材料の善悪を見分け、庖丁の良否を批判して得意がる。料理屋の方も負けずに凝って、茶漬飯の茶の水を汲むために、わざわざ半日を費やして、玉川上水まで早飛脚を立てたり、椀一杯の鴨汁を仕立てるために、何羽もの鴨肉を使い捨てたりした。会席料理や即席料理が、江戸の町人層にも普及したし、それらを看板とする料理茶屋が、向島・洲崎・深川・日本橋などに数多く出現した。蕎麦屋・鮓屋・てんぷら屋・居酒屋などは、市中いたるところに見られるようになった。

天明からさらに進んで文化・文政期（一八〇四―三〇）となると、料理文化はいっそう爛熟の様相を呈する。「蜀山人」は、この当時の食べ物屋の溢れる様子を「五歩に一楼、十歩に一閣、皆飲食の店ならずといふことなし」と驚嘆している（『一話一言』）。

わが世の春と気焔を吐く町人たちは、食物三昧にふけった。「江戸に生まれ、男に生まれ初鰹」と詠んで、初物賞玩を好んだ。また、上方料理のむこうを張って、洗鯉・蜆汁・白魚料理・煮魚・柳川鍋など、江戸っ子独得の料理を生んだ。特に江戸前料理として名の聞こえたものには、てんぷら、鰻の蒲焼があり、鮓《すし》・蕎麦も彼らの嗜好にかなったものであった。

料理書が、江戸や京・大坂の書肆《しょし》から続々と刊行されたのも化政期を頂点とする。これは、庶民の家にも多彩な料理献立が滲透しはじめたことを物語るものである。また、その昔は支配者階層に限られていた、料理法を生み出す主導権が、エリート町人層に手渡されたことをも示している。ことに古い伝統の束縛を受けぬ江戸においてこの傾向はいちじるしく、味覚の世界は面目を一新するのである。

食生活の華美化は、江戸後期における町人の経済力が増大し、江戸文化が爛熟から頽廃へと傾斜していった当時の社会相を反映している。富の蓄積により、社会的経済的地位もとみに向上してくると、人々はきまってそれまで憧れて果たさなかった夢、すなわち上流支配階層の贅美な生活をまねてみようとするものである。こうした傾向は、しだいに都市から地方へ、富裕階層から一般階層へとおよんでゆく。江戸の町を中心としたノリ需要はこのような社会環境の中で増大し、ノリ料理なども食通や料理屋などの手捌きによって真骨頂を示すに至るのである。

2　江戸城のノリ料理

江戸時代に入ってからのノリ料理は、室町・伏見・桃山時代にならって、寺社や諸大名、公卿らの献上に用いられるところから始まった。材料としては、出雲の十六島ノリ、能登の雪ノリなどがわざわざ取り寄せられたのだが、献立の内容は、江戸中期を過ぎても変わることはなく、格式を守るばかりで、新味の乏しい料理に終始した。

寛政五年（一七九三）三月十日朝の本膳（勅使が江戸城へ参向した折の膳）には、煮物として「とうふ　松たけ　のり」とある。翌十一日朝の御膳には「平皿・へぎ松露　花かつお　焼のり」が出ている。

文政二年（一八一九）八月、知恩院門跡が江戸下りの節には「御夕永」に「吸物　木の葉草　品川のり」が出され、朝御膳には「吸物　薯汁　のり（とろろいもにノリを振りかけたもの）」がみられる。

文政八年（一八二五）三月、京都から勅使が将軍家へ参向した折には「御昼食」（おやつ）として、「和《あえ》

交《まぜ》　めうがたけ　新生姜　品川ノリ」とあり、あえものにノリが使われている。

江戸後期に至っても、江戸城におけるノリ料理は、初期と変わることなく、簡単なものであった。概してノリが献立の中に占める位置は高くなく、せいぜい料理の中でその風味を利用される程度であり、その回数は多くはなかった。はなはだしきはつまに使われる程度ですらあったほどである。将軍家に限らず、大名・公家などの階層は、いたずらに室町期以来の料理の故風を重んじるばかりで、ノリの持つ真の味わいを引き出すような調理法の工夫はできなかった。

浅草ノリの真価を理解し、抄製法の発明によりその醍醐味を見いだし、彩りも豊かなノリ料理を次々に創案したのは、実に江戸の町人たちであった。彼らが流出させる栄養源によって、ノリを美味に育てもしたが、また深くその味に親しみ、浅草ノリをして江戸料理の極上品たらしめたのも彼らなのである。

3　民間のノリ料理（安永・天明期）

ノリの調理法が民間にも知られだした兆しは、古くは寛永の『料理物語』に求めることができる。が、普及の時期を問うならば、それより約四〇年後の安永・天明期と答えるべきであろう。安永年間（一七七二—八一）に出た『献立部類集』には、「まきずし」（第6項に譲る）のほか、浅草ノリだけを使った吸物（香辛料として胡椒の粉を使っている）が載せてある。続いて、享和年間（一八〇一—〇四）に出た『料理早指南大全』には、次のように数多くのノリ料理がみられる。

花うどの味噌汁へノリを入れる

むしり鯛とそばの茶椀盛へ、ねぎと唐辛子を添え、浅草ノリをもんで振りかける
赤貝と生ノリの吸物
伊勢エビとハマグリに生ノリを平椀へ盛り合わせる

等々、次々に珍奇の趣向が紹介されているが、なかでも珍しいのは「海苔飯」である。この書物には、春は海苔飯と枸杞《くこ》飯、夏は紫蘇《しそ》飯、秋はそば飯と豆腐飯、冬はねぎ飯と信濃（大根）飯など、四季それぞれに変化に富んだ飯のこしらえ方を説くと同時に、各種の飯にふさわしい付け合わせの「菜《さい》」を発表している。ノリ飯は、浅草ノリをほいろにかけ、細かにもみ、少しこわめに炊いてよく蒸した御飯に右のノリを混ぜる。こしらえは簡単だが左の図のようにたくさんの珍味を菜とするところがこつである。

海苔飯		平盛　干さんしょ　ふりて白魚　えのきたけ　自然薯
手塩　なすこうじ漬　なら漬　なづけ	猪口　つくつくし	茶椀もり　鱈　青こぶ
中皿　みそづけ　のぼら　かんろ梅		加役　ねぎ、ちんぴ　ゆずけし　粉とうがらし　汁継　すまし　あまいめに

『料理早指南大全』に載る海苔飯

料理の趣向などに一段と風流味があるとして、通人の間で評判をとった、深川の茶屋・望陀欄《もうだらん》（升屋ともいう）の主人が、天明元年（一七八一）十月、布施氏（狂歌の雅号・山手白人）を招待した献立の中に「乾魚」として「青のりくわい　こんぶ　のり」が見えている。この限りでは、民間が雲の上の献立を猿真似した程度のものにすぎない。だが、その中に初めて「のり巻鮓」の名がみえていることや、『献立部類集』にも明らかなように、新しく庶民の生んだ

ノリ料理が、このころから登場しはじめるのである。

4　多彩なノリ料理（文化・文政期）

文化年間（一八〇四―一八）版の『日本料理法大全』には技巧を加えたさまざまのノリ料理がある。

のりかは　――新ほしのりをほいろで焼き、こまかにしてふるいにかける。したじを作り、ノリを入れ、よくまわして練る。これを豆腐、蒸し牡蠣《かき》、蒸し白魚などにかける。

のりほいろ　――上等の干ノリを一寸余の四半に切り、くだに巻いて、紙を細く切り、焼いたノリをこの紙で巻いてとめる。ほいろにかけ、茶筅《ちゃせん》に醬油をつけ、巻いたノリにふりかけてから乾かす。

のりまきいも　――いもは丸のまま蒸してから皮をむき、裏ごしで味噌をこすようにこし、浅草ノリを延ばし、その上へ厚さ一分くらいにむらなく芋を延ばし、小口から巻いて切る。

のりまきらずし――のりまきおからずしのこと。ノリに酢を少し打って、常のノリまきずしのように、飯の代わりに卯の花を使う。卵をつなぎに入れ胡麻油・醬油で味をつけ、むしり鯛・木耳《きくらげ》・くりのはり・さんしょう粉など混ぜるとよい。

同じく文化年間版の『料理献立集』には、酢和えとして、ノリが、麩《ふ》・栗・生姜《しょうが》・胡桃《くるみ》・豆腐などと共に使われている。また豌豆《えんどう》、みょうがと共に生ノリが煮物にされている。

文政年間（一八一八―三〇）に浅草の著名な料理茶屋・八百善の主人が著した『料理通』には、さすがに浅草ノリの本場の料理屋らしく、極めて多彩なノリ料理が見られる。

精進料理
本膳膾《なます》の部
むかふあへまぜ
金ぎくとう
品川のり
はりしやうが

本膳汁之部
するひろこぶ
松露豆腐
品川のり

茶椀物之部
春
せんろ豆腐
えのきたけ
伊勢のり

冬
みの松たけ
たぐり豆皮
独活《うど》
のりしたじ

四季鉢肴之部
のり蒲焼　慈姑《くわい》
五もく卯の花
煮山椒

四季会席精進向皿之部
のり酢敷
かき芋
日光岩たけべた煮
かくしわさび

このほか、「うつふるいのり、八しまのり、品川のり、生のり」の料理が何種類も載せられているが、なかでも珍しいのは左の二種である。

干海苔せん――極上の長芋を長せんにうち、塩湯にてぬめりを取り、よくよくぬめりの取れたる時、一本づつこまかに振った海苔にくるみ、一日陽にあてじょたん（助炭）にかける。

子持海苔――極上の長芋をやわらかにゆで、皮をむき、うらごしになし、三品《ぼん》の白砂糖と焼塩で味をつけ、品川海苔に薄くのべ、一日干し、思うままに切り、じょたんにかけて仕上げる。

いずれも手のこんだものである。さらに同書は、普茶料理（黄檗《おうばく》風中華料理）の中でも左のようなノリの揚げ物を紹介している。

普茶料理のうち、卓子大菜之部
　鴨大切　衣かけあげ
松だけ　せり
貝のはしら　みつば
いいいいいほしのり衣あげ
煮かへししやうゆ
大菜の仕方　春の部
豆皮《ゆば》のりまき

できたての豆皮にのりをかさね、ほどよく渦に巻き、細き平めの串に刺して油にてあげるなり。

卓子大菜の部には、精選された高級な材料ばかり使われている。それらに伍して、衣揚げノリの名がみられるのは、化政期におけるノリの食品価値の高さを示すものといえよう。当代の料理法は技巧に走り過ぎ、室町期の料理をほうふつさせるものがあったが、手がこんでいると同時に味わいの良さに重きを置いた点で、形式偏重の室町風に勝っていた。豆皮のりまきがその一例で、ノリとゆばの渦巻で色彩の配合を考えた上に、油で揚げて味わいを深めている。

柳亭種彦が、文政（あるいは天保）の頃、ノリ商中島屋の求めに応じて書いた広告文の中から、ノリ料理を拾ってみよう。

磯菜飯　焙ったノリを御飯にふりかける
錦木　焼き艶を出し、山葵を妻に添える
花巻　焙りノリをもみ、そばに振り巻く
ノリ巻すし、色紙のり　白魚汁、豆腐汁（どちらにもノリを入れる）

これらは、どれも細かい気配りで趣向をこらし、それぞれに雅名を与えて風情を添えたところに、町人らしい才覚がにじみ出ている。磯菜飯に似ているが、「海苔飯」は、もっとぜいたくにノリを飯の中へ盛り交ぜる。錦木は、現今の焼ノリにあたるが、わさびをつまにした点に当代風の心遣いがみられる。花巻は、年越ソバには必ず用いられたものだが、幕末のある蕎麦屋の張紙をみると、

だい引横雲
浅草のり

そば（カケ　モリ）代　十六文
天ぷらそば　代　卅二文
花まき　代　廿四文

とあり、日常も食べられていたことがわかる。もみノリを振りまくだけで、十六文のソバが五割増しになっている。ノリの価値は高かったのである。

年越しにも使えば、年始を祝う雑煮にも、高貴・富裕の家では必ずノリを使った。それゆえ、ノリは年末、年始における何よりの贈答品となった。『精進料理献立集』（文政年間）には、あさくさのりを用いた料理が三つのっている。

さつまいもを塩むし　皮取すりくだき　白ざとう入
能《よく》すりまぜ半分はそのまま半分はあをどりのこにていろ付置き　まないたの上にぬれふきんをひろげ、その上へいものすりたるをひらたくならし、その上へまた青きを流し、小口よりまきずしの如くまき　ふきんに包みせいろにてむし、小口切あさくさのり両角にきり火どりて

だい引　源氏ゆりね
　しんあさくさのり
げんじゆりねはなんべんもあらひ　水けをよくはかしころもかけ揚げ　小口より切るとききくのごもんのごとし　あさくさのりほどの四角に切火どる
もやし

取　肴　はじかみ
　　　　のりまき
　　　　ゆりね
　　　　きんし
　　　　大こん
はじかみじく付二寸ばかりに切根をわけ　梅ずかすへ口べに入ねをつけ置　ゆりねはなしあらいむしてすり　うらごしにし白さとう入　あさくさのりにてまきずしのごとくまき　小口より切

化政期以後から幕末にいたるまでに発行されたたくさんの料理書には数多くのノリ料理がみられる。が、その多くは安永から文政年間に至る約五〇年間に出された料理書の焼き直しが多く、新味に乏しい。まことにこの五〇年間こそ、ノリ料理の開花期であり、黄金時代だったのである。

5　ノリ食普及の蔭に

ノリ料理が、百花繚乱の賑わいを見せ、江戸の高級料理茶屋が繁昌の日々を迎えた江戸後期、料理の舞台では、鼓腹《こふく》して楽しむ華やかな姿が見られたが、その裏には悲惨極まりない飢饉で苦しむ無数の人々が放置されていた。天明三年（一七八三）から同八年にかけては、奥羽に起こった大飢饉が全国に及んだ。特に天明四年における奥州の餓死者は一〇万人に及んだと伝えられるが、江戸の繁栄を聞き伝えた飢餓に苦しむ難民は、江戸へ江戸へと救いを求めて押し寄せた。が、幕府の対策は手緩く、多くの餓死者を見殺しにした。

天明七年、江戸・大坂では、米価の釣り上げに怒った町民の暴動が起こり、飢餓に苦しむ農民の一揆が全国的に続発した。大小の飢饉、水害、干害は、その後も絶えず続いたが、天保三年（一八三二）からは、またまた全国的大飢饉がひん発した。特に有名な天保七年の大飢饉の折には、木の根、草の葉を食べた末に、餓死者の人肉まで食うという事態が起きている。そのうえ米価は暴騰し、餓死せぬまでも流民として漂泊する者も多く、大多数の庶民の生活は、貧窮のどん底に落ちこんだ。

その一方で、天明七年の倹約令、寛政元年の奢侈禁止令、文政の頃の百姓衣服取締令、弘化四年の町人倹約令などが、引き続いて発布されており、貧富の懸隔はきわめて顕著であった。このように跛行のいちじるしかった時代に、浅草ノリを江戸前料理に加えたのが町人であったとはいうものの、十分にその美味に堪能できたのは、一握りの貴人や金持ちの町人だけだったとみられる。江戸っ子の多くは、高級なノリには手が出ず、そば屋で花まき（ノリをふりかける）や、すし屋で安いノリ巻を食べるのが精一杯だったのである。

6　ノリ巻スシ

江戸文化は、食品芸術ともいうべき、数々の新しい食物、料理を生み出したが、その最たるものにスシが数えられよう。といっても、江戸期のスシは古代の鮓（魚や貝の肉を塩漬にしておき日が経つにつれ自然に酸味を生じさせた）や、その後になって工夫された鮓（飯と塩の中に魚肉の類を入れた馴鮓《なれずし》）とも異なるものだった。つまり、酸味を生じさせるのではなく、米飯に酢を加えて、酢漬けの魚肉を和して食べるスシを生んだのである。さらにこれを食べよい形に切ったり（切鮓、大坂風押し鮓）、種々の食品を混ぜたり

（混ぜ鮓、五目スシ）して、上方のスシはしだいに当世風のそれに近づいていった。米が主となり、魚肉の類が従となった時代は、上方では江戸初期あるいは江戸期よりさかのぼるかも知れぬ。

江戸の町に上方からこの鮓《すし》が伝わった時期は、『江戸鹿子』などに現われることからして、貞享年間（一六八四―八八）まではさかのぼることになる。降って寛延のころ（一七四八―五一）ともなると、前記した混ぜ鮓、切鮓などを売るスシ屋が現われだした。

巻鮓《まきずし》の現われた時期は明らかではないが、安永のころ（一七七二―八一）になると、すでにいろいろの巻鮓が作られている。笹巻、ゆば巻、玉子巻、昆布巻、海苔巻がそれである。また、これまでの「鮓《すし》」の字に代わって、以後しだいに「鮨《すし》」「寿し」などの文字が使われ出した。上方の影響は江戸の町にもおよんで、すしを売る店も多く現われた。安永六年（一七七七）の『土地万両』によれば、深川、日本橋など各所にすし屋があり、日本橋の西村屋などでは、切鮓を笹の葉に巻いて笹巻すしを作っていたとある。

つまり上方風の笹巻すしとは、鮓に漬けた小魚、玉子焼などを材料にして箱ずしを作り、これを小形に切り、熊笹にくるんで軽く圧したものである。江戸の笹巻は、ノリ巻を普通より短く切り、一つずつ熊笹にくるみ、軽く押して作った。笹巻から移行して、ノリ巻すしが独立したともいえようか。

ノリ巻すしを紹介した初期の書物は、安永年間の『献立部類集』である。そこには「満きすしの製法」として、

浅草海苔　ふぐのかわまたは紙をすだれに敷きて飯を引き重ね、魚をならべ、右のすだれを木口よりかたくしめ巻きにして、四角なる内へ入れ、よく重しをかけ置くなり

とある。昨今、竹のすだれに代わり、ポリエチレンなどで巻く方法が現われたが、江戸の昔にふぐの皮や紙のすだれを使ったところに共通点が感じられる。なお初期のノリ巻は、魚や貝を芯にして、飯を巻き、上方風の箱スシ製法の名残りを留めていた模様である。

飯のほか、きらず（卯の花）を巻くこともあった。前記した『日本料理法大全』のほか天明三年（一七八三）の『続豆腐百珍』には「卯の花ずし」が紹介されている。きらずの味付けには胡麻油、酒、塩、つなぎとしては玉子、貝にむしり鯛、木耳《きくらげ》等々を使った、しゃれた豆腐料理の一品で、一般庶民のものではなかったであろう。

天明七年に出た『七五日』は、当時の江戸市中の著名商店の案内書で、その中には鮓屋の名が二五軒もみられる。屋号の肩書には、それぞれ「御膳御鮓所」「御鮓所」などと記し、銘々の店が「笹巻鮓」「昆布鮓」「ゆば巻鮓」「海苔巻鮓」など、得意とするスシの名を看板に掲げている。巻鮓を売る店では、笹巻鮓を売る店が一番多く三軒あるが、ノリ巻を売る店は一軒にすぎない。その店、敷島屋の広告には左のように書いてあった。

笹巻すし　　　　　　玉子巻
海苔まき寿し　　　　ゆば巻
　魚せんへい　　　　のりせんへい　　　貝せんへい
　氷せんへい　　　　いもせんへい
　　不いろこん婦　三色梅　錦梅の香
　　　家製　こま塩

下谷池の端仲町
志き嶋屋　勝三郎

海苔巻すしの流行は天明の頃からと見られる。青海波巻、比翼巻、夫婦巻、二枚巻など、巻物で切口の美しさを見せたすしが流行し、さらには五三の桐、菊水などの複雑なものまで巻き、これらを尺二の高蒔絵、五段の重に盛って「御膳鮨」と称した。これらの御膳鮨はすべて太巻で、巻き方はむろんのこと、材料を精選した上で細心の注意を払って焼き上げ、焼きたてのノリを使って巻き上げる。ノリの爽やかな香りが鼻をつき、これを口に入れるとパリパリとし、舌の上で自然に溶けてゆくところが、ノリ巻のえもいわれぬ良さであるとされた。ノリの価値は、まず香り、続いては味と色にあるといわれるが、ノリ巻すしこそ、ノリの真価を発揮させるものとしてもてはやされた。

民間で生まれた巻すしは、江戸城でも食べられるようになった。文政二年（一八一九）、知恩院門跡が江戸城へ下ったときの精進料理の中には、三種の巻すしが出されている。

夕御膳後　　海苔巻すし
　　　　　　ゆば巻すし
一、御当座すし　　木の葉すし
　　　　　　　　　新せうが
　　　　　　　　　たで穂

文化・文政期ともなると、民間ではますますノリ巻すしが親しまれ、屋台すし屋などでも売られたり、ノリ巻売りが江戸の町を廻るようになった。屋台すしが流行り出すと、手のかかる太巻に代わって簡易に巻き上げる細巻が現われた。細巻には中に干瓢《かんぴょう》を入れる。

嘉永年間（一八四八―五四）の『守貞謾稿』に「巻き鮨を海苔巻と云ひ干瓢のみを入れる新生姜、梅酢につけず弱蓼《たで》と二種を添へる」とある。この頃からノリ巻の芯は細巻に限らず干瓢が魚に代わって一般的なものとして見える。干瓢のほかにも玉子焼などを入れ、切口の美しさを工夫するようになった。細巻の変わり巻としては、鉄火巻、カッパ巻なども現われていた。

江戸期以来の習慣で、江戸前握りすしには必ずノリ巻を付ける。この限りではノリ巻は握りすしのあしらえのようにみえるが、実はノリ巻の方が、握りすしの誕生より少なくとも五〇年は早い（握りすしは、文政六年〈一八二三〉与兵衛によって始められたといわれる）。江戸前料理の花形である。江戸前鮓の元祖は、ノリ巻だったといえよう。

ノリ巻と共に古い歴史を持つのは散らしすしである。現今では、散らしの上にもみノリを振りかけるが、これは元来散らしの粗製品で、本式のそれはまずノリ飯を作るものである。すし飯の中に揉みノリを混ぜてから、小丼または食籠《じきろう》に盛り、その上に千切りの椎茸と木耳《きくらげ》（何れも甘く煮つける）を混ぜておく。その上を掩《おお》うように、薄焼き玉子の粗く千切りしたものを散らし、さらにその上一面に、芝エビのおぼろ、酢漬けの車エビ、あるいは姿煮の赤貝、ミル貝、小鯛などをのせた。

浅草ノリは、巻すしに欠かせぬ材料となったことにより、江戸前食品の五指に数えられる位置を得た。逆にいえば、浅草ノリを縦横に用いたからこそ、江戸前すしが、先に世に出た大坂すしに拮抗できるようになったのである。

7　江戸前

江戸料理の通をもって任ずる人々が「江戸前」の真髄を語るとき、必ずといってよいほど引き合いに出す味としては、うなぎのかば焼、手打そば、握りずし、てんぷら、浅草のりなどがある。今日では「江戸前」という言葉は江戸風といった意味となって、腕前の「前」と同様な意味で、特に江戸で生まれた右のような食品（料理）のおつな味の微妙な表現として用いられている。考えてみれば料理文化の先輩でもある上方（風）料理を「上方前」あるいは「京前」などとは呼ばぬのに、江戸風料理だけが「江戸前」といわれているのは不思議な話である。一体いつごろからなぜこのような意味に使われ出したのであろうか。

江戸の料理文化は、元禄（一七〇〇年頃）前後まで上方料理の影響を強く受けていたが、享保を過ぎるころから上方風を咀嚼して、しだいに江戸独得の食品や料理、つまり江戸前料理が生まれていく。冒頭に掲げたいくつかの代表的な江戸前の味は、江戸時代の後半になって、江戸で育って江戸っ子が好んだ食品であり、上方風とはこしらえ方が異なるか、上方にはなかったものである。こんなところからみると、「江戸前」が料理に関係して用いられた時代は、江戸期後半とおぼろげながら推察することができるわけである。

「江戸前」の語が料理と関係したのは、江戸の前の海で捕れた魚介類を材料としたことに端を発したというのが通説となっている。だが、江戸の前の海とは一体どの範囲を指しているのかというと曖昧で、多くの場合漠然とした意味で使われているのである。

今までのところ眼に触れた範囲では、『深川区史』の著者が江戸前の語源についてかなり突っこんだ解釈をしている。同書によれば、江戸前には徳川時代以来広狭二義があったという。広くいえば江戸の前面でとれる魚を指し、狭い意味では、昔深川八幡宮へ向かう大通りに「江戸町」があり、その前方に猟師町（今の大島町）があったが、この猟師町の人が出漁して獲った魚を指していたのだというのである。

下町の粋な若衆、勇み肌でいなせな姿の魚売りたちが、江戸市内で江戸前の魚と称してかけ声勇ましく売り歩いたとき、江戸中の台所を預かる女たちの人気を集めてしだいにその名声は広まっていったものであろう。深川漁師は近くの佃島漁師と共に、将軍家の御菜御肴御用を仰せつかって江戸中にも知られており、漁師仲間では勢力を大いに振るっていた。また町々を振り売りしたり、日本橋辺へ魚店、魚市場を創めたりした実績があるから、彼らが江戸前の魚の名を広めるに力のあったことは事実であろう。だが、深川の猟師町辺を指して江戸前と呼んだのだという説は推論であって、そのまま鵜呑みにするわけにはいかぬ。実は江戸前期、芝に江戸中の魚市場があったとき、その方面の海でとれる魚を江戸前の魚と称したのが始まりだとの説も強力だからである。

ただし『区史』のうち、江戸の前の海を意味するという説は重要である。江戸では昔、海の方向を前、山手の方を後といっていたから、江戸前が江戸（江戸城）の前面にある海の方向を指したことは間違いない。といえば下町の海だが、下町といっても南北に長く広く延びていて、その全部を指したか一部だったかが問題となる。地図を見ればわかるように、下町は南方の芝、品川方面よりは東方の日本橋・浅草方面が広大な面積を占め、中心をなしていることから、この方面がクローズアップされてくる。

ところでここに安永六年（一七七七）に板行された『富貴地座位』という、その頃の世相を物語る書物がある。それには当時の有名店や商品の番付が載っているが、その中には江戸名物の魚類がおいしい順に記してある。

ノリを焼く図（広重「江戸自慢三十六景」）

(1)浅草川の紫鯉《ムラサキコイ》、(2)江戸前鰈《カレイ》、(3)多摩川の鮎、(4)佃島の白魚、(5)浅草川の白魚、(6)江戸前鰻《ウナギ》、(7)千住鮒《フナ》、(8)宮戸川の鯰《ナマズ》、(9)品川の鮠(?)、(10)鉄砲洲の沙魚《ハゼ》、(11)芝の海老、(12)浅草川橋場川の手長海老、(13)業平の蜆《シジミ》、(14)尾久の蜆、(15)深川の蛤、(16)深川の蠣《カキ》、(17)深川の貝柱

浅草川とは隅田川のこと、橋場川はその支流、宮戸川は浅草川のうち浅草観音付近の一部分である。今は生物の育ちにくくなった隅田川をはじめとした東京の川々にも、かつてはこのように多種類の魚が棲んでいた情景を想起すると、うたた感慨無量である。

だがそれより注目すべきは、「江戸前」が多くの地名と共に並んでいることである。これから推察すると、この当時において江戸前とはただ東方の下町一帯を指すものでなく、もっと限定された場所を示したらしい。そこで考えられることは、江戸の前と呼ばれる以上、そこはその方面にあって、かつては江戸の郊外だった場所ではないかということである。ここにおいて江戸の町の発展過程を概観する必要が生まれてくる。

江戸の町造りが異常な熱気をはらんで、江戸城を中心として市街地が四方へ広がり始めた時期は、慶長五年(一六〇〇)家康が関ケ原合戦に大勝をおさめ、ここが幕府の所在地と決定した後である。その後江戸の町は、水の流れるように今の下町方面へ延長されていき、南方へ向かっては品川まで、東方へは浅草まで町並が一続きになった。だが浅草の東にはその頃関東第一の大河であった隅田川(今の利根川は当時隅田川に注いでいた)が控えて江戸との交通を阻んでいた。東岸の本所深川などいわゆる墨東地帯はその頃美しい水郷地帯であり、江戸の人々の船遊びの場となり、風景は賞でられはしたが、とても市街地となりうる所ではなかった。ここが江戸のベッドタウンとして開拓されだしたのは利根川を分離させ、隅田川

を改修してから後である。

振袖火事として有名な明暦の大火（一六五七年）など相次ぐ火事の教訓によって、幕府は真剣に都市防火対策を考えるようになり、家屋の密集地帯である日本橋方面から多くの大名邸宅や寺院を隅田川両岸へ移転させた。赤穂浪士の討ち入った本所の吉良邸や豪商石川六兵衛邸など別宅が多くできたのもこの頃である。日本橋にあった吉原が浅草日本堤下の千束の埋立地に一廓を設け、新吉原として発足したのも明暦の火事以後である。このようにしてしだいに市街地の形態を整えだした浅草の今戸橋以南、墨東地帯が江戸町奉行の配下に入ったのは寛文二年（一六六二）であった。つまりこの時からこの地帯はようやく江戸に入ったのである。逆にいえば、墨東地帯はこれ以前には江戸の前面に位置していたということになる。

だがこの地帯が江戸の前面にあったとしても、それだけでは江戸前といわれていたという証拠にはならない。ここにおいてその裏付けとなる資料の提出が必要となってくる。幕末の嘉永二年の品川「南町名主文書」によれば、文政六年願人たちが、「江戸前海辺江三ケ年之間海苔麁朶《ソダ》試建」をしたいと申し出たとあるが、翌三年四月の同じ文書にはその場所がさらに詳しく、「佃島地先字三枚洲辺」だと記されてある。

三枚洲と呼ばれる江戸前の海は、深川の南、佃島の東方沖合にあった。明治に入ってからのことだが、『浅草海苔』の著者・岡村金太郎が、「江戸前ノリというのは、中川と隅田川との間即ち砂村深川下の産」だと書いて江戸前の海の位置を裏付けしている。これらの記録により、隅田河口から中川河口を結ぶ海岸線以北、つまり漁師町、越中島から砂村（今の砂町）辺の海を「江戸前」といったことがはっきりしてくる（古くは日本橋から芝の辺をも江戸前島などと称したが）。

だが江戸前の魚を産したのは海だけではない。先に紹介した『富貴地座位』に、江戸前の名物としてウナギとカレイがあげてあったことに注目してみよう。

海に近く砂村の付近でウナギ、カレイ（これは淡水産ヌマカレイ）の捕れた所はと眺めたとき、眼に映るのは、隅田川の川下、清洲橋の上手から東流して中川に通じる小奈木川《おなぎ》である。この川はこう書かれる前には、「宇奈木川《うなぎ》」と書かれたが、これはウナギをたくさん産したからだという。この辺は低湿帯で枝川や沼も多く、ウナギと棲息地域を一にするヌマカレイも産したことであろう（ヌマカレイは霞ヶ浦に今も産する）。

これらを勘案してみると、江戸前とは小奈木川から深川下の海に至るかなり広汎な水面（ほぼ今の江東区全域に及ぶ）だったことになる。江戸前と呼ばれる箇所を探索して墨東の一角にまで範囲を縮めてきたが、どうやら幻影の場所だったようである。江戸の人々が呼んだ「江戸前」はやはり江戸の前の水面であり、今の江東辺にあった特定地名を呼んだのではなかった。けれども漠然と江戸の前の海を指すのではないことも明確になってきた。それはともかく、江戸前の水産物は、江戸の町から流れ出る栄養分を吸収したせいか、昔から大変うまかったらしい。

『富貴地座位』によれば江戸前の魚は、一七名目の名物中二位のカレイに六位のウナギと断然上位を占めている。カレイはともかくとして何といっても江戸前の名を呼んで憚からぬ第一等の料理は、今でもウナギのカバヤキである。上方風とは逆に背開きでジリジリと音高く焼きあげていく時の香ばしい匂いと、激しくにじみ出る脂の濃いタレと調和されたカバヤキの味は、江戸っ子の気性に合った強烈な味だといえよう。

ウナギに劣らぬ江戸前の味は握りずしである。それも屋台店で握り上げていく風情は格別で、上方風の箱ずしにはない庶民的な味わいが感じられる。江戸前すしは、江戸前でとれる魚介類を使っているが、御飯のたっぷり使われるところに特徴があり、またかんぴょうを芯にして、焙って緑色を美しく輝かせた江戸前ノリを使ったノリ巻が必ず加わるのが上方風と異なっていた。色彩の美しさの中に磯の香をそのままに秘めて、口に入れる瞬間のえもいわれぬ芳香とパリパリした歯切れの良さを感じさせるノリの味を仕上げたのは江戸の人々だが、その一人が享保のころ、

江戸の気に今日はなりけり海苔の味

と詠んだように、江戸中期以降、浅草ノリは江戸前にとどめを刺す食べ物となった。このようにいくつかの食品が、江戸料理の極上品となるに及んで、「江戸前」は江戸の代表的料理（食品）を意味するように変わったのである。

それがさらに進んで「江戸前」の味を説く食通も現われるようになる。たとえば『永代談語』の中で嫖客悟舟は「伊豆前」という語をそれとは対照的に使って、伊豆前は鰹も生貝も大味だが、江戸前の魚類は小味だと説いている。はたして小味がその真髄かどうかは問題があるとしても、食通の間でその微妙な味についてもっともらしく論じられるようになったことは注目すべき変化であった。かくて江戸前の味は、その昔上方風の前に褶伏していた江戸の通人たちによって誇りをもって語られるようになり、天下に喧伝されていく。そして時は流れ、新しく生まれ変わった東京が、古いものを吸収し去ったかに見えたけれども、「江戸前」の語は、江戸下町の面影を伝えて郷愁を呼びおこすよすがとなって、現代に生きているのである。

第9章　文人墨客の感興をよぶ

1　ノリの絵画

安永・天明期以降の爛熟期を迎えて、江戸の町にはあまたの庶民文芸が開花していった。同じころ、浅草ノリは、江戸の町の中で庶民の食べ物として育ち、江戸前を代表する食品として愛され、誇りとされていた。なかんずく、庶民文芸を代表する、草双紙の作者、浮世絵師、川柳子、俳人ら、文人墨客の愛着はことのほか深かった。一枚の薄片の中に、深い味と香りを抄きこんで飾らぬその姿に、彼らの歩む道と通ずるものを感じ取ったのであろうか。彼らは浅草ノリに対する感懐をさまざまの形で表現している。

品川、大森の海に美しくノリヒビが並んだり、海に出てノリを採り、海浜にノリを干す光景は、東海道を往き交う人々、品川宿の遊廓、料亭を訪れる遊客の眼を惹き、すこぶる詩情をそそったものと見える。口伝てにその美しさを聞いた絵師、文人たちは、わざわざ品川大森に眺めに出向いて、その感興を詩歌に、俳句に川柳に託したり、情景を一幅の絵画に収めたりした。

絵画では安藤広重の品川鮫洲海岸を描いた浮世絵は有名である。鮫洲から大森辺に連なるノリヒビが美しく描かれている。また、広重の「江戸自慢三十六景、品川海苔」には花魁《おいらん》が肴にノリを焙る図がヒビ柵を背景に描かれている。五風亭貞虎描くところの「品川宿海苔取之図」には、ノリ採りを船上から見物したり、裾をからげて海中に入る花魁《おいらん》の姿が、ノリヒビや品川港を背景になまめかしく描かれている。

『日本山海名物図会』、『東海道名所図会』には、品川でノリを採る図が描かれ、『江戸名所図会』には、苔村《のげ》（横浜市野毛）や鈴ヶ森の海に立ち並ぶノリヒビや、浅草ノリ製造の図が描かれている。

浅草の町のノリ商や大森から江戸へ売り歩くノリ売りもまた江戸の風物詩として感興をよんだ。『江戸土産図会』には、観音門内にあったノリ商の店頭図が描かれ、葛飾北斎は中島屋平左衛門の店頭ノリ売り風景を描き、歌川豊国はノリ箱をかついだ呼び売りのいなせな姿を描いている。

2 詩歌、川柳、草双紙

俳句では、すでに元禄、享保の頃から、当代一流の俳人がこぞって名句を残している。文化・文政の乾ノリ需給増加時代を迎えると、ノリを詠んだ俳句は一段と数を増し、詩や和歌にも詠じられだす。次にその一部を掲げてみよう。

色をかへ品川のりや春の海　兼豊
行く水や何にとどまる海苔の味　其角
わりなしや海苔にまつわるうつせ貝　二柳
流るるや是も世渡る橋場海苔　去来
海苔取りのつまんで捨てる小海老哉　春潮

海苔箸に刎《はね》出されたる海雲《もずく》かな　大江丸
帆柱のかげしばしさす海苔簀かな　助宣
雨雲や簀に干海苔の片明り　文士
干海苔や何と思ふて来る雀　五木
簀の海苔や乾くほどづつ穴のあく　鬼袋
江戸の気に今日はなりけり海苔の味　橘斉
この頃は朝夕安し海苔二枚　蓼太
小袖から出してくれけり海苔一把　和翠
海苔の香や江戸百万の水の味　榛洋
鶯の鳴く音かぞいて海苔を焼き　雲斉
門からものりの匂ひや東海寺　財峨
海苔汁の手際見せけり浅黄腕　芭蕉

江戸前のかすまぬ浪に霞みけり　紫海苔のひびにかかりて　米人
品川や海苔の水にもととめなん　しほのひがたのむらさきの貝　雲竜亭

品川の海を中心として、みはるかすノリヒビが広がり、沖の彼方では霞の中に消えてしまうほどの、見事なヒビ建ての景観が眼に浮かぶ。数多い俳句からは、海苔養殖からその製造にいたるまで、俳人たちの眼にはこよなき初春の風情と映っていたことや、海苔造り、海苔売りたちの賑わしくも忙しい日常が、芳

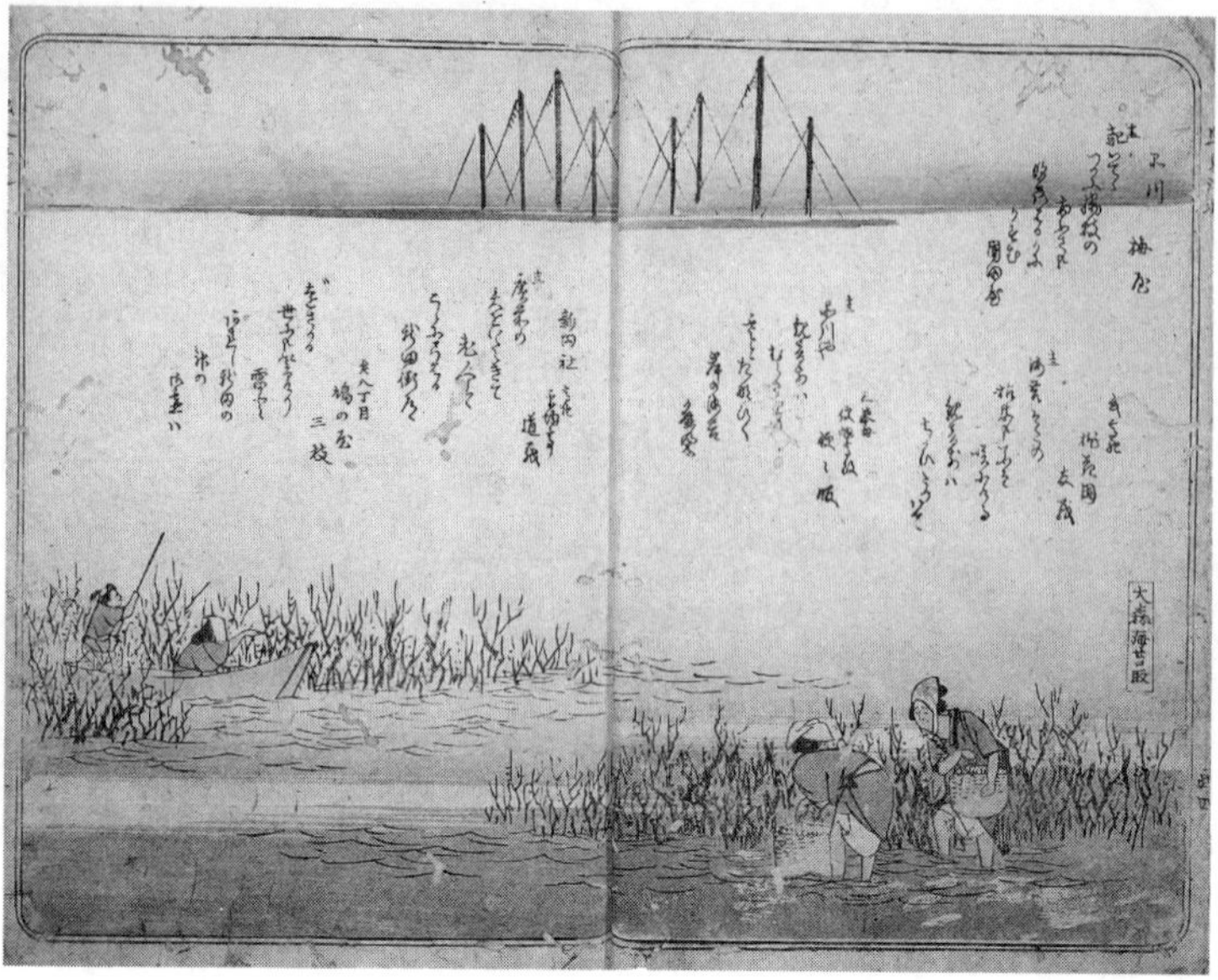

ノリの連歌

大森海苔取連歌

起き出でてつかふ楊枝の　両ふさも　梅屋
汐茂はるかにかすむ園田屋

海苔そだの枯木も花と咲にける　友茂
観音前はちがいたかいて

品川や観音前はむらさきの　便々館
雲とたなびく岸の海苔麁朶

広前の矢をいたゞきて老人は　道義
こゝに弓はる竜田街道

遠ざかる世にも響けり雷の　三枝
あれし竜田の神の御霊は

しいノリの匂いの中で繰り広げられていたことなどを想像させられる。

品川海苔　　文政期　方外道士

寒井新製味奇哉　諸国春来買《シ ル》得回《かえる》

八百八町江戸水　東風化作品川苔

このほか、ノリ商永楽屋を讃える詩、紀州妹背ノリを採る有様を述べる詩などがある。

ノリが庶民の生活にどれほど深く溶け入っていたかを知ることのできる、一つの尺度に川柳がある。海藻を詠んだ川柳はあまり多く見いだされぬが、その中ではノリが最も多く詠まれ、いくつかの傑作が残されている。まず、

のりの庭とは浅草で云ひはじめ

は、浅草寺の法《のり》にかけて、浅草ノリの生い立ちを物語るものである。浅草紙にかけたものとして、

竜宮は浅草のりの落し紙

の句がある。浅草で生まれた浅草ノリは、しだいに海から遠ざかってもなおそこで売られた。

海遠うして浅草で海苔を売り

その浅草へノリを供給したのは品川と大森、そこで、

大森が海苔のなる木を植えておき
枯枝に海苔を咲かせる袖ケ浦（袖ケ浦は品川浦の別名、元は大崎だという）

ノリの生《な》る木は、江戸の人には、伝説の巨人「でいたちぼっち」（だいだぼっち）が植えたように思われた。

海苔そだはでいたちぼっちの田植めき

乾し上げたノリのうち、江戸城へ送られる御膳ノリには、特に仕上げに意が用いられ、剃刀で裏表のけば立ちやゴミを取り除く。そこで、「御膳」と「御前」をかけて、

御膳ゆえのりのさかやきすって出る

このほか酒席でよく唱われたものに、次のような都々逸《どどいつ》がある。

色は黒いが浅草海苔は　白い御飯の肌に乗る

また、青ノリに人の恋を譬えて歌われたのは、

品川のそだにからんだ青のりさえも　色も香もある　好いた同士なら焼きもする

の名文句である。

文政の頃の流行歌に、

浅草海苔の味《あじわい》に　似顔の絵師は豊国で
五十三次錦絵《にしきえ》は　江戸の花とも謳《うた》われぬ

とあって、江戸名物の随一は観音と浅草ノリとが、その名の高きを競っていたのであった。化政期から天保期にかけて、世相を痛烈に諷刺する草双紙《くさぞうし》が次々に発行された。『江戸愚俗徒然噺《つれづればなし》』（天保八年）もその一つで「案本胆助《あんぽんたんすけ》」の作だが、その中に左の一節がある。

吝嗇《りんしょく》人は愚痴にして、倹約の人は発明と云ふ譬あり　然れども金銭をもうけることに付ては　何れも並々の考より智の有やうに見へたり　尤《もっと》も吝き人は出すべきを惜しみ　取らざるをまげて聚《とる》の心あれば　中には面白き工風妙案あれども是を以て用ゆる時は始終は害と成《なる》　又倹約の人の始末を考へた

る事　真似て益に成事も多し　なる程其のなす所は両方とも同じ様に見ゆれ共　倹約の人の胸と吝《りん》嗇《しょく》の人のむねとは取所天地の相違也

似たる所の譬《たとえ》をいはば　倹約が浅草のり　吝嗇は浅草紙也　其の製し方は　種を板の上にてこまかに叩きてより　水船に入れて是をほだて　簀を以て漉上《すきあげ》る　夫《それ》より天日に干す　同じ様に見へて　貴きと賤しきに至っては何程の相違なるぞ　右のこころの上下是也　貴人の御入口に入品《はいるしな》と下人の尻を拭ふ品とのごとし

倹約家と吝嗇家は、金を儲けようとする点では同じだが、両者の胸中は天と地ほどの差異がある、との譬に、製法と誕生の地を同じくする浅草ノリと浅草紙を、巧みに引用した案本胆助なる人は、とてもアンポンタンとはみられぬ。それにしても浅草ノリ誕生のヒントとなった浅草紙が、下卑な品に堕して、高貴な食品、浅草ノリの引き立て役に使われているとは……胆助は、浅草を代表する名産二種をうまく使い分けて、なんとも巧妙に人の世のならいを比喩したものではないか。

3　戯作文

化政期を中心にして活躍した、「戯《げ》作《さく》六家撰」といわれる人の中には、滝沢馬琴、十返舎一九などと並んで柳亭種彦、山東京伝、式亭三馬の名が見られる。彼らは、草双紙や読本《よみほん》の作者として高名だが、また江戸で生まれ、育った生粋の町人であり、江戸を愛し、江戸名物に親しんだ人々である。彼らは、食通をもって自認し、一流の茶屋から場末の蕎麦屋まで、食味を漁って歩いた。著名の食べ物屋の主人らとも交遊が深く、食品に深い関心を持っており、それが高じて、みずから銘菓の店を出す者もあれば、頼まれて老舗の広告に名文を物す者も現われた。

山東京伝は、その著『近世奇跡考』の中で、浅草ノリを浅草で製した時期について、「海苔をあきなふ旧家、中島某に」問い質し、「極品の海苔は廿年ばかりさきまでも浅草にて抄きしと」聞き出し、貴重な記録を残してくれた人で、ノリには格別の関心を抱いていた。文政年間、浅草寺において、善光寺如来を開帳したときには京橋にあった「季寄落雁」を商う分店を浅草へ設けた。その際、左のような浅草名物を尽くして詠みこんだ口上を書き連ね、「名物浅草ノリにあやかりて商いが繁昌するように」と述べている。

俳諧狂歌
四季探題季寄落雁口上

一寸つまんで申上る所が、此度日本一の御霊場浅草寺に於て　扶桑第一仏善光寺如来の御開帳御座候……牛にひかれて善光寺の御開帳中　六十日を限り拙者も出張店を存立候得共　抑々《そもそも》当地は名物多く因果文箱両地蔵の霊験あらたかにして　正直新屋のエソバ切　亦日々に流行なり　三国一の醴には阿《お》多福《たふく》弁天笑ひを催し　隅田川諸白には仁王尊も涎《よだれ》をながす濡《ぬれ》仏も舌打ちする大仏餅の甘味もあれば大榎も口あく浅草餅の美味もあり

三社の綱の糸を渡る名人の独楽《こま》あれば十人の草刈鎌で豆をきる奇妙の品玉あり……お堂の鳩は飛で天井に至り　煮売の鰌《どじょう》は桶におどる　中島の枸杞《くこ》　練紅粉屋の白紅　蔵前の炬粉《おこし》　竹村のせんべい豆腐は山屋　あぶらげは竹門にて九つは土手の四つかや道哲に　其名高尾の紅葉傘、暁傘に助六下駄君なら茶店は茶漬店　軒をならべておこなはれ　昔ぬけ出た狩野の馬　くはんをむげに菜飯も大入

かかる名物多き中へ　珍らしからぬ菓子店　紙細工の灯籠が　鋏をもってしんはしの大提灯にむかふ
がごとく　及ばぬこととは存候得共　京橋育ちの私店　あさくさ海苔の名物にあやかりて　商い繁昌
仕り大師さんの御遷座かけて　日にはいくらも売れるやう……

式亭三馬は、「新製酒杯《さかずき》都鳥」の報条《ちらし》の中で、やはり京伝同様、浅草ノリを引用している。

さらば隅田川を都鳥の夫《つま》とも謂ふべく　都鳥は隅田川の妻とも云ふべし　おなじ妻とは呼来れど　綾
瀬の白魚に関屋の鶏卵を思ひ　真崎の豆腐に浅草海苔を想ふ　とは異なり　鳥の名を聞いて都を慕い
鴨の毛撫でて妻もよろしうといへり……

浅草ノリ商の広告を頼まれて、名文を草したのは、柳亭種彦である。彼は、浅草のノリ問屋・中島屋の求めに応じて、左のとおり長文の報条《ちらし》をしたためている。

御膳海苔所

賑ふや朝観音に夕桜　春は更なり年の市雪の暮まで人繁き　下の浅草のさまを見ては　海苔をここに
て製せしとは更に実《まこと》とは思はれねど　二百年の昔々は家居もまばらなりしとおぼしく　鳥越にて瓦焼
く事　吾妻物語（寛永十五年刻）の序に見へたり茅町続きに瓦町の名残りしも是にて知らる
又駒形に並木の桜　吉野の峰も及ばぬまで咲乱れし事色音論（寛永廿年本）の下の巻に載てあり
されば宮戸川原のわたりは　ことさらに打はれて　海苔を製するに便宜の地にてありし事論なかるへ

し　漸漸《ようよう》にここも軒を並べ　棟を交へて繁華となり　瓦釜は山の宿より今戸と三度所を改め　海苔漉く地所は橋場となり　百年の昔まで猶彼所にて製したるは

去来吟（享保十八年）の祇空の句に

流るるや是も世わたる橋場海苔

とあるをもて証とすべし

又浅草のりと云名は、料理物語（寛永廿年）と題せる草紙に「浅草海苔あぶりさかな」と見え、毛吹草（正保二年）諸国名産下総の条に「葛西のり、是を浅草海苔といふ」とあるは誤か、或は葛西の種をも取よせ製したるも知るべからずそれはとまれ、早く寛永に浅草海苔の名あるをもて推量《おしはか》るに、我々が此ほとりにて商ひを初めしは元和年間にてもあるべく、此頃は草の軒葭簀《よしず》かこひにてありしならんか、旧来《ひさしく》得意の御蔭をかふむり、老舗めきたる構えとなり、二百余年此地を去らず、商売をもかへざるは実にありかたき事にこそ

偖《さて》当地にて製することは　絶えたる後も浅草海苔の名はいよいよ高く聞え、是ありてこそ白魚も椀中に再び活き、豆腐もさかなの骨となり　磯菜飯の青々しきは小松鶯の声に増《まさ》り、湊橋の薄樺は江戸前のかんばしきを欺けり、山葵《わさび》を妻に錦木といふ名をつけしは、紫の色もこがれて縁となる緑語にもよるか、鮓《すし》の渦巻鳴戸鯛とおし並べり、色糸海苔には砂子の粉山椒ふれふれ　小雪霙《みぞれ》のしげしげなる年は種《くさ》に甘味のつくなんどと好ませ給ふ御方多く、商ひ年々弥増す御礼少しも油断不仕、採時をたださし、本場を撰び、夏のかこひも、お風味のそこねぬやうに工風をこらし、念入差上候間、元日の雑煮より年越蕎麦の花巻まで、四時かはらず御用の程を希《ねが》ふと申す事を、主人にかはりて

柳亭種彦

読本・草双紙の作家としては、当代一流の柳亭種彦のことゆえ、文章は流麗であり、歴史的詮索にも極力努めた点が眼を惹く。彼は、さらに日本橋八丁堀へ店を開いたノリ商・木村屋定次や本所押上の鮓屋柳屋金次郎らのためにもちらしを書いている。

南八丁堀木村屋定次御膳海苔

江口に棹の歌を歌ひ　浅妻に鼓《つづみ》をならし昔のさまにはあらざれど　舟にはいと便りよき品川と云ふわたりの流れの中に泥水と真水とわかる汐さかひ　名さへも波とよびなして訪ひくる人を松坂屋に身をよせて居たりしは　七曜九曜の星移り十年あまりにやなりけん　かくて当所の名物なる品川海苔とともに浅草辺へ買出され　塵も眉毛も剃刀《かみそり》にはらひおとして　囲ひ海苔ゆくほどもなく色あせてお波といへる縁にやよりけん　あなたこなたを漂ひしが　実に川だちは川とやら何処へ取つく島とか呼ぶ……

柳亭種彦

精製　御すし所

初卯参りの土産に眉玉作る桝屋は……蓼ゆかりを指みそへる鮓店を此処に開き、近く隅田川に白魚もとめ、遠く刀切《なたぎり》の海老を取りよせ、海苔は大森の横柵にあつらへ、佃の六人神奈川の藻引、生麦鰺、房州鮑といひつづくれば……

柳亭種彦

第10章　日本橋と大森のノリ商

1　浅草以外のノリ商

文政七年（一八二四）板行の『江戸買物独案内』は、当時の江戸における著名商店の広告案内である。ノリ商は、七軒が案内を載せているが、左のとおり、浅草以外にも、日本橋に二店、赤坂の表町に一店の有力商店の存在したことが明らかにされた。

御膳海苔　赤坂表伝馬町
乾物類卸　鰹　節　丸屋十兵衛

御膳海苔所　浅草雷門前
東叡山　尾州様御用　正木四郎左衛門

御膳海苔所　日本橋瀬戸物町
紀州様　尾州様御用　久保田儀左衛門

御膳海苔所　浅草雷門前

東叡山御用　長坂屋伝助
御膳海苔所　浅草雷門前
御本丸　西丸
東叡山　水戸様御用　永楽屋庄右衛門
浅草干海苔所　日本橋通一丁目
清水　金子屋勘六
京都御公家様方御納
御膳浪の美　浅草雷門西広小路
江戸名所共
浅草名産新製海苔品々　木屋伝兵衛

少しさかのぼるが、赤坂にはまだノリ商があった。天明七年板行の『七五日』には「名代　あまさけ・浅草海苔　赤坂一ツ木町　植木屋　惣七」とあり、赤坂にあまざけを飲ませるかたわら、ノリを売る店があったことを伝えている。赤坂表伝馬町の丸屋十兵衛は、鰹節と御膳海苔を看板商品とする乾物卸商である。両店ともに書物に名をのせるほどだから、高名な商店だったとみられるが、ノリ商の本場、浅草を遠く離れた赤坂では、兼業でなければノリ商売は成り立たなかったのであろう。

日本橋にあったノリ商は、浅草ノリ商に比して引けを取らなかった。浅草ノリ商が将軍家や諸藩の御用を勤めているように、久保田儀左衛門店は、紀州、尾州両親藩の御膳ノリ御用を勤め、金子屋勘六は京都の「御公家様方」へ上納している。また、芝金杉四丁目の「海苔職中村屋七兵衛」は「嵯峨御所御用」を勤めていた。将軍家や親藩、東叡山などの御用が、ほとんど浅草勢に占有されているために、後進のノリ商としては、新しい分野を開拓せざるをえなかった。が、それにしても、味には見識の高い京の公卿を得意先とした事実は、日本橋に生まれたノリ商人が、ノリ商売に対して並々ならぬ意欲を示していた現われということができよう。精選された浅草ノリには、それまで京に知られていた岩ノリにはない味わいがある。それを京の公卿や西国の大名らに知らせ、以後における浅草ノリの上方向け販売ルートを大きく開いた、日本橋ノリ商の功績は大きい。

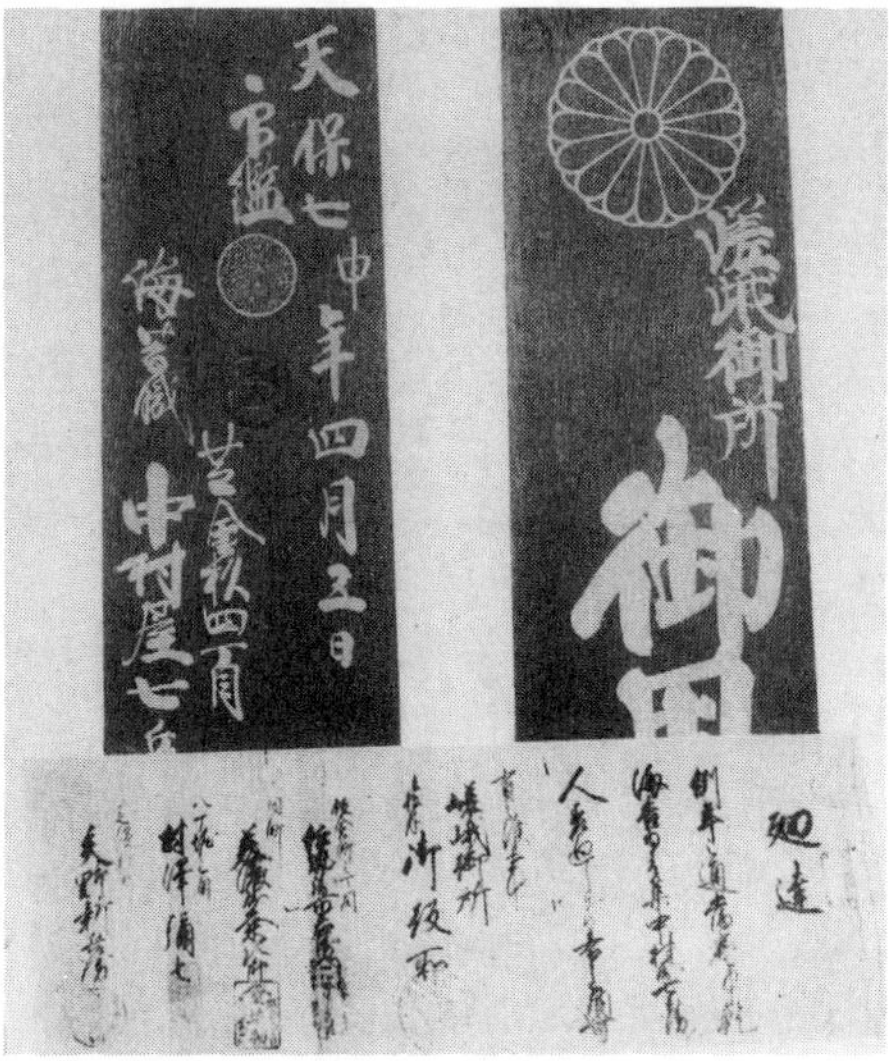
中村屋七兵衛の御用看板と御用海苔上納廻達状

江戸時代における、浅草ノリの商圏は、江戸市中を主体とし、関東一円と名古屋以東の東海・東山両道を従としていた。例外として、一部の品が京・大坂方面へ流れていたが、その顧客は前記した公卿・大名や富裕町人層だった。たとえ少量なりとはいえ、浅草ノリが、商品として味の先進地、京へ逆送されていた意義は大きい。なぜなら、江戸開府以来、食品、料理の類で、東下りした商品は数知れぬほど多いが、逆送された商品は他には類例がないからである。ノリ商業史の上ではもちろん、食品史の上でも特筆すべき変革といえよう。それが古い暖簾《のれん》を誇る浅草ノリ商ではなく、日本橋の新興ノリ商によって行なわれたということ――ここにノリ商業界が転換期にさしかかっていた事情の一端があらわれている。

2 日本橋にノリ問屋街出現

化政期以前から日本橋は、江戸一番の中心街となっていた。海陸交通の要衝に位置して諸物資の輸送にも便利なので、ノリにも関係の深い海産物問屋をはじめ、もろもろの問屋、多くの小売商が櫛比していた。日本橋の魚市や四日市などの市は繁栄の限りを尽くした。花街、歌舞伎座、料理屋、蕎麦屋、寿司屋などが軒を連ねるなど、ノリの需要層はきわめて厚かった。安永・天明のころから浅草ノリが、単なる浅草名物の域を脱して、江戸中の人気食品となってからは、日本橋に多くのノリ商が現われはじめる。浅草のノリ問屋といえども、日本橋のノリ商に頼らなくては、売りさばけなくなるのである。

浅草の問屋が、品川大森のノリ場に対する強い掌握力をもっていた文化年間までは、日本橋のノリ商の直接仕入れは困難を伴っていたようだが、文政三年（一八二〇）、永楽屋が大森糀谷との争いに連座して処罰されたころから、大森の仲買商と結んで浅草のノリ問屋を脅かしはじめた。また、文政六年には上総国の人見に、文政十年には上総の大堀と下総国の葛西浦に、さらに天保年間に入ると上総の青木、西川、新井に、次々と新しいノリ場が生まれると、これらの浜にヤマ（直接の仕入先）を開拓し、問屋を兼ねる小売商も現われてきた。たとえば、弘化・嘉永（一八四四―五四）のころから、日本橋室町の山形屋ノリ店は、上総の大堀村の浜方へヒビ仕込資金を貸与し、のち同地方の領主・飯野氏により、藩内産出ノリの一手買占総取締を命じられている。

『江戸買物独案内』には、浅草では永楽屋や正木屋と並ぶ大きなノリ商だった中島屋が載っていないことでもわかるように、日本橋のノリ商のすべてを尽くしているわけではない。山形屋惣八が、生国山形よ

日本橋魚市（『江戸名所図会』）

り出て、日本橋小網町に開業したのは、明和元年（一七六四）のことである。天明元年（一七八一）には室町の釘店《くぎたな》に移転し、文化年間には、大森のノリ仲買商三本木からノリの直送を受けている。また、天保年間になると、三代目惣八が、向こう隣りに分店を出すほどの急成長ぶりを示した。

文政もしくは天保のころ、八丁堀にノリ店を開いていた木村屋定次は、品川のノリ屋に奉公し、のち浅草に転じ、さらに日本橋へ移って開業した。その頃同店は、当時の有名な戯作家、柳亭種彦に広告を依頼するほどに繁昌していた。嘉永三年（一八五〇）には、日本橋室町に山本徳治郎ノリ店が開業し、大森のノリを売りさばいた。これより先、弘化年間（一八四四―四八）には、「日本橋乾海苔仲間」が成立したといわれるが、ともかく、この頃から浅草ノリ商の凋落はいちじるしく、日本橋には新しいノリ問屋街が形成されつつあった。日本橋問屋は、この機に乗じて小売りを盛んにする一方で、大森の多くの仲買商からどしどし品を集めて卸売りをも活発に行なった。

安政年間には猪狩新兵衛にノリを勧めた桔梗屋五郎左衛

門も店を開いていた。安政元年（一八五四）には、川口屋津島彦兵衛が、通り三丁目に開店した。子息儀助は文久二年（一八六二）には、ノリ箱のブリキ張を創案している。山形屋、山本、川口屋などの幕末における活躍は、明治時代に入ってからの、日本橋ノリ問屋組合の発足を促す大きな布石となるのである。

3　ノリの振り売り

江戸期に入ってからのノリ需要の急速な増大については、ノリ商の宣伝が活発化し、ノリに関する料理書が発行され、ノリを食べさせる料理屋、鮓屋の増加したことなどが大きく寄与している。が、何よりもまず、ノリの味を好み、家庭料理に用いようとする家が増えて、江戸の町を中心にして静かながらノリの消費ブームが湧き起こっていた事実を見逃してはならない。

化政期の頃ともなると、年始の吸物から始まって、節句のノリ巻寿司、年越の蕎麦にいたるまで、ノリを食膳の欠かせぬ一品とする食習が、江戸市中を覆っていった。その食習と年末年始の際などの贈答品とする習慣は、早くから寺院、大名など支配層の間にあった模様だが、のち武家屋敷や富裕一般町民の間にも、徐々に上流者の習慣にならう風潮が生まれていった。また、江戸を基点とする街道筋、特に産地を控えた東海道の往還端、品川大森辺の茶屋、旅籠などでも売られ、往来する諸国の人々にも喧伝されていった。それまで広島ノリや、和歌浦、舞坂ノリなどで充分間に合う程度で、需要の少なかった上方でさえも、上層階級の間で高価な江戸ノリを好んで用いるようになった。

浅草の老舗や日本橋に新しく興ったノリ問屋は、大名の邸宅、寺院、大商家、寿司屋などを得意先に摑んで直接出入りする一方、市中の乾物屋、食料品商などにも卸した。問屋の手先となって、荷をさばく仕事にあたったのは振り売り（行商人）たちが多かった。振り売りはその初めは屋敷町や商家の密集地を廻る行商人であったが、幕末に近づくにつれて小売商へ専門に卸す商人と、邸町などを呼び売りして歩く商人に分化していく。安永・天明以降になると、ノリの振り売りは江戸の町の風物詩の一つに数えられるほどに人々の注目を浴びるようになった。

文化年間にできた『市隠月令』は、一年、一二カ月間にわたって江戸の町を行く、振り売り（呼び売り）のいでたちや、町家のお勝手の模様などを偲ばせる、情緒纏綿《てんめん》たる記録である。乾ノリの呼び売りは、新ノリの出廻り期である十一月の部に出てくる。ノリ振り売りの呼び声は、浅草ノリが早春をあてにして売られるものゆえ、ひときわ高く春の訪れを江戸の人々の耳に響かせ、肌に感じさせるものがあった。同書によってその様子を偲んでみよう（なお参考として十月分をも載せる）。

十月　さんま　大福餅売と哀れなり
時は極陰、品は至賤　尤もにくむべきものなり　山鯨（猪）の障子　焼芋のあんどう　いと物淋びしく哀れなり　胡蘿蔔《にんじん》売の声　岩槻葱《ねぎ》売の声やや寒く聞ゆ　むき身売牡蠣《かき》売の声寒し　干大根干大根と呼ぶ者あり　是は太き大根の香の物の料なり　其声いと陰気なり　はりはりにする干大根売りの声とは雲泥万里の違ひあり
霜月（十一月）干海苔売の声めでたし　こは早春をむねと売る物故春めきて聞ゆ　冬菜売る声も少し春の心地す　密柑売も同じ　乾物屋に干大根かけ初めたる　八百屋に三ツ葉　ほうれん草など見え初むるも春近付く心地してうれし　魴鮄《ほうぼう》、金頭売る声　昆布巻売る声　寒けれど陽気をふくめり

江戸の町を行くノリの振り売りは、大小のかぶせ蓋の箱を前後に二つずつ天びん棒でぶらさげ、かついで歩いた。『犬の草紙』（歌川豊国画）によれば、大きな桟《さん》箱の一つには「本場干海苔」または「しんほしのり」、他の一つには「大森村」と書いてある。箱を担って売り歩く者のほかに、張籠《はりかご》に納めて麻風呂敷包みを背負う者もあった。彼らは、ノリ問屋から荷を卸してもらい、木の小箱か張籠に入れ、さらに荷造りしたそれらの箱を肩にして〝ほしのりや〟〝ほしのりや〟の呼び声で売り歩いた。

呼び売りたちの主に立ち廻る地域は、幕末になっても麴町、四谷、牛込、小石川などの旗本屋敷や組屋敷の所在地が多かった。これは武家の需要が多かったためでもあるが、武家は町人たちのように小売商の店頭ではあまり買わなかったためらしい。

町人の浅草ノリ需要は余裕ある上層者に多かった。天保の頃でさえも、中以下の生活を営む大多数の町家では、浅草ノリは高級食品で自分たちの口には入らぬものと思いこんでいた。たまたま食べるとしても、場違いといわれる上総物を求めることが多かった。あるいは下総、三保、舞坂の品を求めた。

ノリの需要は、それの採れる旧十月中旬から翌春二月中旬までに集中していた。ノリを求める客たちは自家用の他に進物用とすることもあるので、振り売りたちは桐箱や杉の白木箱に容れたノリを売る場合があった。江戸の末期、ノリの振り売りをつとめたのは、信州諏訪の出稼ぎ人が多かった。彼らは江戸市中を売り歩く者（これを江戸売りと呼ぶ）たちと旅師（江戸以外の国々――関東、東海道筋を売り歩く）の二派に分かれて行商部門を独占してしまうのである。

4 品川・大井の生産地仲買

諏訪の出稼ぎ、振り売りは、大森方面の産地から仕入れて、江戸のノリ商に売るところから始まった。産地から買い入れるに際しては、産地仲買商の手を通さねばならなかった。仲買商たちが店を張って、産地製品の買い入れ権利を占有するようになった時期は明らかではないが、文政三年、永楽屋が罰せられた頃からとみられる。

それ以前には、仲買商というよりは、仲買人（買子）といった方がふさわしく、浅草のノリ商の手先となって買い付け、浅草送りに従事していた。浅草のノリ商と繋がりを持たぬ者は、乏しい資金で仕入れた品を行商して歩いたり、品川付近、東海道往還端の店に卸したりしていたものであろう。またノリ採りとノリ造りが分かれている場合があったので、生ノリ売買の仲介をする者もあった。文化年間、大井村の内、浜川には、生ノリを買って干し上げる仕事に従事する百姓が三〇余人もいた。また文化八年（一八一一）の記録によれば大森村では、御膳ノリ上納の際、ノリ草のまま同村内長作外一人が仲買いし、その生ノリを大井村浜川町の百姓庄助、長右衛門両人に渡して抄き立てさせ、製品を永楽屋に渡して献上するのを古くからの慣わしとしたとある。

左にノリの販売系路を図示してみよう。

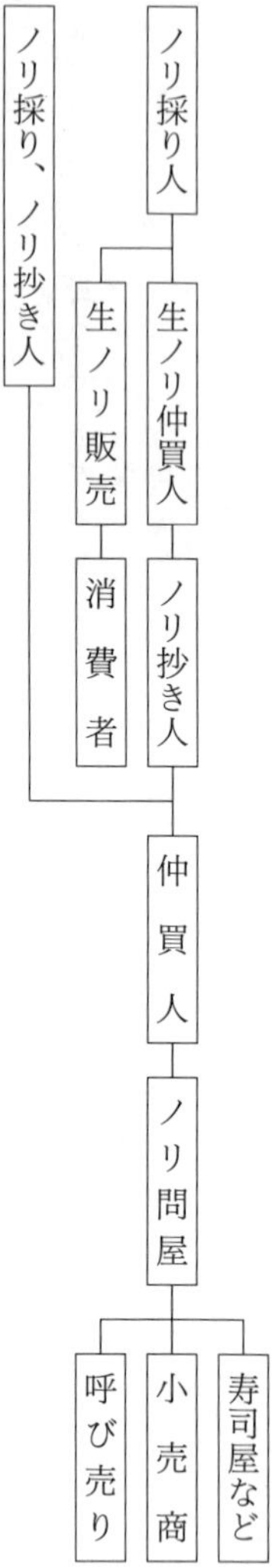

宝暦七年（一七五七）の「海苔御運上増方御吟味控」の中に、

> 大井村と海晏寺門前にいる、ノリ仲買の者共は、田地もなく、借地の百姓又は店借等の者で商《あきない》などしている身分の薄い者であるから、運上を取られては困窮する。

という一節がある。大井村、海晏寺門前、品川寺門前、南品川宿、四か村のノリヒビを建てている村から、奉行所へ連署の上差し出した文書の中に記してあるのだから、この当時の仲買は、品川、大井方面のノリを扱う者たちと大森ノリを扱う者に分かれていたとみられる。

ところで、仲買人と問屋との関係はどうなっていたか。宝暦年間において、大井、海晏寺門前の仲買人は、問屋に対して、売上高百文につき、二文の世話代を差し出している。これは、浅草のノリ問屋が、受託売買を行なわず、買取制、歩切制度を採用していたことを物語る重要な事実である。つまり仲買が、ヤマから仕入れたノリを、問屋が仕切って（値を付けて）、二分引で買い取っていたのである（明治初年から銀目、同四十四年よりは六分引となる）。この点で、産地仲買から委託でノリを受け入れていた大坂の青物問屋、あるいは乾物問屋とは、明瞭な違いを見せている。

5　大森の生産地仲買商

江戸第一の産地、大森村は、ノリ運上が初めて課せられた、延享三年（一七四六）頃には、早くも品川の海で採れるノリの七割近くを占めていた。それゆえ、仲買人数も品川大井方面より多かったに違いない。当初は大井方面と同様に「田地も無く借地之百姓、又は店借り等之者」（大森ノリ仲間文書）が、仲買（行商）あるいは浅草ノリ商の買子を商売相手としていたものとみられるが、化政期頃から大きな変革が起こった。

文化八年（一八一一）、御膳ノリ場が御膳ノリ扱人永楽屋によって、従来の品川から大森に変えられた。隅田川の前進などによる海況の変化で、この頃から大森村前面の海が、最良質のノリを産するようになったからである。この頃から「大森ノリ」の名声は、江戸の町に知れ渡って本場干ノリの名をほしいままにするに至った。大森のヒビ建場は拡張され、生産量が増大し、新規ノリ場の開かれた隣村、糀谷にノリ商が生まれなかったので、大森のノリ商人の比重は急激に上昇するのである。

まず、浅草ノリ商に雇われていた買子の中から独立して仲買人となる者が増える。製造家中の資力のある者や、他業種の有力な商人、あるいは従来の仲買人の中から、才覚のある者たちがノリの仲買商へと転換していく。ノリの売買のために店を構え、自己資金を用意して、浅草のノリ商向け販売を始めるのである。もちろん、これまでどおりの買子や、振り売り程度の仲買人も数の上では多かったが、文化・文政期を転機として浅草ノリ問屋と相対で商売できる仲買商が生まれたことは大きな変革である（昭和年代まで大森ノリ商として名声を馳せた店の大部分は文化年間以降の創業である）。

大森のノリ場が活況を呈しはじめた頃、浅草の永楽屋と品川や大森のノリ製造者との間に深刻な争議が起こる。永楽屋をはじめとする浅草ノリ商の強権は眼に余るものがあった。長年月にわたるノリの販売網の一手掌握、資金面よりの締め付け、永楽屋の御膳ノリ上納権を振りかざした攻勢等々によって、生産地は思うがままに動かされていたのである。

ところが、文化・文政年間前後における、生産および需要面の急激な変化によって、長年に及んで、彼らが独占していたノリの配給網が破綻の危機にひんした。生産量の増大によって浅草ノリの集荷配給面において、浅草ノリ商の手の及ばぬ分野が生じたのである。この機を逃さず、大森ノリ仲買商は、ノリ商仲間を結成して、産地買い付けを地元の商人に限る一方、新販路開拓に乗り出し、浅草ノリ商一辺倒の商法からの脱脚を図る。

まず、大坂の乾物問屋と手を握り、船便によって荷を送る。信州諏訪の出稼ぎノリ商「旅師」を使って、東海道筋、甲州、日光街道筋に売りこむ。同じく、信州の「江戸売」を使って、浅草ノリ商の手を経ないで、江戸市中のノリ小売商へ販売するほか、武家商家に売りこませる。日本橋に成長してきたノリ商群に対しては、直接に荷を送りこむ。こうして、次々に大森ノリ商たちは、浅草ノリ商の制圧下にあったノリの流通ルートを突き崩していった。日本橋ノリ問屋や大森の生産者と提携することによって、業界に抜き難い地位を築きつつ幕末に至るのである。

文久三年（一八六三）十一月、大森村が、上総国大堀村他四カ村を相手取って「海苔稼場所出入」の訴訟を起こした時、大森村の仲買商四〇名が「出入一件中之雑用足合」のために、「金百九拾参両壱分と銭八拾貫文」を出資しているが、この人数がほぼ実勢であろう。大略、出資金の多寡は、一般に店の大小を示す大きな目安となるものである。これによれば、一〇両以上を出した二名と、二両余を出した一三名との隔差がめだつ。同じ仲買商と呼んでも、上下の隔たりは大きい。小さな仲買商は日本橋の問屋に依存する度合が強かったに相違ない。大きな商店は七両から一〇両余の大金を臨時出費できるくらいだから、問屋と互角に渡り合ったことであろう。またおそらくこのほか、寄付もできぬような群小の仲買人もいたであろうが、それはすでに顧慮するに足りぬ力弱き存在であったに違いない。

さて、これら大森村の仲買商は、後に記すように強固な仲間を結成する。結成の時期は定かではないが、幕末以前――文化・文政のころだった可能性すらある。なぜなら、文化年間には、大森村が江戸城向け御膳ノリ五〇石の実質的上納権を獲得し、文政三年には、御膳ノリの江戸城納入権を奪われた永楽屋に代わり、大森村の仲買商がその権利を得た模様だから、この大役を勤める代償として仲買商仲間を公認されることはありうるからである。たとえ、後に記すように、文久のころだとしても、文化末年を境目として、急激に大森の仲買商の勢力が台頭していったことは事実である。

『海苔の研究』（岡村一義著、大正十四年）に記載された、大森の著名ノリ商沿革記により、各店の創業年代を時代別に分類すると左のとおりとなる。

	創業店数	累計
文化以前（一八〇四以前）	二軒	二
文化・文政年間（一八〇四―三〇）	五軒	七
天保―嘉永年間（一八三〇―五四）	五軒	一二
慶応年間（一八六五―六八）	三軒	一五軒

6　大森ノリ商の活躍

幕末になると、東海道筋にあった大森は、立場茶屋、居酒屋などが立ち並び、往還の人で賑わいを呈した。天保四年（一八三三）、遠州田原藩家老・渡辺崋山が、ノリ養殖を興そうとして、大森を訪れた時、「大森立場茶屋会津屋手前同側森田屋勇次郎」の所へ立ち寄った。彼は酒屋を営むかたわら、ノリを製造しており、崋山に向かって製法のあらましを教える。と同時に、ノリ売買に関する話もしたとみえ、崋山のメモには、森田屋から聞書きしたノリの等級付けが載っている。

上　大森横柵　コレハ御膳場
中　浜川
下　品川
下々　上総　下総　阿（安）房　駿河三保　舞坂

森田屋は、崋山が帰ろうとして酒肴代に「黄金二枚」を与えると、自製のノリを返礼に渡した。あるいは、製造するだけでなく、売ってもいたのではないか。大森ノリの老舗「丸梅、山本」も、初めは、梅びしおを売り、往還の人を目当ての茶漬け飯屋であった。

『嘉陵紀行』（明和八年）には、「ものくはば羽田の蛤茶屋と、大森の山本といふ茶漬飯うる店よし　其外は喰べからず　くひものむさきのみかなべて高価なり」と山本が賞讃されている。のち旅籠屋を兼ね、七色茶請(座頭豆・梅ビシオ・味噌ビシオ・ノリなど)とよぶ茶漬材料をも売るようになった。また、大森の南方にあった、鶴渡り耕地へ将軍が鶴狩りに来るときには、御休み所とされた家である。休み茶屋、梅漬屋が、文化年間の大森ノリ繁栄期を迎えた時、ノリの売買に転換し、ノリ仲買商、山本半蔵店が誕生する。同店の活躍はめざましく、文政年間(明和より五〇年)、品川沖から親船で大甕《かめ》に入れたノリを大坂に送った。幕末には、東叡山、江戸城本丸、西丸へ御膳ノリを上納したといわれる。

「三本木」は、文化年間から正木屋へ納めたが、嘉永年間には、大坂へ荷を送っている。そればかりか、大坂送りに使う大茶壺が輸送に不便だとして、角形の引蓋式ブリキ箱を考案した。

「川忠」平林家も、宝暦前後には仲買を創業した老舗だといわれる。永楽屋、正木屋へ出していたが、文化の頃、五代目忠右衛門の時、大坂、名古屋送りを開始している。また彼は、日本橋の山形屋がノリ商を創業したとき、最初に大森ノリを送った人でもある。

これら何軒かのノリ商売のやり方にみられるように、浅草ノリ問屋の羈絆《きはん》から脱して、大森ノリ仲買商を産地問屋の地位に引き上げることが、彼らの共通の願いだった。そのためにこれら先覚者たちは、早くも化政期から新販路開拓を大きく手掛けたのであった。そしてちょうど同じころ台頭しだした日本橋のノリ問屋と親密に結びつくことにより、念願を果たしつつ明治の新政時代を迎えるのである。

7　幕末における江戸のノリ商売

江戸のノリ商人は、幕末になると、日本橋に数多く出現し、勢力も大きかったが、そのほか浅草商人もかなり強力であり、赤坂、芝にも著名商人があった。これらの有力商人は大森方面の産地や仲買商人から

嘉永以前のノリ売用箱　長さ１尺７寸５分，幅８寸，深さ１寸余，黒塗りで箱の内面は白紙が貼ってある

店出しかめ　貯蔵運搬用のかめと違って肥後縄で網型に結んで体裁を整えてある

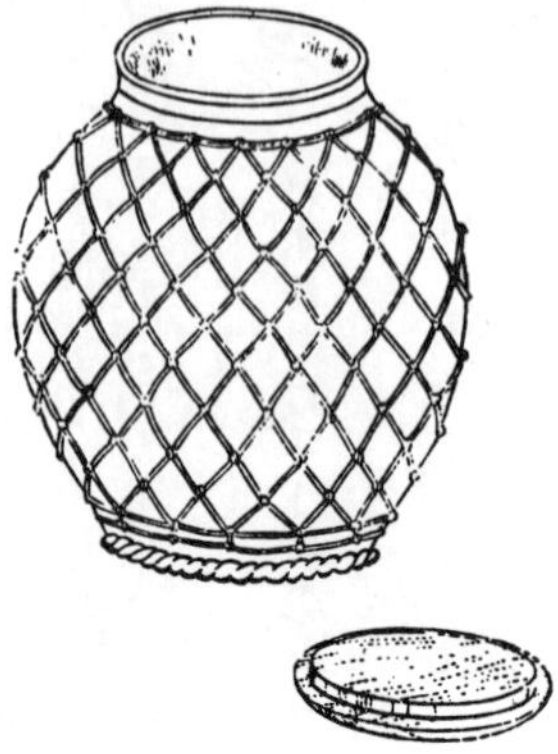

表６　穀がめの大きさ

	大	中	小
口径	約１m	0.7m余	約0.7m
高さ	約1.4m	１m余	１m弱
胴廻り	２m余	約2.3m	約２m
容量	17,000～18,000枚	7,000～8,000枚	5,000～6,000枚

仕入れ、諸家御用達《たし》を勤めるかたわら卸小売を行なっていた。

問屋を称するほどの家は必ずほいろの設備を持ち、仕入れたノリに火入れをほどこした上で、産地別、品等別に分類して土がめに入れ、貯蔵した。貯蔵用器として使われたのは唐津焼の穀がめ（土がめ）である。まず、土がめの底には日光でよく乾したわらを敷き、ほいろにかけたノリを一把ずつ小《こ》端立《ばだて》に並べる。詰め合わせの隙間へは、三帖から五帖ずつ紙に包み分けてはさみ、詰め物の代わりとして、ノリに代えてわらを詰めることもある。少しでも空所を残さぬようにし、詰め上がったらわらを薄く敷きならし、三、四センチの桐の厚板で作った蓋を合わせ、その上を厚紙で三重四重に密封する。囲い入れた年号と、囲入帖簿の番号を記入した紙片を壺の周囲に貼りつけ、倉庫に併列しておくのである。

穀がめの大きさは表6のとおりである（岡本金太郎著『浅草海苔』による）。ただし、形状、大小ともに一定せず、ノリの判の大小により、貯蔵枚数にも変動はあった。『大阪乾物商誌』によれば、右のうち中程度の高さのかめを、大森から大坂天満向けの輸送用に使ったとあるが、その胴周りは九〇センチ程度しかないのに、一万五〇〇〇～一万六〇〇〇枚を収容したとある。なお、このかめには海上安全を祈願するために水天宮のお札が貼ってあったので、これが大坂の問屋に着くとお札の奪い合いになったとのことである。

判型は上々大判（八寸×七・五寸）・上大判（七・五寸×七寸）・中大判（七・二寸×六・八寸）・上並判（七寸×六・五寸）・上小判（六・八寸×六・五寸）などさまざまであった（『浅草海苔』より）。これらを「店《み》頭《せ》出し瓶《かめ》」と呼ばれる口径約七〇センチ、高さ約一メートル（以下八〇センチ、七〇センチなど）の飾り瓶に入れて店内にずらりと並べた。店の構えに応じて大小さまざまのかめが使われたが、前記した大きさのもの（四～五千枚入り）が最も多かった。これを肥後縄（肥後米のわらで作る）で網型または亀甲型に結び、数個ずつ順序よく並べた。これがノリ問屋のトレードマークの役割を果たしたわけである。また、店頭には黒塗りの薄い箱へ五把ずつ並べて、重ね合わせて置き、見本用とした。これらの容器は明治十一年ごろまで使われたという。（以上『浅草海苔』による）

第11章　品川の海で養殖始まる

1　ヒビ建て――養殖開始年代

徳川氏が江戸開府のころ、江戸湾では漁猟を専業とする浦方《うらかた》と、磯付《いそつき》村つまり地続きの海沿いに住み、半農半磯猟《いそりょう》を営む地方《ぢかた》に分かれ、生計を営んでいた。八四カ浦、磯付村一八カ村があって、このうち享保以前の天然海苔、以後の養殖海苔の採取は共に地方《ぢかた》の半農半漁民が主体であった。

養殖が品川の海岸で始められたことは、ほぼ間違いないが、時代については諸説がある。「延宝・天和の頃」（一六七三―八四）あるいは「元禄～正徳の頃」（一六八八―一七一六）説は「品川宿より」幕府に差し出した「書上」（一八二〇年）に見られるもので、判明している限りでは最も早期説となる。『新編武蔵風土記稿』（一八二八年）には、浅草海苔の起源についてては「定カナラズ」としているが、ヒビを建てて、養殖を始めた時期については、

享保の頃、疎朶《そだ》つみたる筏《いかだ》に海苔の多く聚《あつま》りしを見てそれを学び、篊《ひび》を設けはじめしとぞ

表7　ノリヒビ建て始め推定年代諸説

推定年代	資料	資料年代
延宝・天和（1673-84）	品川宿よりの書上	1820年
貞享4年（1687）	武江年表	1850年刊
元禄15年（1702）	正木家書上	1826年刊
宝永6年（1709）	永楽屋書上	1826年刊
元禄～正徳（1688-1716）	品川宿よりの書上	1820年
享保2年（1717）	日本水産製品誌	1894年刊
（備考）延享3年（1746）	ノリ稼軒別運上税	

とある。前記「品川宿よりの書上」にも「元禄正徳ノ頃、日々上納致シ候網肴《あみさかな》ヲ囲置《かこいおき》候麁朶《そだ》ニ海苔」が生じたとあって、両者の創始年代説の差は僅かで、元禄～享保年間に集約される。ソダに海苔が付いたのがヒントになったと説く点が共通している。

時代は降って明治二十七年出版の『日本水産製品誌』には「簀を立てて作る海苔は、享保二年、江戸浅草の弥平なる者の創始」と、出典は不明ながら具体的な記述がある。

これは享保年間開始説にとって有力な味方であるが、さらにこの説を補強させるものに、養殖場に対する運上金（営業税）の課税開始年代がある。その最初、軒別運上の課せられたのは延享三年（一七四六）で、享保二年（一七一七）より三〇年後である。享保二年が創始期だとすれば、三〇年も経ってから運上が課せられたのは、見方によれば遅いとも取れるが、六、七〇年前の延宝・天和年間説よりはるかに信憑性があるといえよう。税の取り立てに鵜の目鷹の目だった幕府が、江戸の海にめだつほどに林立したヒビに数十年間も着眼しないはずはないからである。

しかしまた延享初年には浅草に海苔商が四軒もあり、享保末年には品川生海苔が浅草へ送られた記録もあるから、養殖創始期は享保初年でも遅いくらいである。以上を勘案すると、江戸文化の花開いた元禄年代から品川の海のそこかしこにヒビが立ちはじめ、一〇年ばかり経ったころ、浅草の海苔商の意を受けた弥平なる者が、ヒビ建てについて種々工夫を重ね、享保二年（一七一七）に養殖場の基礎を築いたということになるであろう。それが品川の海全域に拡大され、めだつほどになったのは三〇年後、運上金を課せられた延享三年（一七四六）ころとなるのである。

2　ノリヒビの語源

ノリを育てる木の枝や笹竹の類を、江戸の海では「ヒビ」と呼んだ。それは漁猟用のソダにヒントを得たものである。ソダとは網ソダとも呼ばれ、捕獲した魚を海上の浅瀬に木の枝や竹笹で囲ったその中で活かしておく漁猟具をいう。別名禦《いけす》――活簀ともいい、今もそのことばは生きている。特に江戸城へ献上する鯛の場合は「活鯛簀《いけたいす》」と呼ばれた。

そのイケスを作る網ソダに海苔が付くのを見て、初めはそれを採っていた。活簀だけでなく牡蠣《かき》の垣ソダに付いた海苔も同様である。

それからヒントを得た人が、その材料である木の枝・笹竹などいわゆるソダを、海苔を育てる目的で、品川の浅瀬のそこかしこに建てはじめた。これが海苔ソダ・ヒビソダなどと呼ばれ、やがてヒビ・ノリヒビの語に統一されていくのである。ヒビの語源については、ヒビキ（魚がそこに集まると動く）から出たもので、魚捕りソダをヒビという、との説もある。が、次のヒビアミソダ説を採り上げたい。

文政三年（一八二〇）八月、品川宿から町奉行所へ差し出した「取調書上候記録」には左のように記されている（抄訳）。

ノリソダの起源は、徳川家入国以来、荏原橘樹両郡の八カ浦へ、日々御菜肴を献上することを命じられたことに端を発する。八カ浦では、時折風雨などのため不漁の日があっても幕府からの不意の用命に備えることのできるように魚の「蓄養所」を設けたが、それは䉾《いけす》と呼ばれた。このいけすは、ソダと呼ぶ木の枝竹で造った柵に囲まれていた。これを「日々網麁朶《ひびあみそだ》」と唱えたのは、日々将軍家に御膳魚を献上したところから生まれた通称である。

この活簀へノリの生えるのを発見した漁民たちは、これを見習い次々にソダを建ててノリを採る方法を覚えた。これからヒビアミソダを略してヒビソダと呼ぶようになったのである。

天保十四年（一八四三）、品川、大井、大森、糀谷など、一〇カ浦から代官所へ差し出した「書上」には左のとおり記してある（抄訳）。

「海苔麁朶」を建てたのは古くからのことで、年限をしかと書き留めたものはない。家康公入府以来、日々の御菜肴を献上するために、浦方で魚を囲って置いた活簀があったが、それは楢の木や雑木の枝でしつらえてあった。そのソダは、日々御肴を献上するためのものなので「日々網麁朶《ひびあみそだ》」と呼ばれた。それにノリが付くのを見習って、次第にソダをたててノリを採るようになったのである。

それ以前は海の中の岩石などへ生えていたノリを採っていたという。目黒川は、昔荏原川と呼ばれた。この川に鮮魚諸苔の類を出したと古書にも載っているが、それらは岩石に生じたものである。

ヒビアミソダから生まれた略称、これは納得できる説である。

3　ヒビ材

ヒビ材にはナラが最上とされ、御献上海苔の場合には必ずナラを用いた。次にはケヤキや竹が良しとされ、品川では竹を使ったが、大森では江戸末期まで嫌った。享保十九年、広島から浅草海苔の養殖を学びに来た元右衛門が、広島へ竹ヒビ養殖を伝えたのは、品川を選んだからである。広島へは品川式養殖法が伝播されるのだが、ヒビは一本ずつ建てた。これは一本ヒビに古い伝統をもつ朝鮮と同じで、そこになんらかの関係があったのか、検討が必要である。

大森で建てられた木ヒビには最良とされたナラのほかケヤキ、クリ、ハンノキ、カシワ、クヌギ、カキなどを用いた。これらの木々を五、六尺（海深により最長は一丈二尺〈三〜六メートル〉）に伐り、葉をむしり取る。木の大小、長短によって二、三本あるいは四、五本を束ねて一株とする。

ヒビ材の入手はヒビ屋に依頼する。文政五年（一八二二）には品川に五人のヒビ屋がいて、ヒビの手当てからヒビ建てまでの仕事を請け負っていた。のち、しだいにヒビ屋はヒビの販売（付随するヒビ手当資金の貸付け）だけを行ない、ヒビ建ては養殖業者がみずから行なうようになっていく。

4　ヒビ建ての状況

享保末年を去ること三十数年後の明和八年（一七七一）三月『嘉陵紀行』の著者は、永代橋より船で隅田川をくだり、品川、大森の沖を過ぎ羽田へ向かう。その折の光景は、永代橋より高縄まで二里ほどありといふ。遠くとも近くはなしといへり、猶こぎため行く程に空やや晴て　よものけしきいふべくもさら也　さめづの汀より日比というものをあまたうえなみて　海の中にいくらも見ゆ　是は海苔をとるべき料也

と叙してある。また寛政から明和の頃の作といわれる『江戸名所図会』には、鈴ケ森と題してノリヒビの立ち並ぶ情景が描かれ、さらに後年（化政期〜安政期）広重が、鮫洲のノリヒビを「名所江戸百景」の中で取り上げている。ノリヒビの建ち並ぶ有様は、江戸中期から早くも特異な景観として人眼をひくほどになっていたのである。

このヒビの建て方などについて『東海道名所図会』（寛政九年、一七九七年板）は、

柴というものを多く拼《かか》げて小船に積み　沖の方十町許　あるひは二十町、又は一里余も出て　狼牙棒《つく》にて海底に穴を掘り　かの柴を挿しこみおく　これをヒビという　満潮に海苔これにまとう　干潮の時分には浅き所は歩行にても出で深き所は船にて通ふ

と記している。『遊歴雑記』（十方庵主著）には文政六年（一八二三）正月晦日、「海辺の眺望あさくさ海苔の考」と題して、次のようにノリ養殖の状況が記してある。

同処（補記浜川）東は鮫洲より西の方は八幡の出迯れまで、魚猟耕作の外は春海苔を採て業とせり、されば八月の末、又は九月のさし入より、榎楢欅栗胡桃の樹抔《など》の生枝を、長さ六、七尺づつ麁朶の如

品川鮫洲のノリヒビ（広重画「名所江戸百景」）

く伐たるを、磯際より海へ一町も籬《まがき》の如く泥の中へ行儀よく刺《さす》、間々を三、四尺づつ明置て、冬中まで構はず植置事也

安政六年（一八五九）板の『広益国産考』はさらに詳しく説いている（抄訳）。

まず海苔を付けるには、内海の清らかな砂地を選ぶ。大風雨の時、脇より砂を寄せたり、海水の深い所は忌む。遠浅の、引汐には深さ二尺くらい、満潮には挿したそだの末がひたひたになり、また半ばの引潮には末一尺五寸くらい水際より現われる土地を見立つとよい。

さてそだというのは楢木がよい、この木の元が一握りくらいある、枝の良く付いて、丈の五、六尺に伐ったものを調える。葉を残らずむしり、四、五本ずつ元を揃え、下より一尺ほど上を堅く括《くく》って、元二尺の処を先細に削って多く拵え置く。十月頃上の図の木とそだを船に積んで、汐の干たことを考え漕ぎゆき、船の入る位の間を置き、畑の畝を立てるようにそだを置き挿す。そだを挿すには、ひびきりを足でまたの処まで踏みこみ、引き抜いて、その穴へそだの元を挿しこみ植える。

さてその浦の家々では持場あり、そこへはおよそ三反の持場は誰方の分、これより先までおよそ五反歩ほどは誰方と、海中の地面を割る。汐の満ちた時、そだの末がひたひたになるか一尺くらい汐の上に乗ったくらいになるようにする。こうしておくと、十月頃から海苔が付き始める。

これらによりヒビの建て方がおよそ明らかとなった。十月頃このヒビをノリ採り用の船でヒビ場へ運ぶ。ヒビを建てる穴を開けるには、寛政年間には「つく棒」を使っていたが、天保年間には、「ひびきり」ま

② 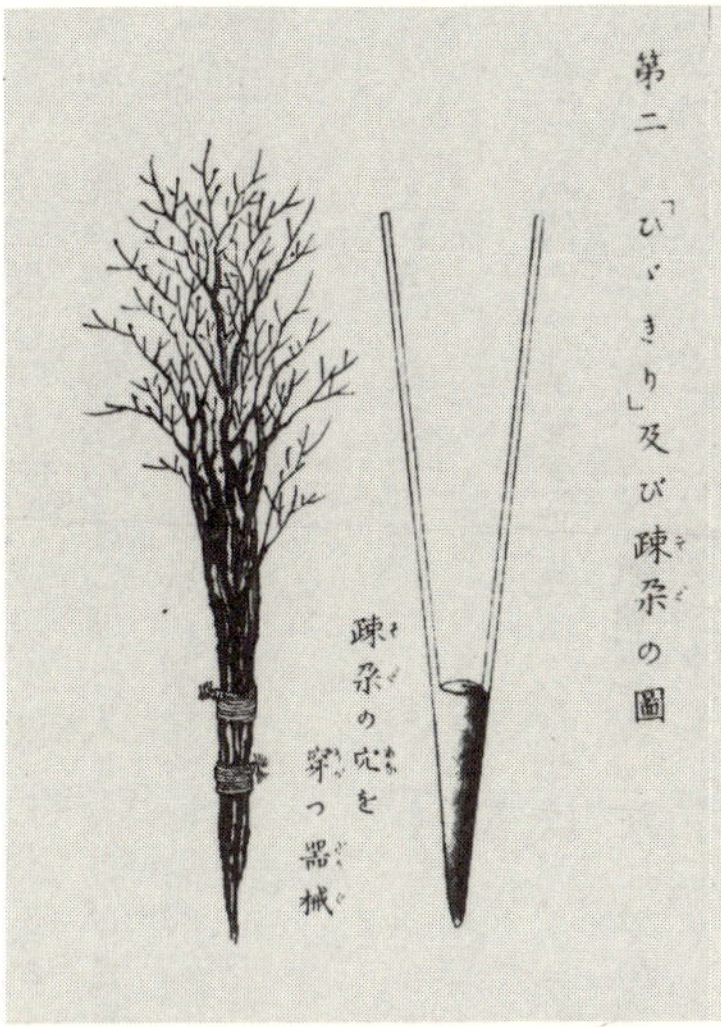

 ①

 ③

①ソダ造り　②ヒビキリとソダ　③ヒビキリで穴をあけ，ソダを建てる（『日本製品図説』）

たは「ふりぼう」と呼ぶ道具を使った。また天保年間には、「たちごみ」と呼ばれる高さ二、三尺ほどの下駄を履いて、海水の深い所へ入り、ひびきりによってヒビを挿していた。このたちごみは、キスを釣るとき用いたもので、下駄底に四角な枠を設け、石を重しとしてくくりつけた。さらに深い海へヒビをさす時はベカ（小舟）を用いた。

5　生育

江戸時代にノリ稼ぎで暮らす人々は、〝ノリは外より流れてくるものでもなく、また海岸の巌に生えるものでもない。数十日間海潮に浸ったヒビから生えるものだ〟と考えていた。『学鵜漫筆』には、それは「たとえば土上の木より木耳《きくらげ》の生ずるが如し　海苔に善悪あるは木の善悪によれり」と説いている。そして浅草ノリは「潮より出る木耳の如く、人の仕業もて造るなれば、柔《やわらか》にして香いと高」いものであって「他の国の八重の潮路より風の吹もてよするあら浪の巌にもまれておのずからに生いたてる海苔とは日を同じくして語る」ことはできぬと述べている。換言すれば岩ノリは「海辺の岩石に年経て自然につ」いたものであり、浅草ノリは「木の潮にひたり、木の精液《よきしる》のこれに化して出」きたものだというのである。

ノリの成長について江戸の人はどのように見ていたかを『日本産物志』（明治五年版）によってみよう。

秋分の頃海中に挿して二十五日許りのちにこのヒビを検視したとき、枯枝が何となく膨れてみえる年は、ノリが多く付く兆しとした。また枯燥したように光沢のないときは付かないとされた。またノリを採る人々は「花が開く」という言葉をよく使った。これは、ヒビの枝に白色の艾《まつのぜにごけ》納のようなものが生じることをいうものである。のち黄色また淡紫に変り、毛状のものを多く出し、終に扁小葉状となり、長ずるに随い浅草ノリとなるのである。

同書によれば、ノリと自然との関係については次のようにみていた。

ノリの色が赤くても降雪があれば俄に紫黒色に変わり上品を得る。雨が降り河水大に張るときは味が優るノリとなり、連日雨雪の無い時は色が佳くない。鹹水のみのものより淡鹹交会《いりあい》の所に生えるノリの味がよい。すべてノリの生長を助けるのは雨で、光沢を添えるのは雪だ。春は東風《こち》が良く、冬は「ならい」（北風の方言）がよいが、西風の絶えず吹くのは、疎朶《そだ》に泥を多く着けるので良くない。「ひびのよごれかげん」と唱え、潮気が木液を浸して生じた水垢の過不足の加減を定めることが肝心だ。これを誤てば損害は大きい。

九月の彼岸にヒビを挿したノリは二月余を経て採る。これを「あきのり」と称え、十一月二十日頃から一月六日（寒入り）までに抄き、なお推して二月頃まで採るのを「かんのり」といい、その味は大変よい。三月二十日頃にもまま採れるものがあるがこれを「ひがんばか」という

寛政年間の『東海道名所図会』には「此海苔を取るは、秋の彼岸より始まりて春の彼岸に終る。霜月《しもつき》（十一月）、臘月《ろうげつ》（十二月）など、寒気凜冽なる時期を最上とす」とある。秋春の彼岸をノリ採りの始期、終期とする慣習はかなり古くからあったものとみえる。また『広益国産考』にも「寒中に取りしを極上とす」とあり、経験上から寒ノリの美味は知られていた。

6　採取

『十方庵遊歴雑記』には「浜川片町より……鈴ケ森押置場」まで「石垣高く築きし浪打際の岸」から見下ろしたノリ採りの風景を次のように叙している。

麁朶《そだ》を海中へ植置し間々へ、田舟に等しきずんと小さき舟にのりて、只一人づゝ座しながら櫂《かい》にて舟を綾どり、麁朶の枝々に生ぜし海苔を両手にして採て籠に入けるが、籠の大さ笊《ざる》の如くなるに凡そ八分目も取溜《ため》て見えたり　かようの小舟幾つとなく植置し麁朶の間へ漕込《こぎこみ》ておのおの海苔を採れり。手先潮水へ浸りて冷く凍へやすらん、口へ手を当、息吹かけ抔《など》して指先を暖めつつ海苔とる様、中々家業ならぬものの暫時もかなうべからず、又その小舟の前後には男女の徒、股のあたり迄潮水に浸りて左の手には笊《ざる》の口広きを提げ、右には纑《きであみ》を以て麁朶を離れ、潮水に漂ひ流るる海苔を匕《すく》ひとれり、此日正月尽にして、曇天西北の風有て甚寒く、懐手して彳《たたずみ》見る者だにも浜辺は忍びがたきを渡世とはいひながら、斯《この》艱苦骨折て心身を労らし……

著者十方庵は「はからずも通り合せて、今日初て海苔とるを見」て、寒風の中でノリを採る艱苦に感嘆したのであった。彼は、さらに続けて、採ったノリを板に盛り、箸で塵を撰び、細かに叩いて水に晒し、簀に抄き上げて干ノリとするまでの労苦が容易でないことを、事細かく説いた上で、「近年、価下値ならねど、干海苔は上品に至りては安きものと思へり」との評価を下している。

ノリを採る図（『日本製品図説』）

十方庵の胸を特に強く打ったのは、ノリ採りの情景であった。浜辺にたたずんで見ているだけでも忍び難いような寒さなのに、海上へ船で乗り出し、潮水へ手先を浸してノリをとるのだから「冷たく凍へやすらん」と案じ、家業でない者では「暫時もかなうべからず」と断じている。彼の眼をひいたものに、もう一群のノリを拾う男女がいた。「股のあたりまで潮水に浸り」、ソダから離れた所で、「潮水に漂ひ流るるノリをすくひと」る者たちである。すでにこのころから養殖者とは別に、ノリ拾いを冬の仕事とする者たちがいたのである。

『遊歴雑記』は、石垣の上から望見した有様を、素人の眼でとらえた記述だが、『広益国産考』は、国産の一つとしてノリをとり上げた専門書だから記述も詳しい。左に要点を記してみよう。

ノリを採るには、両人が船に乗って、一人が棹さし、一人は笊《ざる》を左の手に持ち、右の手でヒビに付いたノリを採る。盗みとりを防止するために、夜とり、抜け駈けは許されない。ノリが良く伸びた頃になると、毎日汐時をみて「年行司」（年番の世話人）が、竹螺《ぼら》を吹いて四隣の家に合図する。ヒビ柵を所有する家々では、この音を聞くとみな一斉に船に乗り、持場に向かう（一斉採取は、岩ノリやワカメの採取の場合にもあったが、ヒビ柵を個人で分け持つ養殖ノリの場合は、特に掟が厳しかったのである）。

採りあげたノリはざるに入れて持ち帰り、俎《まないた》の上にひろげて箸で塵を撰り除き、庖丁の刃で少したたき、清水を入れた四斗樽様の桶に入れる（塵とは貝殻、小蝦《えび》などである。塵を採ったあと海水で洗ってから納屋などへ搬入し、そのまま空樽の上などにのせておき、翌朝になるとまた海岸に運び、潮水で再度洗った上で持ち帰り、庖丁で叩く方法もあった）。

四斗樽の中で、竹の棒をもってかきまぜ、そのあとで簀の上に抄きあげる。

抄きあげたのち、簀のまま干台に並べて乾す。乾上がったら取り入れ、はぎ取り、重ねて上に板を置く。なおノリの表面についた小貝殻などを小刀の先ではね除き、十枚を一帖とし、二つ折にして多く重ね、両方から板ではさみ、雨風に当たらぬよう箱に入れ貯える。

右の採取法と製法は、『広益国産考』に載せられたものだから安政のころのものだが、実に昭和四十年代まで約二百年にわたってほぼ同様な方法は残存していた。

第12章　抄きノリの創案

1　抄きノリ以前

ノリのような吸湿性の強い食品を、紙を抄《す》くのと同様な方法で抄き上げ、その薄い一片の中に、磯の香をそのまま秘めて保存するアイディアは、一朝一夕に生み出されたものではない。その背後には、先祖代々長年月に及んでノリの味に親しんできた、日本人の食の慣習がある。昔から、わが国には、老若男女を問わず、ノリにひとたび接するとたちまちその味のとりことなる天性の感覚を持ち合わせていたようにさえ見受けられる。折よく享保年間（一七一六－一七三六）以降の江戸には、食道楽の風潮が広がり、新奇で洒落《しゃれ》た食品の出現を待ち望む食通たちが横行していたのであった。抄きノリは、こうした環境の中から誕生するのである。

抄きノリ誕生以来、現在に至るまでの年月は三百年にも満たない。それ以前——ノリを食べだした太古から、ノリ抄きの発明に至るまでの何千、何万年にわたって、われわれの祖先は、さまざまの食べ方と保存法を工夫していたのであった。

まず、もっとも自然な食べ方は、生ノリの調理である。海から遠い京の都などでは、生ノリは山海の珍味の一つに数えられたことが、平安後期の『宇津保物語』にうかがうことができる。江戸はその点では恵まれているので、生ノリの料理も江戸時代前期にはかなり多くみられたが、それは富裕階級の贅沢な料理だったようである。が、それも抄きノリの発達とともにしだいに影をひそめていく。

保存食とするために、あるいは物々交換用とするために、これを乾燥する知恵はごく自然に生まれた。すでに日本武尊の神話にも出るほどに古くから、無雑作に海辺へ並べて乾す光景は冬の海辺の随所にみられたことであろう。むしろやかやの上に並べたり、わらなどで吊るしたりして乾し、俵などに入れて保存したのである。これを内陸部の人々と交易用に使えば、塩分摂取用の食品として喜ばれた。のち、淡水で洗って長持ちさせる方法も工夫された。これらの乾燥法は土地によって異なり、抄製法への移行時期も画一的には求められない。現在でも、三陸海岸の突端、志摩半島の岬、玄海灘の孤島など、孤立した地域には、自然乾燥法が遺存されているのがその例である。したがって、抄きノリ発明以前でも、所によっては自然乾燥以外の方法も工夫されていたのではなかろうか。

先（第5章）に記した富士ノリやワカメの一種（出雲地方のメノハなど）に用いられた、押し広げて乾かす展延法は、古くから一部の海藻類の保存法とされてきた。マツノリ、フノリ、ハバノリなど、小葉、細葉体の藻類の保存には、粘着力を利用して押し広げ紙片状に仕上げる、展延法が適切な製法であった。ノリもまたこの方法が適し、自然乾燥法と併用して利用された。源頼朝が朝廷に献上した伊豆ノリには、「合《おり》」の単位が使われている。合《ごう》と読めば容量の単位だが、合《おり》（折）となれば折り畳んだ品を指す。このような精製された品が、一般の贈答にも使われたか否かは別として、造られていた可能性はある。

江戸の浅草ノリが、早くから展延法で製されたことは、元禄十年（一六九七）版『本朝食鑑』により明らかにされている。同書は、乾ノリの製法を記した書物としては最古のものといってよい。そこにあげられた「浅草苔」の製法は「児女箸ニ掛ケテ以テ干葦箔《ホシイハク》ニ攤《ヒロ》ゲテ　之ヲ晒乾ス」とある。「箸ニ掛ケル」とは、箸で生ノリに混じる貝殻やゴミを取り去ることであろうか。その後で、アシの簀の上に手で押し広げて薄く展延して仕上げた。その記述からみても「児女」の仕事だったことからみても、精巧な技術と過激な労働を必要とする抄製法でなかったことは明らかである（ノリ抄きは後世まで男の仕事だった）。同書より三六年後の享保十八年（一七三三）に出た『江戸名物鹿子』には「浅草のり」と題し、二人の男が小川でノリを洗った上で地上に斜めに立て掛けた簀の上へ、無雑作に手で打ちつけて押し広げたものを、乾かしている絵がある。同じ本に「浅草紙に題す」として、

　漉かへす草のはし場やむら雪解

の句があり、橋場の紙抄きの絵がのるが、浅草ノリを抄く絵はない。

　展延法は現今でも岩ノリ産地の一部に遺存されているが、抄製法のようにノリを細かにたたき刻まず、適当に押し広げるので、厚薄不ぞろいであり、空間が多く、生硬である。水洗せずに仕上げるものもあり、また一般に保存に意を配らぬので長持ちしなかった。したがって、磯の移り香を微妙な舌先の感じで味わいとれるような、精巧な新製品が出現すると、料理文化が絢爛たる花を咲かせ始めた江戸後期の江戸っ子に大いに歓迎されるのである。

2　抄製法の完成

浅草における漉返紙《すきかえし》の製造の始まりは、延宝年間（一六七三—八一）とも天和年間（一六八一—八四）ともいわれる。古紙を水に晒して砕き、水溶状にした原料を入れた桶の中へ、木枠をのせた簀を持ちこんで抄く工程は、後に記すノリの「家鴨付《あひるつ》け」とまったく同じである。諸国の岩ノリの多くは超大判だが、浅草ノリの場合は御膳ノリを例外とすれば、浅草紙に似た小判もあった。江戸期にあっては双方ともに一〇枚を一帖とし、二つ折にしてミゴで結んでいた。享保以後、浅草紙の抄き場は隅田川べりの橋場や今戸にあった。ノリ抄き場も橋場にあり、また今戸に近い山の宿、花川戸にもあったらしい。創始地は両者ともに浅草で、隅田の清流を利用した。

このように浅草ノリは浅草紙と関係が深い上に、抄製開始年代は浅草紙より遅いから、その影響を受けたことはほぼ間違いない。抄製開始の時期は、享保より後に求めるならともかく、享保年間に抄かれたかどうかは微妙な点である。『江戸名物鹿子』の絵はノリ抄きの否定材料となるし、やはり同じころ発行された『江戸砂子』（享保十七年）には「品川苔を浅草にて製す」、『続江戸砂子』には「浅草苔　雷神門の辺にて製す」と記され、抄いたとは書いてない。

けれども、享保以前にはノリを「製し」た記録の皆無だった「浅草」が、この時代になって初めて製造地と記されたことには、なんらかの意味がありそうである。すでに、享保二年には、浅草町民によりノリの養殖が開発されて、大量生産が始まっている。江戸っ子の増大したノリ需要に応じるべく、享保年間には少数ながら専業ノリ商が出現している。このように大きなノリの商品化を推進させた誘因として、製法の進歩があったことは当然に考えられる。したがって『江戸砂子』に初めて表われた「製し」たという文字は、抄いたと解釈できそうである。抄製が確実の時代となってから出た書物にも製したと書かれた場合は多々ある。が、それでは『江戸名物鹿子』の絵と矛盾するようにみえるけれども、享保時代が展延法から抄製法への一大転換期に直面していたとみれば一応の解決はできよう。享保を過ぎること二〇余年後の宝暦年間に出た『江戸土産図会』絵の中で、大黒屋が売るノリは抄製品とみられるし、同年間に出た『日本山海名物図会』には、

浅草のり　仕上げよろしく　きよらかにして名物なり

ノリを簀に押し広げる（『江戸名物鹿子』）

とある。この頃の浅草ノリが抄きノリであったことはまず確実である。山東京伝は、その著『近世奇跡考』（文化元年、一八〇四）の中で「品川よりなま海苔をとりよせて浅草にて製したるはちかき事なり　極品の海苔は廿年ばかり先までも浅草にてすきし……」と説いている。文化十年より二〇年前といえば寛政五年（一七九三）だが、そのころまだ浅草では極上品だけを抄いていた。それより以前、たとえば、ノリ運上が始まり、ノリ商人も現われていた延享年間から宝暦、明和、安永、天明のころ（一七四四―一七八九）までは、並

等品までのすべてを、品川から取り寄せた生ノリを使って浅草で抄いていたとの意味を同書から汲みとることができよう。ただし、延享よりさらに一〇年ばかりさかのぼる享保末年においては、展延法から抄製法の移行期にあったのである。浅草に始まったノリの抄製法は、のち原料供給地である品川方面へ伝わり、寛政の中ごろからは浅草でのノリ抄きが止んで、品川の海がその中心となってゆくのである。

3 家鴨《あひる》付けと投げ付け

享保末年を六二年も降る寛政九年（一七九七）に出た『東海道名所図会』の「名産荒藺《あらい》海苔」（荒藺崎は川崎から品川辺の古名）の条に、

海苔を籠に入れ持ち帰り、磯辺にて汰《ゆり》流し、塵など撰りて板の上にて庖丁を以て細密《こまか》に敲《たた》く　それより葭《よし》の簀へ紙を漉くように汰《ゆり》流し　筵《むしろ》に双《なら》べ干　乾《かわか》し　畳重ね

とある。当時の抄製法はまったく浅草紙の方法をまねて、よしの簀の上へノリをゆり流していた。

同書より約六〇年後、安政六年（一八五九）に著された『広益国産考』には、別の抄製法が載せられている。

俎板の上にて塵を　箸にて撰り除き、庖丁の刃で少し叩き　四斗樽に水を入れ竹棒にてかきまぜ　さてそれより左に図する如く棚に簀を置き　その上に枠を置き　桝にて桶の中の海苔を掬《すく》ひ　枠の中に

③ ②

①

①ゴミを取り去り海苔を刻む（『日本製品図説』）
②ノリを水にかきまぜる
③ノリ抄き
④ノリ干し（昭和初期，川崎市出来野町付近（宮坂博氏提供）

④

一面に行き渡るようの心得にて　さっと打明ければ　水は下に洩れて海苔は簀へ留まる

前者がいわゆる「家鴨《あひる》付け」（水付け）、後者が「投げ付け」と呼ばれる抄製法である。

家鴨付けは、流し槽の上にもう一つの水槽を置き、この中へ水とノリを入れ、枠《わく》（ノリと同じ大きさ）を載せた簀を水槽（桶）の中へ浸し、水に浮くノリが簀上にむらなくのるように、両手で静かに簀を水平に何度も揺り動かす。簀上にノリが万遍なくのったなら、水中から引き上げ、枠を取り外して水を切った上で乾燥する。かなりの技術を必要とするが、それ以前からあった手で押し広げる方法に比べ、格段の品質となるので、たちまちに江戸のノリ場（浅草および品川、大森周辺）に普及した。

ノリ抄きの開始された享保末年あるいは延享前後から文化年間に至る七、八〇年は、家鴨付け法の独壇場であった。文化十年（一八一三）、広島江波の柳屋又七が、大森で学んで帰り江波で普及させたとみられるのはこの方法である。それ以来、広島地方はいうに及ばず、広島のノリ製法が伝えられた瀬戸内海沿岸各地に普及して今日まで及んでいる。江戸の海にあっては、その後に現われた投げ付け法が広く採用されるようになってから、家鴨付けはしだいに衰微していく。それでも地方によっては根強く残っていた。文政四年（一八二一）近江屋甚兵衛が上総へ伝えたのも家鴨付けであった（そのため大正時代まで、上総ノリはこの方法で抄かれた）。また、大森でも一部では日清戦争前後（一八九四—九五）まで用いられた。

投げ付けは、おそらく文政の頃（一八一八—三〇）から品川や大森の海浜で完成された新法である。天保年間（一八三〇—四四）には、品川、大森ではこの方法が主流となっていた。家鴨付けに比し、簀の上にむらなくノリを投げつけるにはより高度の技術を要するが、簡単で手早く抄き上げられるだけでなく、ノリを淡水中に置く時間が短いので品質もよくなる。江戸前の料理が厳しく吟味されるようになると、仕上げの過程において、ノリの微かな芳香さえ逃がすまいとする努力・工夫が結実して、投げ付け法を生んだのである。

第13章　御膳ノリ献上

1　御膳ノリの始まり

徳川氏の江戸入り以来、江戸の海には、将軍家へ「御菜御肴」献上を申しつけられた二一の浦々があった。御菜肴献上は浦方にとっては名誉なことであると同時に、漁猟上数々の恩典もあたえられるので競って献上方を勤めたものである。

江戸城が魚介類を上納させたのにならって、精進食品なかんずく御膳ノリ上納に熱心だったのは東叡山である。おそらく、同山の草創（寛永二年、一六二五）当時から納入させていたことであろうが、残念ながら記録が残らない。それより約三〇年を経たころ、ノリ商では最古の老舗として知られる正木屋が「同山三代本昌院宮」（承応三、一六五四年―延宝八、一六八〇年を任期とした）の時からお出入りを許され、ノリ御用を仰せつけられたという。そして、五代「大明院宮」（元禄三、一六九〇年―正徳五、一七一五年）の代になってからは、同山「御用看板」を認許されるのである。永楽屋が同山から御用を仰せつかったのは五〇年ばかり遅く、宝暦年間（一七五一―六四）のことだという。永楽屋と前後して、文化年間にいたるまでにさらに四軒が同山御用を承っている。同山が御膳ノリ納入を重視していたことはここに明らかである。

永楽屋は東叡山御用では、正木屋に遅れをとったが、江戸城御用では他のノリ商をさし措いて唯一の江戸城御膳ノリ商となっている。江戸城御用を承ったのは、同店が東叡山御用商人となってから一〇年ないし二〇年も経た、安永二年(一七七三)のことである。(正木屋を初めとして)他店が江戸城御用を勤めた模様がないので、この年を江戸城向け御膳ノリ開始の年としよう。とすれば東叡山向け御膳ノリ納入より一〇〇―一二〇年ばかり遅い。またノリ運上開始(延享三年、一七四六)より、江戸城向け御膳ノリ納入開始年は約三〇年遅いが、寛永寺向けは七〇―一〇〇年早い。

2　御膳ノリ場の変遷

「御膳海苔」の名称は、「御菜御肴」と同様に、江戸時代の最高権力者である将軍家とその関係方面――寛永寺、御三家――へ上納したところより生じた。その関係御用商人に限っては「御膳御用」「御膳海苔所」の看板を用いたが、その他のノリ商、たとえば公家御用商人などは将軍家をはばかってか「〇〇殿御用」、「浅草干海苔所」といった看板を用いた。けれども、御膳ノリ商にとっては禁句ではなく、永楽屋のように「御膳海苔」「小判御膳」などの銘柄を用いて一般へ売り出す店もあった。将軍家の「おあがり」(御膳ノリをおあがりノリといったらしい)になるのと同質のノリだということで宣伝になったのであろう。

江戸城と寛永寺に納める御膳ノリは、最も良質品のとれる、清浄な場所を御膳ノリ商が選定しなければならない。品川の海では、御膳ノリ場の地位を得ようとして、問屋や漁民が争った例は二、三にとどまらない。その地位を得ることは、各産地にとっては左に記すように幾多の利点があったのである。

まず最良の産地であることを天下に誇示できる。ノリ不作の場合には、上納品が不足になることを理由にして、代地の許可、または変更を願い出ることができる。また場合によれば新規にノリ場を開拓することもできる。もしも御膳ノリ場の諒解なしに、新規にヒビ建てを企てる浦があれば、御膳ノリ上納に差し支えがあると申し立てて妨げることもできた。

その初め、江戸城の御膳ノリ場は、品川浦の鮫洲《さめず》、水車洲、天王洲が当てられていた。安永二年より文化八年まで約四〇年間にわたってこの状態に変わりはなかったが、もともと品川浦前面の海には適地が少なかった所へ、隅田川河口の前進その他海況の変化によって、文化年間となるとノリ付きはますます悪くなっていった。

これに代わって絶好の養殖場として登場したのは大森村の海である。大森のノリ漁民は、品川浦の状況をみてヒビ場の拡張をはかろうとし、永楽屋は大森村の将来性を見通してこれに力を貸すことになり開発されたヒビ建て場が、有名な「横柵《よこざく》」である。永楽屋は、御膳ノリ商として、年々奉行所から御膳ノリ場の状況につき下問をうける慣習となっていたので、同店の返答により御膳ノリ場の改変が行なわれる可能性が強かった。同店は、品川ノリ場が斜陽化し、大森横柵が有望なことを見通して、大森と相謀り、ノリ製人庄助らをも加担させ、横柵への指定換えを画策するのである。そして、文化八年十月、奉行所に対し、「往古より御膳」ノリ御用をつとめたのは「大森村前に生」じたノリだけだと答申したが、品川ノリも大森横柵ノリも共に御膳ノリと裁許された。

これよりわずかに六年後の文政二年になると、永楽屋はまたまた横柵から糀谷村前面の海へと御膳ノリ場を移転しようとする。これに対して大森村漁民五〇〇余名が反撃に出て、猛烈な訴訟合戦を繰り広げる。その結果は喧嘩両成敗となり、永楽屋は手鎖《てぐさり》、御膳ノリ商の権利はく奪、大森村と糀谷村の総代は中追放という重罪をうけた。御膳ノリ場の権利を守る（または獲得する）ためには、どんなに激しい争いでも演じたのである（詳細は拙著『海苔の歴史』参照）。

3　御膳ノリ上納仕法

江戸城向け御膳ノリの上納は、その初めから天保三年まで、少なくとも六〇年ばかり、毎年ヒビ建てに先立って、勘定奉行所から仕込資金が下げ渡されていた。その翌四年からは、無代上納に変更されて幕末まで続くのだが、これは御菜肴が無代上納となった年（寛政四年）より四〇年も後のことである。

御膳ノリが製造されてから江戸城へ納入するまでの手順は次のとおりとなる。まず、ノリが成長する時期になると、「御青物御役所御掛り取締役」と永楽屋、それに御膳ノリ場代表の三者立ち会いの上で、御膳ノリ採り上げの日限を決める。採り上げた生ノリは、文化初年の品川の場合は、大井村の浜川町に住む、百姓庄助、長右衛門の両名に渡す。両名の指図により三〇余名の手で抄き上げる（『品川区史』）。また、大森村における文政初年の場合は「御進献用海苔」は横柵でとり上げられ「海苔草」のまま同村藤助外一人が仲買いし、大井村の内、浜川町の庄助外二人に渡し乾し上げさせたという。

生ノリは、注連縄《しめ》を張った製造場を特設して抄き上げられる。生ノリ一升で七枚に仕上げ、一尺四方もある大判とする。乾し上げてから一枚ずつ綿密に調べ、小刀で塵、貝殻などを取り去ってから江戸城本丸西丸御用と大書した葵の紋章入りの櫃《ひつ》に納める（東叡山寛永寺向けは菊花の紋）。櫃は前後の二人にかつがれ、その周囲を警固の者が固め、「下に下に」と警蹕《けいひつ》を発しながら東海道を江戸に向かった。

このノリを江戸へ運び入れるまでを差配し、買い取るのは永楽屋である。同店からは「御青物御役所取

江戸城本丸西丸御膳海苔御用箱

東叡山御用海苔箱

締」である「神田雉子町名主左衛門方」へ送り、ここから江戸城西丸および本丸へ上納していた（文化初年）。永楽屋は、唯一の江戸城御用商人として、ノリ場の選定、ノリ質の吟味など、御膳ノリに関する一切の権限を占有したので、江戸後期を通じて群を抜いた知名度と勢威をもつノリ問屋となった。が、後年おごりが高ぶって御膳ノリ場の改廃をはかろうとして、大森村の五百余名のノリ漁民を相手取る争論を引きおこし、みずからの設けた陥穽におちてしまうのである。

奉行所は、定石数を上納させるためには容赦はしなかった。たとえば、嘉永元年（一八四八）冬はことのほかノリの生え方が悪く、定石数は納められそうもなしとみえた。このとき、奉行所では、新ノリの民間売買を禁じ、新ノリの採り上げた分は全部上納するように命じた。ノリ商に対しては、新ノリと古ノリに印をつけて区別をはっきりさせ、古ノリだけは売買を許した。新ノリは監視を厳しくし、御膳ノリにならぬはね出し品でも検査の上、印を改めたうえでなければ売買を許さぬという厳しさであった（この年はこれでもなお定石数に達せず大井外四カ村に「助合」を求め、さらに一万五〇〇〇坪のたて増しを許されて、やっと上納を終えている）。これほどまでに厳しい取り締まりをうけても、なおノリ運上のように返上を申し出たノリ場のなかったのは、先に記したような各種の有利な条件に恵まれていた——御膳ノリ場の特権を所有することによって、お上の庇護をうけるメリットの方がはるかに大きかった——からなのである。

第14章　江戸式製法の伝播

1　諸国にノリ産地誕生

広島を特殊の例外として、浅草ノリの製法（養殖と抄製法）は、創始以来文政期に至るまで約百年にわたって江戸の海から外へは伝わらず、また伝える者もなかった。この間、明和年間（一七六四―七二）になって初めて、出羽の農政経済学者・佐藤信季が『漁村維持法』の中で養殖法を世に紹介した。彼はまず「種々海産を興すべき仕方」として「裙帯菜《わかめ》・海蘊《もずく》・水松《みる》・白菜《しらも》・赤鬚《ふのり》・鹿角菜《つのまた》・羊栖菜《ひじき》・紫菜《のり》・滸苔《あおのり》・紅萸《とさかのり》・石花菜《てんぐさ》・神馬藻《ほんだわら》・海藻《うみくさ》の利も亦頗る大なり」と記したうえで、特にあまのりだけを取り上げて紹介しているので、左に全文を掲げる。

紫菜《むらさきのり》は、武州品川領の大森村の海より出るを第一の上品とす　製法の極めて精粋なるを以てなり

此《これ》を採るに浜辺の波打際の遠浅なる所に杭を打立て此に柴薪を結ひ付け垣と為しおくときは　波にて沖より紫菜打寄る者なり

小舟に乗て柴紫菜を採り、水に洗ひ浄めて紙漉が如くに此を漉き、能く乾し、木の槌にて敲《たた》くとき

は上品となる　大森村に生じたるを世に浅草紫菜と称す　天下の名品なり　又武州の海辺　相州三浦郡三崎　伊豆　駿河　安房　上総の海にも皆此物を生ずる所あり
然れども大海の荒波打寄する所に生じたる紫菜は頗る強くして内洋の産より味ひ劣れり　故に荒波の所に生じたるは別しててていねいに洗ひ漉き　且つ念を入れて敲《たた》くべし　余出羽国秋田郡雄鹿海岸に生育したる紫菜を精しく製せしに浅草のりに次ぐべく良品となれり　此等の物をも心を用て此を採しめば海辺の民を潤沢すべし

彼がこのように熱心にみずから実験まで試みて推奨したにもかかわらず、これよりなお五〇年ばかり、他国には製法は広まらなかった。
明治維新まであと四八年という、文政三年（一八二〇）になって、江戸式製法は初めて箱根の山を越え、遠州舞坂宿に移された。以後天保元年に至るわずか一〇年ばかりの短年月の間に、左の五つの産地が生まれるのである。

遠江国　舞坂宿
上総国　人見村、大堀村
駿河国　三保村
下総国　葛西浦
駿河国　村松村、駒越村

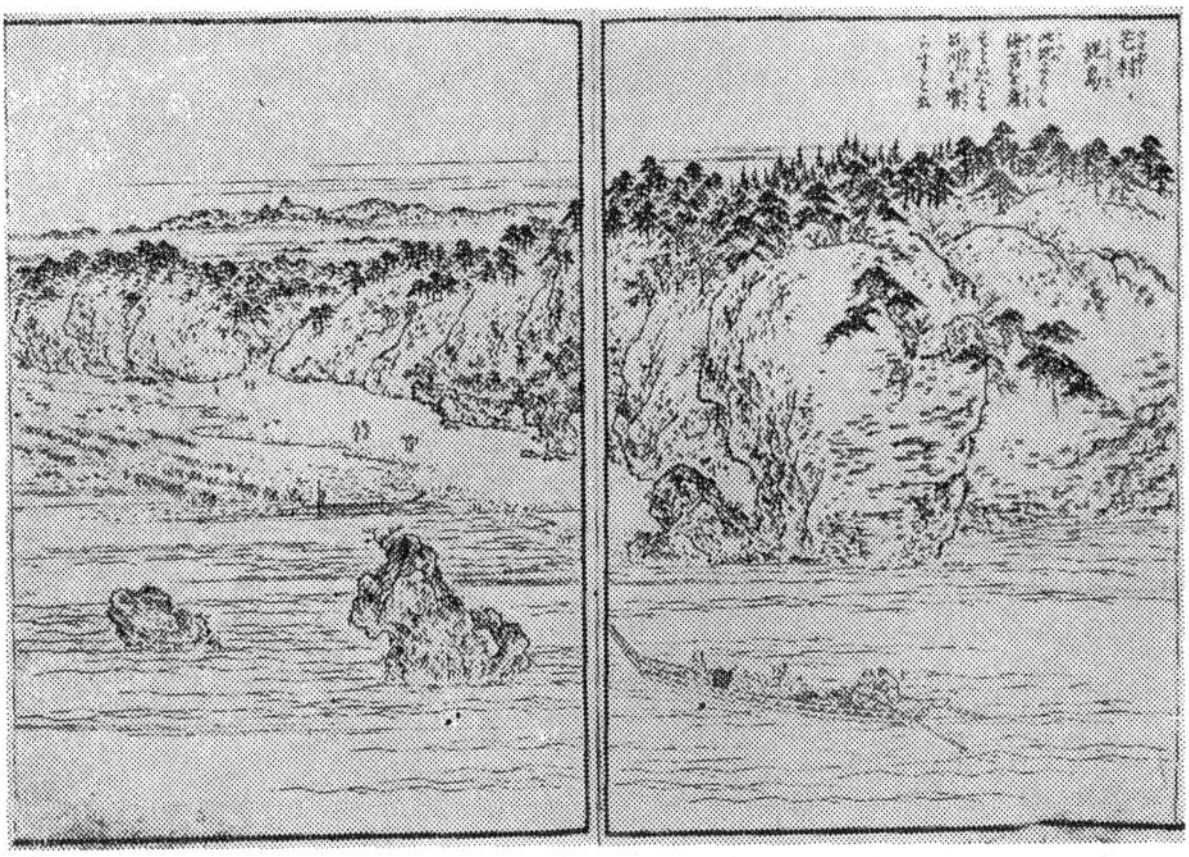

相模国芒村のノリヒビ（『江戸名所図会』）

なお、このほか『江戸名所図会』によれば相模国芒村《のげ》でヒビを建てていた図があるが、詳細はわからぬ。

2　磯付村のノリ養殖副業

江戸末期、貨幣経済が農漁村に滲透する度合が深まるにつれ、特に冬の農漁閑期を有効に利用しようとしてあまたの副業が必然性をもって各地に興ってくる。深刻な苦悩の末に生み出され、その土地土地の自然的社会的条件に合致したものだけに、それらはきわめて深い根をそれぞれの地に下ろした。それゆえに、これらの副業が後世になって土地の有力産業に発展した例は多い。

わが浅草ノリ養殖業の場合も例外ではなかった。どこの産地でも、その初めは内湾沿岸の磯付村に農漁間稼ぎとして芽生えたものだが、その後しだいに成長し、さらに明治年間に入ると、大多数の土地ではこれが有力な生業となり、土地の経済に大きな影響をおよぼすほどに発達していくのである。

前に記したが、新産地を形成した磯付村の村民たちは、漁網、漁船の使用を許されず、磯に出て貝猟や田肥のための海藻を採取し、あるいは小舟によってささやかな漁猟を営むかたわら、わずかな田畑を耕作する半農半漁民が大部分であった。彼らに与えられた数少ない生産手段の一つである、村前面の海（地付）の共同入漁権は、先祖代々受け継がれてきた貴重な財産であった。

それは失い難いものではあったが、漁猟には制限を加えられており、田肥用として採取が認められている貝・藻類の上がりは少ないので、その海の価値をあまり高くは評価していなかった。といって、封建制のどん底にうごめき、幾世代にわたってその悪弊に骨の髄まで蝕まれてきた彼らにとっては、新規の事業をそこで興すことなどは思いもよらぬことであった。

ヒビ建てを推進する先頭に立ったのは、最も貧窮に苦しみ、副業を必要としたはずの小前（細民）たちではなく、名主、村役人や本百姓ら、村の指導者階級であった。彼らの中には、比較的世情に通じ、村を窮境から救おうとの意図を持つ者が多かったし、ヒビ建ての場である入会《いりあい》漁場の管理権を握っていたのは彼らだから、最も動きやすい立場にあったのである。だが、彼らは、推進者、協力者とはなっても、現実に手を下す、開発者にはならなかった。養殖の段取りも知らず、技術も持たず、またかんじんの設備資金を出せるほどに恵まれた者も少なかったのである。仮に製品を作っても販売手段を持たなかったのである。

3　商人によるノリ場開発

新産地の開発に挺身し、ノリ養殖の先頭に立った人々の多くはノリ商人であった。といっても小売商、行商人の類であり、れっきとした問屋ではなかった。土地に知己を持たぬために小前らの反対をおそれた彼らは、名主ら村役人に頼って村民の説得を依頼し、村役人は商人の商業知識に頼った。商人は、養殖技術については大森の製造者（といってもノリ株もない雇われ職人ら）を利用した。その職人の中には、大森で喰いつめた者や、勘当を受けた者さえ含まれていた。地元では相手にされなかった職人だが、たまたま新しく養殖業を興そうとする地に来て、持てる技術を重宝がられたという事例はいくつもある。

ノリを扱った小商人らは、浅草や日本橋のノリ問屋の手が、江戸の海のノリ場に網の目のように張りめぐらされており、産地からの直仕《じか》入れを企てても喰い入る余地もないことを知っていた。独占的なノリの集配権を握って思うがままに商勢を伸ばし続けているノリ問屋を眺めるにつけ、志あるノリの小商人たちは、みずからノリ問屋の地位を得ることを夢見た。折よく、江戸およびその周辺のノリ需要はまことにめざましいものがある。にもかかわらず、役人共は御膳ノリ産地の養殖面積増加願いをしぶって聞き届けない。大森御膳ノリ仲間は、御膳ノリ産地の近くに、新しく養殖地が生まれることを頑なに拒否している。また、御膳ノリ仲間は、製法の一切を秘法として、他へ洩らすことを厳重に取り締まっている。

もしも、御膳ノリ仲間の眼の届かぬ、遠隔の適地を見つけ、秘法を盗んで、新規に養殖場を開くことができれば、発展は眼に見えるようだ。その上に浅草のノリ問屋のように、自己の一存で買い入れる「ヤマ」（問屋直属の仕入れ先）を持つ問屋として自立もできよう。彼らは、各地に飛んで大きな夢を実現しようと奔走した。こうして、江戸では志の得られぬ小商人、無株の職人らが、副業を求める地方の指導者階級と結びついたとき養殖がおこったのである。

4　第一次ノリ養殖伝播地の特質

幾多の辛酸を嘗めながらも、万難を克服して、ノリ商人とノリ職人らは新しいノリ場を次々に開いていった。江戸式浅草ノリの製法が、初めて江戸以外の地に伝播された意義はすこぶる大きい。これ以来、浅草ノリは全国的な食品となり、ノリ養殖業が有数の食品産業となる緒が開かれたのである。新産地には、左のとおり数々の類似した、自然的・社会的特質がみられる。自然的特質としては、

①江戸の海と同様に、産地が太平洋側の江戸に近い内湾に生まれたこと。
②岩ノリ産地が、外洋性のマルバアマノリ、スサビノリ、ウップルイノリなどを原草としていたのに対し、新産地は主としてアサクサノリを主原草としたようである。
③産地となる以前には、ノリが繁茂していなかったか、繁茂していたとしても沿岸住民がその食用価値について詳しい知識を持ち合わせなかった。

社会的特質としては、

①新産地が江戸の交通経済圏内に出現したこと。それまでの岩ノリの著名産地が、主として京・大坂の交通経済圏内にあったのと著しく対照的である。室町期以前からの食習を維持し続け、料理法をそのまま踏襲していた上方には、江戸式乾ノリの大きな需要は、江戸後期になってもあまり起こらなかった。これが、西国における新産地の出現しなかった大きな原因である。
②新産地は、貨幣経済の進展が顕著となり、幕府経済体制が崩壊の危機を内包し始めた時代になって出現したこと。
③開発者のほとんど全部が、ノリの小商人であり、ノリ問屋の所在地、浅草や日本橋の商人ではなか

った。その出身地を見ると、

葛西浦　一　　江戸四谷　一

大森村　一　　信州諏訪　二

となり、さらに大森村からは、一人の資金援助者と、二人の製法指導者が出ている。また、製法は当然のことながら大森の影響をうけた。

④推進者は、みな村の指導者であり、一方、実際に養殖に加わった人の大多数は、漁船などを持たず、貝藻採取、小漁などを営む、磯付村の貧しい半農漁民だったこと。

⑤排他的、独占的な既得権益の座に安住している、江戸のノリ製造株仲間やノリ問屋仲間に対する、開発者たちの反発もしくはある種の憧憬が、新産地出現の原動力となったこと。

いわば素人の集団が、江戸周縁産地を開発したことがここに明らかにされたのである。では、各産地出現の状況はどのようであったか。

第15章　浅草ノリ産地、各地に誕生

1　舞坂ノリ

文政二年（一八一九）正月、信州諏訪郡新井村の百姓（生家は庄屋）で、冬場はノリ商ないし旅師をしていた森田屋彦之丞が、遠州舞坂の角屋甚三郎方に投宿した。夕餉《ゆうげ》の膳に出されたノリ料理に、彼は強い関心を寄せた。仕入先の大森で味わうノリと、すこしも変わらぬうまみを見いだしたからである。

早速宿の主人甚三郎を呼び出し、江戸の浅草ノリの説明をし、この地でノリ養殖を始めればどんなに生計の足しになるかを、熱心に説いた。彦之丞はそのとき、大森のノリ職人の倅・三次郎を番頭代わりに供として従えていた。この男は放蕩が過ぎて親から勘当され、彦之丞に拾われたのだが、ノリ造りの腕は立つ。彦之丞は角屋に向かって、三次郎が教えるからぜひにと誘ったので、甚三郎の心は動いた。

彼は田舎町の旅籠屋商売だけでは暮らしもままならぬと、日頃から思い悩んでいたところである。これを受け入れようとしたが、海のしごとには暗いので知り合いの漁師弥之助を仲間に引き入れた上で、森田屋に承諾の意を伝えた。三者協議の上で森田屋が資金を、甚三郎が地元工作をそれぞれ引き受け、当時の舞坂宿役人那須田又七らに頼んで、中泉の代官所へ試作を願い出たのは文政二年秋のことである。

この願いは早速聴許され、ただちに試し建てが始められるのだが、それに先立ち森田屋は、舞坂宿一同に対し、わざわざ江戸から取り寄せた、江戸一番の上酒「隅田川諸白《もろはく》」一樽を開け、大盤振る舞いして前途を祝った。

養殖開始に先立ち、那須田又七ら三名の宿役人が舞坂宿内一統を呼び集め、ノリ養殖の先頭に立つという多数の参加希望者が現われ、三次郎についてソダの建て方、簀の編み立て、ノリの抄《す》き方、干し方まで学んだ。ヒビ柵の割当てに際しては、森田屋には優先的に三戸分が与えられ、子々孫々に至るまでこの特別の便宜は永続されると決定した。

よほど海況が良かったのか、那須田又七、角屋甚三郎らの全面的協力が効果あったのか、その年の暮には黒紫色の透き通るような小さな葉体が眼につきだし、翌三年正月にはふさふさと浪にゆらめくノリがヒビから採られ、三次郎の手によって舞坂ノリの最初の一枚が抄かれた。江戸以外では、箱根山を越えて浅草ノリがはじめて世に出た記念すべき瞬間である。後に触れる三保ノリの場合、試し建ては同じ文政二年だったが、成功するまでには七年を要している。上総ノリが成功したのは、二年後の文政五年のことになる。

安政六年（一八五九）板行の『広益国産考』に左の記述がある（抄訳）。

舞坂の海では、大森同様に遠浅の海へ楢《なら》のそだを挿《さ》し、ノリを作ることを覚え、製して諸国にも売り、京大坂へ送るという。

舞坂ノリは、一年に三千両の金子を収納する土地の産物となっている。大森の品と付け方、製法も同じで、味わいも変わるところはない。世間に上品の浅草ノリが多いとはいえ、所の産物となり潤えるほどのものは少ない。浅草ノリは大金を収納するそうだ。続いて舞坂ノリも収納が多いそうだ。このノリは味が大変によい。世間に多くのノリができるとはいえ、浅草、舞坂以上のものはない。ノリを採り、利を得るのは、漁《すなど》りまたは蚕を飼い、山から金銀銅鉄鉛錫を掘り出す道理であり、田を開くにも当たる。

舞坂ノリ創始より三〇余年にして、浅草ノリに対比できる優秀品となり、年に三千両の大金を上げるほどの、土地の有力産業となったのである。

功労の第一人者は森田屋彦之丞であることはいうまでもない。彼は舞坂宿一同から尊敬を受け、森田屋場と俗称される三つのヒビ柵を与えられたが、後これを角屋甚三郎に分与している。彼は舞坂だけに眼を向けるのでなく、東海道筋一帯を販路とし、名古屋に分店を設け、京・大坂へは海上輸送によりノリ荷を送るなど、当時としては実に幅広く活躍している。名古屋の店が焼けたのをしおに故郷へ帰り、天保二年五七歳をもって病死し、諏訪郡湖南村善光寺へ葬られた。

舞坂ノリはその後も発展を続け、彼の死より五〇年後、舞坂の人々はその遺徳を偲び、はるばる諏訪まで足を運んで分骨をもらい受け、舞坂の指月院に手厚く葬った。後、宝珠院に墓を移し、大正十四年には新たに石碑を建立して「開教院白雲道雪居士」と追号した。

森田屋(左) と三次郎(右) の墓

この戒名の一字一字に、舞坂の人々の敬仰あふれる気持ちがにじみ出ている。

さらに昭和十年には、宝珠院の御堂に木像を祀り、毎年十一月四日のヒビ建てにあたってはその前で祈願祭を、二月二十四日には感謝祭を執り行なって今日に至っている。このように百有余年にわたって他国者によるノリ業の遺徳を讃え続けてきた例は、ノリ業界でもあまり見られない美談である。舞坂（阪）の人々の温かい心根と彦之丞の献身的活躍の度合がうかがわれよう。

第二の功労者は三次郎である。江戸後期、浜松在に住んだ竹村広蔭は、その著『変化抄』の中で舞坂ノリの創始に触れ、森田屋とともに「伝法人三次郎」の功績を讃え、「何とか祭り候て宜敷《よろしき》事と存候」と書いている。

三次郎は森田屋が各地を廻ってノリ商いする間も、角屋など三軒に止宿しながら、献身的にノリ養殖の「伝法」にあたった。養殖成功後、故郷大森へ帰りついたが、秘法を他所へ伝えたことを咎められ、村八分にされ、追放されてしまった。その後は行方知れずになったが、最近になって『変化抄』の記載を眼にとめた舞坂（阪）の人々によって、宝珠院の彦之丞の石碑の傍らに、やや小振りだが同型の石碑が建てられ、その功が讃えられている。

第三の功労者は、舞坂ノリの創始者であり、彦之丞を受け入れた人々である。甚三郎、弥之吉、万一郎の三人と宿役人の那須田又七ら三人はそれぞれ二戸分のヒビ柵の優先権が、実に一二〇余年後の昭和二十四年の漁業改革まで維持された。宿役人のうち那須田又七は、土地の人にノリ養殖をすすめたのが第一の功労で、のち舞坂駅長、駿遠参三国の十六駅取締りを任され、苗字帯刀も許された。安政五年（一八五八）、林鶴梁の撰文で浜名湖畔に顕彰碑が建立されている。

2　三保ノリ

幻想的な天《あま》の羽衣《はごろも》の伝説で知られる三保の松原は、江戸時代までは地味は痩せており、水利に恵まれず、水田耕作はおろか他の作物も出来が悪かった。安永年間（一七七二－八一）以前には土地の永住者は少なく、土地を譲ろうとしても物品を付けねば引きとり手がなかったという、嘘のような話が今に伝わっている。この地に人々が定着しだしたのは、安永年間、甘藷の栽培が始められてからである。

文政二年（一八一九）正月、幕府役人・彦兵衛が江尻宿の旅籠《はたご》に投宿したとき、三保の海で採れたノリが食膳に出された。彦兵衛はその香味に感じ入り、宿の主人を呼んで、それが浅草ノリと同質であり、埋もらせるのは惜しいことだと力説すると、主人はたまたま同宿していた三保村役人・遠藤兵蔵をその場へ呼んだ。兵蔵は彦兵衛の話に乗り気になり、ぜひ村の産業にしたいから、大森の職人を世話していただきたいと頼みこんだ。

田中孫七顕彰碑

当時の三保村は三保神社の支配下にあり、神官太田氏はかねがね貧乏村から抜け出る道を探していたので、兵蔵が話を持ちこむと大変喜んだ。そこへ彦兵衛が約束どおり、大森のノリ職人孫七を送りこんで来た。孫七は大森のノリ仲買商・三浦屋田中孫右衛門の子息（次男以下）だといわれる。三浦屋は大森屈指のノリ商であり、孫右衛門は焼ノリの創案者として有名である。

孫七は分家してノリ製造者となっていたが、本家の隆盛ぶりを見ており、いつかはノリ仲買商になろうと考えていた。ところが、江戸湾のヤマ（仕入先）は既存のノリ商に握られており介入の余地はない。目的を果たすには新規のヤマを開拓することだと思っていたので、喜んで三保でのノリ産地の開発に乗りだしたのである。

孫七は、太田、遠藤ら、村の有力者と協力し、ノリヒビ建ての成功に向けて没頭する日々を重ねた。ついに資金が底をついたときには、本家三浦屋の援助を仰いだ。大森のヒビ建て日をそのまままねて失敗すること七カ年。大森と三保を含む清水湾の海温の差に気づき、約半月ずらして秋の土用にヒビを建てて成功し、文政九年（一八二六）冬、八星霜におよぶ苦心は実り、ようやく三保ノリを世に出すことができた。

けれどもこれが大森ノリ業者の憤激を買うところとなった。江戸湾にしかなかったノリ場が、目と鼻の先、箱根の山一つ越えた海に新たにできたなら、大森ノリに大打撃を与えると妄信し、仲買商三六名は、大勢のノリ製造人を煽動して孫七の留守宅を打ちこわしてしまったのである。孫七は怒って江戸南町奉行に訴え出たが受けつけられず、月が代わって北町奉行に直訴したところ、取り上げられはしたが、示談を勧められ、それが成立した（とも、弁償は受けたが村八分同様となり、大森へは帰れなくなったともいわれる）。

以後は三保村永住を決意し、近隣の駒越から嫁を迎え、弘化元年には長男を儲けている。それでも故郷に対する愛着は絶ち難く、大森屋を名乗ってノリ製造を行ない、昔の縁で大森のノリ仲買商二、三人と親交を結んでいる。

孫七の努力はみごとに実を結び、貝島を中心にして三保村の海一帯にノリヒビは建ち並んだ。天保六年（一八三五）には隣村折戸村から養殖伝授を頼まれ、これは初年から成功した。両村民の孫七に対する感謝・尊敬の念は非常に強く、数々の恩典を進呈したほか、八四歳をもって死去したときは挙って悲しんだ。戒名は教証信士。後年建立された顕彰碑は今も三保の松原にあり、その功績を刻んだ文中には人々の感謝の念が溢れ出ている。

3　上総ノリ

上総ノリの祖・近江屋甚兵衛は、明和三年（一七六六）江戸四谷に生まれたといわれる。一一歳でノリ問屋に丁稚奉公したと伝わる以外に、彼の生い立ちを知るに足る口伝もなく、前半生は謎に包まれているといってよい。中年になってから忽然として両総の海辺に姿を現わした人、というより他はないであろう。だが不十分ながら、彼の横顔を知ることのできる記録や言い伝えも残されている。近江屋の商号が示すように、親の生国は近江国である。彼は近江商人の血筋にふさわしく、独立不覊、物事をやり遂げねばやまぬ根性をノリ場開発の面で発揮している。彼は四谷塩町にノリ商を営んでいたが、妻は産褥《さんじょく》の苦しみの中で死に、生み落とした一粒種もほどなく他界した。彼がノリ場開拓に余生を傾注した直接の動機は、この家庭上の不幸にあるといわれる。妻子に注ぐはずだった愛情を、ノリ養殖に賭ける情熱に転化させたのである。彼はまた単なる商人ではなく、俳諧師・八朶園蓊松の弟子として、風流の道を嗜《たしな》んだ人である。後述するように、この素養と人となりが、ノリ養殖を成功に導く上で大きく役立った。

甚兵衛懐旧談として語り継がれているところによれば、彼は妻子の霊に導かれてノリ場開発の決意を固めたのだという。妻子の死は、年を経るにつれ、彼を憂愁の気持ちに追いこんだ。ある夜の夢枕に、日夜忘れかねている妻子が立って、不思議なことには、品川沖、品川沖へと手招きする。次の夜もまた同じ夢をみるので、ともかくも品川へ行き、沖を眺めると、海上を埋めてみはるかすノリヒビが連なっている。ハッと胸を打たれた彼は、妻子の霊が訴えている真意を覚った。生前の妻に対して常々彼は「品川にヤマを持つノリ問屋になりたいもの」と話していたのである。

この時から彼は、妻子の霊に誓ってノリ問屋になろうと決意を固めたのであった。時に文政四年（一八二一）、すでに中老の域に達した、齢五四歳の新春のことである。だが新参者がヤマを持つ余裕は品川の海には残されていない。各ノリ問屋と製造家との繋がりは緊密であり、そこへ割りこんで問屋を開くなどとは思いもよらぬことである。とすれば、品川の海と似た浦を探し出して新しくノリ場を開くよりほかはない。その道は遠く嶮しかったが、適地の物色に取り組むことにした。

彼は舞坂ノリの彦之丞や三保ノリの孫七のように、特定の場所での養殖場開発をめざしたのではなく、養殖を許可してくれればどこでも良かったことと、二人が最初から強力な支援者、協力者を持っていたのに対し、当初は孤立無援、徒手空拳で取り組んだこと、これらが大きな特徴となっている。

彼は江戸でのノリ小売商の経験から、大森の御膳ノリ仲間の勢威の及ぶ範囲では新規ノリ場の開発は不可能であることは熟知していた。が、品川大森と海況の似た地は広い江戸湾には数多くある。まずは品川に近い浦安を選んだ。浦安の猫実村名主・佐兵衛は、甚兵衛が師事する俳諧の師匠翕松の同門だったから協力して、浦安各村を案内してくれた。各村名主村役人らは快く賛成したが、大多数を占める小前猟師たちから鴨猟・漁撈の差し障りになると激しい反対を受けた。

次に向かった五井浦の名主や小櫃川河口辺の名主もそれぞれに理解は示したが、小前猟師の反対にあって、次々に失敗した。江戸を出発して二〇余里先までヒビ建て場を探し求めたが、初志の貫徹ならず、固く他日あることを期して、一旦江戸に戻ることにした。

甚兵衛の師匠翁松は下総国だけでなく、上総国にも弟子をもっていた。翁松は彼の窮状を聞き、木更津在、長須賀の名主・健左衛門を紹介した。甚兵衛は健左衛門方へ逗留して適地を物色し、小糸川河口に着眼した。小糸川をはさんで、人見・大堀の両村がある。甚兵衛が健左衛門に両村名主への斡旋を依頼したところ、大堀村からは断られたが、人見の名主・守八郎右衛門からは甚兵衛に会おうとの回答があった。

かねがね人見の貧村からの脱却を考えていた八郎右衛門は、甚兵衛の申し出を受け入れ、小前の者どもを説得してヒビ建てを承知させたが、さて参加希望者を募ってみると、小前からは一人の参加者も出ない。かねてから賛意を表わしていた長百姓四名が加わることになっただけである。

ともかくも朗報を受けた時の甚兵衛の喜びはどんなであったであろうか。妻子の霊に導かれ、一念発起してから一年近くになろうとしている。適地を物色しはじめて以来、実に六カ所目、江戸から遠く隔たること二〇数里の道程を彷徨した末、初めて前途に曙光を見いだすことができたのである。ときは文政四年（一八二一）の秋、ヒビ建ての好機＝彼岸は目前にある。彼は早々に人見に移り、協力者の一人・十郎左衛門宅の一室を仮寓とした。

近江屋甚兵衛像

彼の手記によれば「仕入金他借」し（健左衛門から？）準備万端ととのえて着手したが、元来はノリ商人であり、養殖の実地は経験したことはない。一年目は失敗に終わったが、苦心を重ねた結果、ようやく文政五年（一八二二）ヒビ建てを成功させることができた。彼は手記の中で「海苔付申候」と淡々と記している。五五歳を迎えたときのことである。

文政七、八年になると仕事は順調に進み、場割も行なわれた。長さ六〇間をもって一柵とし、二柵をもって一株と決め、合計三〇株余、これを二一人が分け合った。一人一株が原則だが、甚兵衛はとくに六株を与えられた上に、所期の目的である人見ノリ一手買い受け権も得ている。

人見村に始まったノリ養殖は、のち隣村大堀村にも伝わり、さらに隣に連なる三カ村にも伝わり、上総ノリの名で、後年には大森ノリと張り合うほどの隆盛ぶりを示す。この基を築いたのは、いうまでもなく甚兵衛の一念発起によるものである。しかしあまたの曲折がありすぎて意欲を失い、ノリ業全般から手を引いてしまった。その後は人見に住んで人見を愛し、若者を集めては読み書きを教え、好きな句を詠み、枯淡の境地を得て静かな余生を送った。甚兵衛とノリ仲間との美しい交遊関係は、後の世までの語り草となっている。

没年は弘化元年（一八四四）、行年七九歳。人見村前畑薬師堂墓地に村民こぞって哀悼する中で手厚く葬られた。のち、同村では彼の遺志を尊重し、二年前に死亡した唯一の肉身、姉おてつの墓のある江戸四谷の正見寺に人を遣り、丁重に分骨している。村が贈った戒名は「海山苔養信士」、海苔の二字を当てられたノリ功労者は他にはいない。

第16章　新々産地の勃興

1　第一次伝播地周辺に伝わる

前章で見たように、文政二年から天保元年にいたる約一〇年の間に出現した四カ所（三保と折戸を二カ所とみて）の産地は、それぞれに地の利を得、時の運にも恵まれて順調な発展をとげた。折柄、江戸を中心としておこった需要増に応じる新興産地の役割は、年をおうにつれて少しずつではあるが増大していった。

新産地の品が江戸市中に出廻るようになっても、それは好感をもって迎えられたわけではない。「下々品」とみなされ、「場違い物」と呼ばれて異端視される一方では、大森の品を「本場物」と呼び慣わし、貴重視する風潮が生じたのである。本場物に比し、味が劣る、品質が落ちる、などとその評価はあまり芳しいものではなかった。

しかしながら、時を経るにつれて、場違い物はそれなりの価値を認められだした。その値段の安さと相まって、それは、江戸庶民のノリ需要を支え、地方へ需要を普及する上などでも大いに役立ったのである。また大森ノリ不作の折には、江戸市中のノリ不足を補う役割を担って、高収益を上げることもできた。こ

表8　上総ノリ，三保ノリ両産地群の形成過程

伝播年代	上総（人見）ノリ関係	三保ノリ関係
文政10年（1827）	大堀村	
12年（1829）	青木村	
天保元年（1830）		村松村，駒越村
天保3年（1832）		清水町→中絶
天保6年（1835）		折戸村
天保7年（1836）	安房国鏡浦（安房ノリ）	
天保14年（1843）	新井村，西川村	
弘化元年（1844）		江尻，清水（再興）

れに刺戟され、新産地周縁に養殖に加わる村々が続出する。

こうして、天保初年から弘化初年に至る十数年間に、上総国人見村と駿河国三保村を核とする二大産地群が出現した。四産地出現の時期を第一次伝播前期とすれば、二大産地群の形成された時代は、第一次伝播後期といえよう。

第一次伝播後期に入ってからの新興産地は、製品の質量では、江戸産地群に及びもつかなかったが、養殖に参加した町村の数と戸数ではそれと匹敵し、養殖面積でもそれに迫る産地群となった。上総ノリ、三保ノリとして江戸に知られた両産地群の形成過程は表8のとおりで、おのおの五、六カ町村を抱えている。

産地が拡大された原形は江戸の海に見ることができる。その昔、隅田川尻に生まれた産地が、しだいに品川、浜川、大森、糀谷へと延びていった状態がそれである。だが、製法の秘密を守り、産地の新興を阻止しようとする、大森御膳ノリ仲間の妨害により、江戸近辺ではこれ以上の拡大はみられなかった。

新興産地である、三保や人見の人々は、大森のように因習にとらわれず、閉鎖的ではなかった。漁村の窮状を救おうとみずから開拓者精神に燃え、新規事業に取り組んだ人々ゆえ、製法を他村へ伝播するにあたってはまことに開放的であった。人見村から大堀、青木、西川、新井四カ

村への伝播、三保村から折戸への伝播などは、なんら問題なく行なわれている。

また、開発者たちは、伝播村、被伝播村を問わず、広く村民全体に呼びかけ希望者をつのっている。地先海面が村民入会の場であることが、全村に呼びかけた要因ではあるが、彼らには、幕末における経済危機から村を救済しようとの意図があったことも事実である。だが、ノリ養殖が軌道に乗り、他村との境界争いがおこったり、運上が課せられるようになると事態は一変する。争議費用、運上金などの分担金が割当てられることにより、ヒビ場の占有権が意識されだすのである。

ここにおいて諸入費を納めた者たちだけで、排他的、独占的な集合体、ノリ株仲間を結成し、ヒビ建てを新しく希望する者を拒否するような体制が生まれてくる。こうした傾向は、特に上総のノリ場に強くみられ、参加希望者と既得権の独占をはかる株仲間たちとの間に深刻な紛争が巻きおこされるのである。

2　第二次伝播期

第二次伝播期は、第一次伝播前期より二、三〇年後の嘉永二年（一八四九）から安政六年（一八五九）までの一〇年間に訪れる。この二、三〇年の間にノリ養殖に対する評価は全国的に高まった。ことに各藩がこれに着目しはじめ、奨励したり、藩みずから開発に乗り出したりしたのが当期の特色である。

幕末の生活の苦しさに喘《あえ》いだのは、下々の庶民ばかりではない。全国の諸大名たちも、それ相応にインフレの高進と借財に苦しんでいた。肩で風を切って威風堂々と大路を進む大名行列もうわべは立派だが、その藩の内情はというと、財政は火の車、借銀のため、暮夜秘かに藩の重役が、町人の木戸を叩くという有様であった。領地から上がる米穀収納高が、貨幣支出の増加速度に及ばなくなったために表われた現象である。

諸藩は、窮境打開のために、領内既存産業の育成に力を注ぎ、あるいは市場性に富んだ特産物の開発に尽力し、農漁民から収奪するために手を尽くす。そして遂にいきつく所は、藩による有用産業の独占化＝藩営専売制の実施に至るのである。幕末において専売政策を採っていた藩は五〇を超える。専売品目としては、米・塩・砂糖・茶・煙草・綿・紙・藍・蠟などが著名なものだが、乾物類では、寒天・昆布・高野豆腐などがあった。また芸州藩ではノリの専売を行なった。幕府は早くからノリ養殖業を運上収入源として収奪に努めたが、上総ノリ、三保ノリ、舞坂ノリ産地でもそれぞれの領主により運上を強要された。天保期以降となると、村松、駒越のように、領主みずから斯業を勧奨開発した産地も現われた。

ちょうどノリ養殖の第二次伝播期にあたった嘉永以降は、諸藩の財政が一層窮迫の度を増したために、右の傾向は一段と強まっていく。江戸の海を初めとして、各産地に対する運上の締め付けは、より一層厳しくなった。尾州侯は、領内木曽川尻に新産地が開かれると、種々の特権を業者に与えて保護した。仙台藩では、大船渡に藩士みずからヒビの試し建てを行なわせた。三河国吉田藩も前芝村に興ったノリ産地を保護するとともに、近村への試し建てを奨励した。そして遂に上総のノリ場では、飯野氏のように、領内産出のノリの一手買い取り権を日本橋の山形屋に与えるという、ある種の専売形態が出現するのである。また、相馬藩の御水組のように、郷士二四名だけが養殖の特権を与えられた場合も生じた。これらの保護・特権付与の目的はおのずと明らかである。

第二次伝播期の特徴の一は、領主のノリ養殖業介入に求められるが、第一次伝播前期と違って江戸のノリ商人が積極的に乗り出した事例の少ないのもその一つである。第一次伝播期にノリ場を開発して一手買受問屋をもくろんだノリ商がみな失敗に帰したことも間接には影響しているかも知れぬが、江戸における

表9　第二次伝播期における新興産地

国名（県名）	産地名	着手年代	成功または伝播年代	開発者	その職業	技術指導者	後援者	備　　考
紀伊（和歌山）	和歌村		嘉永2年（1849）	角兵衛	ノリ請負人	信州諏訪のノリ職人2名		新興産地ではなく江戸式製法採用
三河（愛知）	前芝村	嘉永6年（1853）	安政元年（1854）	杢野甚七	農業		名主吉蔵	梅藪・日色野・伊奈・平井村民を誘う
同上	梅藪村		安政5年（1858）	同上	同上	杢野甚七	同上	
同上	下佐脇村		安政6年（1859）	川口文蔵	同上	同上		
尾張（愛知）	両国村		安政6年（1859）	竹川伊蔵	土木請負業	大森ノリ問屋伊兵衛		
陸中（宮城）	気仙沼	安政4年（1857）	安政6年（1859）	猪狩新兵衛	廻船問屋	大森ノリ職人9人	日本橋ノリ問屋桔梗屋	
三河	御馬村		文久3年（1863）	川野金平ら3名	農業	杢野甚七		
同上	日色野・伊奈・平井3カ村		万延元年（1860）	杢野甚七				
陸中（岩手）	赤崎村		元治元年（1864）	屋代吉右衛門	茂庭氏台所役		仙台藩士茂庭敬元	
磐城（福島）	松川浦		安政2年（1855）	高玉氏ら24名	相馬藩士			

江戸時代末期における養殖ノリ産地・岩ノリ産地

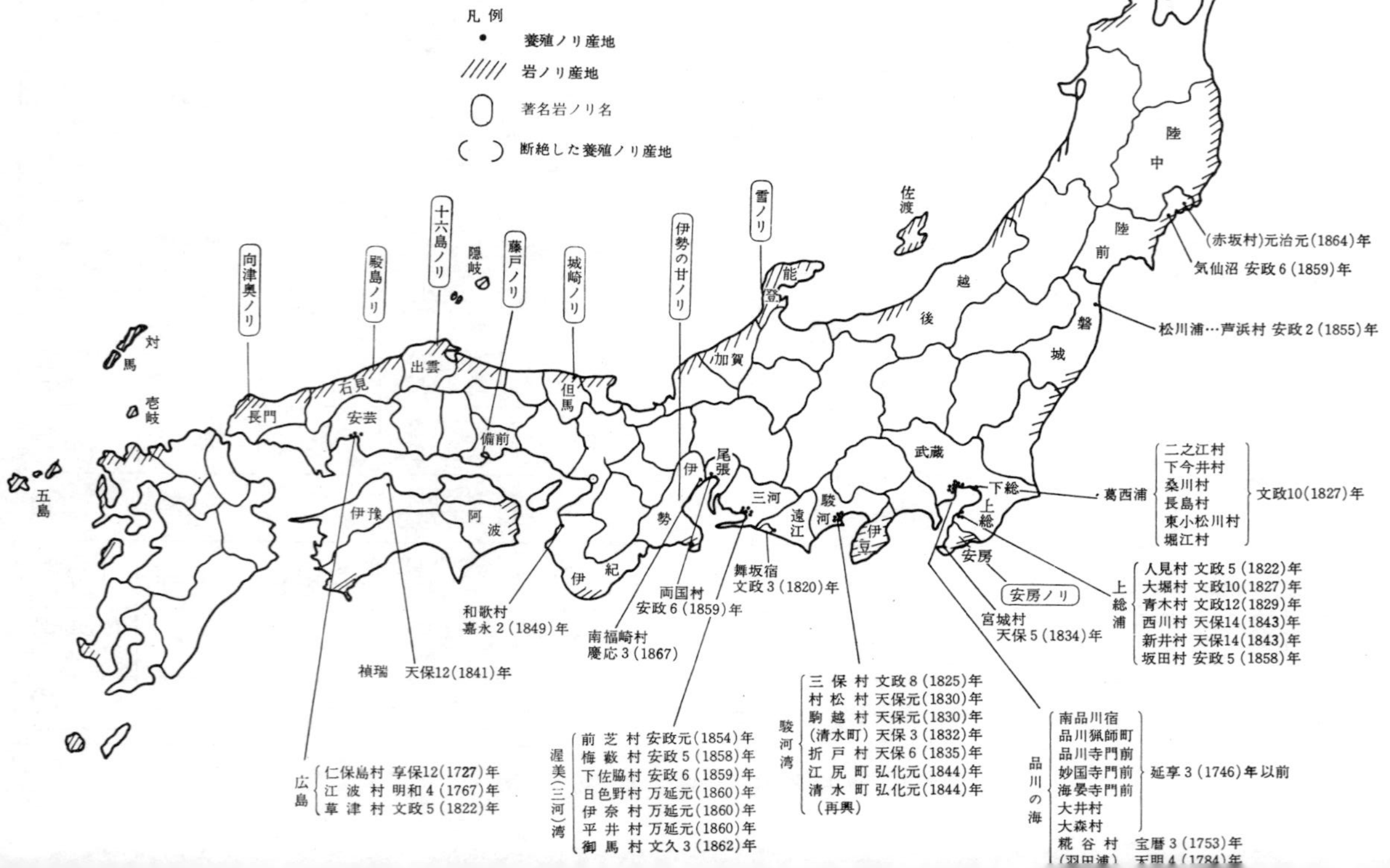

場違い物の評価の低さが新産地開発を躊躇させたためではないか。また、各地の住民は江戸商人の啓蒙を受けるまでもなく、金銭収入を得る道としてみずから進んで企業化を試みたのである。開発者に、商法にはうといはずの農民や郷士がいたのもそれゆえである。ノリのように気象に作柄を支配され、相場の激変する製品の売りこみは、一介の百姓などにとってはむずかしい。その困難を乗り超えて彼らがこの仕事に取り組んだ裏には、幕末の窮迫した経済事情があったのである。

郷（藩）士や農民以外では、尾州両国村ノリの竹川伊蔵（土木請負業）、気仙沼ノリの猪狩新兵衛（廻船問屋）のようにノリにはまったく無関係の商工業者も開発者となった。彼らは乾ノリの将来性を予見してこの仕事に手を染め、江戸のノリ商、ノリ職人の援助をうけるのだが、第一次伝播期とは違ってみずからが主体となり、江戸の人々が背後にあったのも大きな特徴である。

第二次伝播期における新興産地は表9のとおりである。歴史の古い紀伊国和歌浦が、嘉永二年になってはじめて江戸式製法を採用したのを手初めに、東海道筋から遠く奥羽の海辺まで伝播された。特に、三河国前芝村の杢野甚七は、同村ほか数カ村に養殖法を伝え、規模と養殖範囲の広さでは、江戸、広島、上総浦と遜色ないほどの産地群を三河湾岸に築いたのであった。

3　和歌浦の妹背ノリ

すでに正徳（一七一一―一六）の昔から、妹背《いもせ》ノリの名で知られていた紀州和歌浦のノリは、その後も引き続き採られ続けて文政七年（一八二四）にいたる。この年、紀州藩主十代徳川治宝が、和歌川に舟遊びして網打ちに興じたとき、浦の名主からノリとカキが献上された。治宝はことのほか嘉賞して、以後た

妹背ノリ採りの図（『紀伊続風土記』）

びたび西浜御殿（治宝公居邸）へ向け御用を仰せつけるようになった。とくにノリには「南紀妹背ノリ」と命名して、紀州名産として保護し、移出の道を計ったといわれる。

文政八年（一八二五）『ますらをのすすき』（写本）には「和歌浦干海苔　名物　近代製至って品宜し　浅草海苔と相類す」とある。藩の保護奨励によって、この頃ある程度の抄製法が知られていたものとみられる。だが、まだ養殖法は知られていなかった。

天保十年（一八三九）板行の『紀伊続風土記』には「あまのり海部郡雑賀村和歌浦の産　その製品武州浅草海苔に類し　頗る上品なり」とある。しかし、同書の中には干潮時、磯に生えたノリを村人が採る絵が描かれ、それに、

潮痕幾人上　　採々磯間毛
此土之奇産　　独専妹背号

の詩が賦されている。名産妹背ノリは、この頃もなお自生の岩ノリから製されていたのである。この当時、大坂天満市場へは、遠く広島、舞坂、江戸の品が入荷していたが、妹背ノリの名が見られぬのは、養殖でないので量産ができず、販売量がまとまらなかったからであろう。

妹背ノリの採取権は、村に権利金を支払った「請負人」によって占有される仕来りになっていたことについては既述のとおりである。『紀伊続風土記』板行より一〇年を経た嘉永二年（一八四九）、当時の請負人角兵衛は、信州諏訪から清太郎、庄之助の両名を招き、江戸式のソダを挿す養殖法の教えを受けるとともに製法を改良した。

正徳年間に出た『和漢三才図会』によって紹介されてからでも約一四〇年の長きにわたり和歌浦の「奇産」にすぎなかった妹背ノリは、この時になってようやく特産となる道が開かれたのである。だが、信州人から教えを受けたソダヒビはあまり良い結果を生まなかったので、真竹、篠《しの》竹を使ってみた。それも技術が未熟なため効果が表われず、幕末を迎えてもなおノリ養殖の成績は振るわなかった。

なお、幕末維新当時における従事戸数は約五〇戸あったといわれるが、これらは請負人に従属したものである。請負人はかなりの変遷があり、安政元年（一八五四）からは牡蠣屋栄吉が、万延元年（一八六〇）からは朝日屋嘉七が引き継ぎ、その後小泉庄次郎、和中伝八の両人に代わって維新を迎える。そして明治七年から和歌村直轄となって初めて村民に開放されるのである。

4　渡辺崋山とノリ養殖

浅草ノリに詩情を感じて、詩歌に詠み、絵画におさめた人々はあまたあるが、江戸期にあってこれを一個の産業とするべく奨励した学者は、数えるほどしかいない。その最初の人は、農政経済学者・佐藤信季であり、続くは経済学者・信淵（信季の子）の弟子となった渡辺崋山である。崋山が信季の影響をうけたか否かは明らかではないが、ともかくも信季に次いでノリ養殖を実地に奨励した学者である。

遠州田原は、渥美半島の付け根の辺にあり、静穏な三河湾に面する、田原氏一万二〇〇〇石の小さな城下町であった。崋山は、この町で藩士渡辺定通の長男として生まれた。幼少より家は貧しかったが向学の念に燃え、絵画、儒学、農学、蘭学を学び俊秀の誉れが高かった。藩は四〇歳にして彼を抜擢し、家老末席に任じたが、役目が海防担当であったことから、幕府の外交政策に批判の眼を向けるようになった。それが幕府の忌諱に触れ、投獄もされたが、のち主君に災いのおよぶことをおそれ、自殺して果てるのである。時に天保十二年（一八四一）四九歳の若さであった。

彼は海防担当となったとはいうものの、家老職に連なる一員として、幕末の窮迫した経済情勢下にあって、財政難に苦しむ藩政の立て直しに深く意を注いだ。佐藤信淵、大蔵永常など、当代一流の農学者を招聘して農業講座を開催したり、ハゼ、砂糖黍など、換金作物の栽培を勧めるなど農産の振興にも大いに尽力している。また、天保四年、七年と相次いで起きた大飢饉に際しては、適切な対策を立て、領民の救済に効果をおさめた。

彼は、農業だけでなく、沿岸漁業の振興にも着眼し、特にノリ養殖の指導奨励を計った。師である佐藤信淵の教えもあったかも知れぬが、直接の動機は、領内の渥美半島の突端、名勝伊良湖岬に近い和池に、有名な岩ノリ産地を持っていたところにある（和池は『広益国産考』にも浅草ノリ、舞坂ノリなどと共に紹介されている）。彼は、和池ノリの抄製化をはかるとともに、大森の海と海況の似ている三河湾側の入海にノリ養殖を企図したのである。このために大森の視察にもみずから出かける。

天保四年（一八三三）一月、家老になって初めて国帰りの際、彼の日記によって見ると、大森に立ち寄り詳細に聴取し、さらに三保ノリ、舞坂ノリをも調査している（一六四ページ参照）。

大森の酒屋・森田屋から聞いて矢立ての筆に留めた記録は別にある（豊橋市花園町浅井家蔵）。そこには、フリ棒や万力（ヒビを抜く道具）、ヒビ、簀《す》などの挿絵を多数入れて、養殖から製造、販売に至るまでかなり詳しく記してある（以下に抄訳）。

・ヒビソダの上等は楢《なら》ソダの生木である。栗は皮が落ち枝が少なく、櫟《くぬぎ》・欅《けやき》は枝が多い。伐り時は土用明け、挿すのは彼岸前後が良いが、雨の繁き時は彼岸前に立てる。旱《ひで》りの時は彼岸明け後に建てなければセイという貝が付く。値は生ノリ五十石が百五十両一升で七枚という大判厚漉きの品となる（筆者注、これは御献上ノリを指す）。買手は浅草の永楽屋庄兵衛

・この話は大森立場茶屋会津屋手前の同じ側の森田屋勇次郎から聞いた。採るのは十月の夷《えびす》講ごろから、あるいは十月に入るとすぐからだ。ヒビの頭を切って平にするものだ。抜道具は四角（万力）、深水に用いる万力、フリ棒（金属）。残らず採っても日々生ずるものだ。

製法　初め俎板に置き、塵芥を拾い取り潮で洗えば泥が取り去られる。また俎板にのせ、二つの刀（庖丁）でもって拍子を取りながら切る。その大きさは冬は荒く切り春は細かに切る。その訳は冬のうちはまだ新芽で生長も遅いから乾いて後縮小するし、春は肥るから縮まらぬのだ。切ったものを四斗樽に入れ真水で解く。この解き加減は実際に試みて初めて知ることができる。これを枡に水と一緒にすくい、簀の上に置いてすく。

乾燥法は、簀を斜めに並べ、上から下に水が降るから上が乾き下が湿《しめ》る。そこで又さかさにして乾かすとよい。冬は陽に乾して後覆《うら》乾しにし、春はおよそ覆乾しだけを用いる。天が晴れている時は半日乾かし、日がかげる時は終日乾かす。乾かしても湿りが残ると取り上げてからしわが生じ、

乾し過ぎる時はヒビ割れが生じる。

崋山は、この調査によって、故郷田原にぜひともノリ養殖を興そうとの決意を固める。帰国して藩主に謁見を終えると、すぐに和池を訪れノリの製造状況を調べた。天保四年（一八三三）二月五日の日記には、「和池村では庄屋の中田孫兵衛を訪れ小酌、ノリを製するので持参させた。浜辺へ出ると巌が競い立っている」（抄訳）と書いてある。

渥美半島はほとんどが砂浜であるが、伊良湖岬から和池の辺に限っては珍しく巌が競い立っている。遠州灘の怒濤をまともに受ける岩礁に生えるノリは外洋性の岩ノリである。崋山は、田原領の南端にあたる和池まではるばる訪ねてきて、浅草ノリとの大きな差異を知り、失望感を味わったことであろう。

ひるがえって田原に引き返した彼は、平穏な三河湾内を探訪するうちに、浅草ノリ同様のノリが自生しているのを見つける。そして田原に近い浦辺に土地の人を集め、ノリの製法を教えたのである。天保四年二月十六日の日記には、「簀と枠を取出し　土人《（ママ）》にノリ製法を伝授す」と記してある。製造用具をわざわざ大森にならって製作し、意気ごんで養殖を開始したのである。こうした彼の熱心な勧奨にもかかわらず、領内にノリ製造がおこった形跡はみられない。崋山の英明な企図も、浦人たちには理解できなかったのか、寒中にノリ養殖を行なう厳しさに堪えられなかったのか、田原では遂に維新以後に至るまでノリ養殖業はおこらなかった。

崋山の死後一五年にして、田原と相対する前芝の海で実現されたノリ養殖は、彼とまったく無関係ではない。彼の在世時、田原藩の御出入商人の一人に、前芝港の廻船問屋・加藤六蔵がいた。彼の家は味噌醬油醸造によって栄え、千石船を購入し、前芝から江戸へ材木を運送して巨利を得るのである。前芝は田原藩領ではないが、近辺にあるため往来も繁く、六蔵は財政難に悩む藩のために、多額の金子を用立てていた。その借財が三千両に達したとき、崋山は六蔵を招いて、藩士として召し抱え六人扶持を与えるから借金を棒引きにしてくれと頼んだ。この申し入れを受けた彼は、扶持も返上するし、三千両も棒引きにしましょう、その代わり崋山先生の画幅を頂戴したいと願い出て、有名な猛虎の絵を手に入れたという。

六蔵の分家に前芝の庄屋で材木問屋の吉蔵がいる。彼らこそ、次項三河ノリの祖・杢野甚七の後援者であり、崋山の遺志の体現者でもある。

5　三河ノリの祖・杢野甚七

杢野甚七像

杢野甚七は、文化十一年（一八一四）三月十五日に百姓銀右衛門を父として前芝村に生まれた。甚七は幼名、長じては父の名を襲いで銀右衛門と称している。八反ほどの田畑を持つ本百姓の家柄だったが、豊かな家庭ではなかった。幼少の頃同村蛤珠庵の寺子屋で学んだので、彼の手記「海苔発企帳」も達筆で記されている。彼が記すノリ創業の事情は左のとおりである。

喜永六年丑十二月是より海苔の事に心付き海苔場所度々参り松の枝、竹、ふじ、流木に付き、浅草海苔、舞坂海苔、広島海苔の事能く聞合せ金子多分に上る事心得、安政元年八月しいの木、かしの木、くり、とちの木五束さし申候海苔能く付申候　銀右衛門一人是より舞坂へ参り浜松屋の宿へ泊り、此家にて聞き申候　外にても海苔買ひ、簀を買ひ海苔の事能く聞合せ、しいの木、かしの木六月土用明より二十日迄に伐り秋のひがんすぎにさす。簀はよしの事　秋ひがん前に刈取り能く干して簀にあみ承知致し帰宅の事

素人の生兵法で始めたのだが、意外に早く「海苔能く付」く幸運に恵まれ、初志貫徹を決意したのであった。さっそく当時名の知れた舞坂へ行き、養殖法・抄製法を学び、ノリや簀を参考のために買い帰るのである。

安政二年（一八五五）、彼は藩の許可、前芝村の村役人らの諒解を得ることができた。二〇名の参加希望があり、安政四年には初めてノリを抄き上げ、十二月六日には紫黒の艶に輝く上質の乾ノリ一五〇枚を、領主松平伊豆守信吉に献上し、その存在を公けに認められたのである。

五年に及ぶ試し建ての費用は莫大なもので、その負担は甚七に降りかかった。その間家業の農事は妻みわに任せっきりで、家計は眼に見えて苦しくなっていった。ノリ採り時季にはみわと二人、堤防の上の赤ん坊を交代で見守りながらノリを採った。ずぶの素人の甚七がノリ養殖を成功させえた蔭には、近江屋甚兵衛や田中孫七にはなかった妻の協力があったのである。

前芝ノリが陽の目を見ると、甚七らの勧誘に応じる者は、新たに一二一名に達した。ところが応募した者の中に資力のある長百姓は少なく、多くは貧困に苦しむ小前たちである。応募はしたが「もや」（ヒビソダ）代金の手当てのできない者が三二人もあった。甚七はこの人々に対しては、自己の持つ本田二反三畝を抵当に庄屋吉蔵から金子八両を借り受け、金一分ずつを貸与している。

その借入金は三年目で返すことができたが、新規加入者は製造用具もふぞろいなら、技術も幼稚である。

ノリ洗いの籠を求めて竹細工の盛んな信州飯田から取り寄せたり、仲間の間を駈け廻って指導にあたるなど、彼の活躍は超人的であった。

万延元年（一八六〇）には中農以上の人や近隣三カ村からも加わり、元治元年（一八六四）には堤防から二〇〇〜三〇〇間沖合まで、見はるかすヒビの建ち並ぶ光景を見るにいたるのである。だが盛況の裏にはかげりが生じるもの。甚七を取り巻く軋轢は、しだいに激しさを増していく。

まず最初は白魚仲間との紛争である。白魚仲間の成立は遠く戦国の昔、今川義元の家臣小泉肥前守が吉田城代であった永禄年間にさかのぼる。江戸時代に入っても白魚二斗を献上する代償として、前芝の海の広汎な使用権を得ていた。同じ海面を使用するノリ仲間がめざわりゆえ、たびたび難題を吹っかけてきたが、最終的には大金二八両を支払い、境界を定めて、一応解決できた。

次は蓑笠《みのかさ》騒動の勃発である。慶応元年（一八六五）、二年とノリは二年続きの豊作であった。米一俵の相場が一両であったこの当時、前芝村のノリ仲間六五戸のノリ収穫高は八五〇両もあったから、米に換算すれば一戸当たり平均五石二斗三升の収穫を得たことになる。翌年には参加者が約二〇軒増えて八四軒となり、一二六〇両の大金を上げ、近隣の村人たちを驚かしている。

前芝、梅藪の先進二カ村は、ヒビ場割り当てに際し優先権を持っていたが、万延元年になって参加した日色野、伊奈、平井三カ村の者たちは不利な場割りに甘んじなければならなかった。初めのうちこそ創始の村の功績を認めていたが、前芝村の好況を見てからは場割の不当を鳴らし、二カ村対三カ村の場割論争は頂点に達する。慶応二年七月、例年どおりの場割が決まると、三カ村惣代二四名は寄り集まって相談した末、吉田城へ向けて直訴しようと連判状まで作って気勢を上げた。後世まで蓑笠騒動として語り継がれた一大事件を『杢野甚七翁』（加藤禮吉）は次のように記述している。

平井村では東林寺の釣鐘を打鳴らし、日色野村では法螺貝を吹立て、伊奈村では八幡宮の鐘を鳴らして、三カ村の男子は残らず簑笠に身を固め、五つ時（午前八時）までに、伊奈村東漸寺東舞々辻に勢揃し、これより平井村を通り、横須賀村の観喜寺に到着した。このころ隣村の庄屋連中が追々駆けつけ取鎮めようとしたが、覚悟を固めた面々が聞き入れるべくもない。群衆が豊川堤防を東に進み、遂に下地町四つ家庚申塚に到着した時、取締まり庄屋である下五井村の鈴木喜左衛門等が駈けつけて一同を説得しようとした。

しかし群衆は口々に前芝に親戚のある喜左衛門の平素からの依估ひいきを罵倒し、蜂の巣をつつく有様で手のつけようがない。正に重大事になり行かんとした一歩手前で、代官が下地町まで出張って行手を遮断しようとする決意の程を示した。それに加えてこの頃吉田大橋が流失して渡船で通行していた時だから対岸へ渡ることができず、止むを得ず一同は隣村の役人たちに後をまかせて一先ず観喜寺に帰り、夜になって村々へ引きあげた。

一揆はご法度であり、右のような場合は喧嘩両成敗で罰せられる恐れがあったのだが、天は三河ノリの将来に身方した。一揆に先立つ六日前の八月二十日、将軍家茂の喪が公表され、「天下の事万事穏便に」とのお触れが出たので、騒動の断罪は喪明けまで持ち越されたのである。

続いて再度の幸運が訪れた。吉田藩は戊辰の役に会津・桑名方に付いて破れ、藩の存亡が問われる事態となり、一箇のノリ場騒動など構っておれなくなったのである。同藩が朝敵の汚名を着せられようとしたとき、尾州徳川家に依頼して危急を救った人に、尾州有末の竹田可三郎がいる。これを知った甚七は人を介して竹田家を訪れ、斡旋を頼むと快く引き受けて吉田藩にかけ合ってくれ、「竹田様御貰ひ」で一件は落着するのである。

吉田藩は甚七の三河ノリ創始と簑笠騒動収拾に尽力した功労に報いるべく、養殖五カ村が納めるべき運上金五〇両を、甚七が代わって納めれば、永代問屋を仰せつけようとの沙汰を下した。残念ながら私事を顧みず、三河ノリのために二年間にわたってノリ養殖を休んで収入の道がとだえ、私財さえ使い果たしていて五〇両の大金はとうてい調達できず、ためらっているうちに幕府が倒れてしまった。

新政府が生まれ、慌しく社会の改革が進み、職業が自由化されると、ノリ商売をもはや彼に任せようとの空気はまったくなくなった。彼の功績を顧みる人もなくなった。彼の養殖収入は思うにまかせず、死ぬまでに、転々十数回も職業を変えるという、困窮状態に陥ってしまった。経済的に不如意なばかりか、陋《ろう》屋《おく》に住み、妻を失い、家庭的にも不遇のうちに、淋しい晩年の生活を余儀なくされるのである。

彼は長身痩軀ながら頑建で、九一歳まで長寿を保った。明治二十七年には愛知県知事から表彰され、同三十三年には六カ町村が出金して豊川河辺に「海苔創業者杢野甚七之碑」が建立された。

6　仙台ノリを創始した人たち

安政年間は期せずして各地にノリ製法創始者が輩出した年である。彼らはすべて江戸に近い、産地が興っても不思議ではない地理的・商業的環境にあり、食生活の面でも関係の深い場所での創始であった。その中でただ一カ所、みちのくの、わけても奥深くに位置する気仙沼湾にノリヒビが建ちならんだのは意想外のことである。それはノリを知らなかった猪狩新兵衛の企業意欲が実って生まれた産地なのである。

彼は陸中国大原村（気仙沼市に隣する現大東町）の生まれで、一八歳のとき気仙沼の横田屋（猪狩姓）新兵衛方に養子に入り、一人娘の豊を妻とした（豊には気仙沼湾に生業を起こして生き神に祭られることになる、新兵衛の妻にふさわしく神秘的な物語が伝えられている。拙著『海苔の歴史』に詳しい）。

横田屋は当時、呉服業と廻船業を兼営する気仙沼一番の豪商であった。江戸航路の廻船は四隻もあり、飛ぶ鳥を落とす勢いを誇っていた。養父から家業を受け継いだ新兵衛は、ひととなりは剛毅で磊落《らいらく》、生まれながらに事業意欲旺盛の大「横田屋」を継ぐにふさわしい人物であった。

天保十四年（一八四三）八月、彼は、鰹節・乾鯣《するめ》・搾鰯・たばこなど、三陸地方の特産を盤勢・順環の二隻に満載し、これを江戸、大坂で販売しようと気仙沼湊を出帆した。江戸まであと僅かとなった九月六日、房州沖へ差しかかった時、台風のために遭難し、盤勢は沈没、順環は大破してわずかの積荷と船体を残すだけという不運に見舞われるのである。だが、彼は少しも怯《ひる》むところなく、破船を修理して江戸までたどり着く。そして破船と残貨を売り払い、処分した金を携えて吉原に遊び、有り金を残らず費い果たすのである。その時、すでに彼には「とよの」「みわ」の二人の娘があった。金のあるだけ豪遊したのち、最後に財布をはたいて彼の娼方《あいかた》だった花魁《おいらん》の姿を型取った人形（陶製）と、人形を入れる陶製のお籠を二箇ずつ焼かせて二子への唯一の土産としたという。野放図な新兵衛の面目躍如たるものが窺われる挿話である。

新兵衛が吉原で胸の透くような廓遊びをしている様子を隣室にあって眺めている人があった。日本橋通町に住むノリ商・桔梗屋五郎左衛門である。その豪遊ぶりが気に入ったので、新兵衛を招き入れて、共に遊んでたちまちに肝胆相照らす仲となった。五郎左衛門は、新兵衛から船が難破するという災厄にあった話を聞き、それを少しも意に介せぬ彼の豪放ぶりにますます傾倒する。かねがね、ノリヤマの拡張を企図していた五郎左衛門はこの人こそ頼るべき人柄とみてノリ養殖をやってみないか、製品の買い入れ、技術の一切を援助するからと申し出たのである。だが、この時はまだ新兵衛は、廻船業で再起しようとの意図があり、新規のノリ事業へ手を染める気は起こらなかった。

彼は気仙沼へ帰ると残っていた金比羅、日和の二隻を売り、新造船、磐勢を建造して気仙沼と京坂、江戸を結ぶ回漕業を営んだが、毎回失敗に終わり、最後には新船を手放したばかりか、家財をすべて失ってしまうのである。それでも屈することなく、奮然起って気仙郡矢作村におもむき、鉱山の採掘事業を始めたり、江戸に出て胡粉の製法を学んで帰ったがどれも成功せず、家族は三度の食事さえ欠くようになった。

〝家運を挽回する妙案はないものか〟と、ある夜床上に端座して冥想にふけるうち、ふと桔梗屋の話の企業化を思い立った。最後の機会はこれだと決断した彼は、ただちに江戸へ上り、桔梗屋に面会して援助を乞い、快諾を受ける。一方、柴ノリの製法を学ぼうと大森へ行ったが、秘法として他国への伝授を厳禁するノリ仲間の壁は厚い。

猪狩新兵衛像

子孫（後述）に伝えられているところによれば、大森の髪結い床で知り合った徳治郎というノリ職人が、新兵衛の人柄にすっかり傾倒し、話を聞いて「私が腕の立つノリ職人を集めましょう」と乗ってくれた。そして弟や甥のほか伝手《つて》をたどって腕利きの五人をひそかに集め、新兵衛に従って気仙沼に向かったのである。徳治郎は後世まで「海苔の先生」と崇められた人となる。

八人も引き抜いたことでもわかるように、新兵衛のノリ養殖の企画は、他の新興産地をおこした人々とは違って、初めから桁外れに大きいものだった。大森からの八人のほかに親戚の金兵衛、養子の敬七ら身内の者たちをも雇い入れ、大々的に家内制手工業の企業化を試みたのであって、彼の非凡さがここに現われている。

安政元年（一八五四）、気仙沼湾内十間場（内の脇、前浜だとも）に地を卜《ぼく》し、楢材による柴を建てたが、これは見事に失敗。翌年、翌々年も失敗を重ね、安政四年（一八五七）になり、やっと柴にノリを付着させることができた。時に新兵衛は男盛りの四七歳、養家の膨大な財産を相次ぐ事業の失敗で蕩尽し、家族を貧窮のどん底まで陥れた、過去の悪夢は七転八起の末、好転する機会を迎えたのである。

以後ノリ養殖は発展を続け、桔梗屋の全面的な協力により製品も順調にさばけていった。当初はためらっていた人々もこれに見ならって続々と養殖に参加するようになって、数年後には湾内の本場、蜂ケ崎、行徳など一面にノリヒビ（地元ではシバ）が立ちならぶのである。

気仙沼ノリの行く手は順風満帆と見えたが、思いがけず一手買い受け元だった桔梗屋が店仕舞いするという一大事件がおこった。しかし新兵衛はすこしも動ぜず、片腕として信頼していた分家の横田金兵衛にノリ販売を命じる。金兵衛は奥州路を秋田、仙台、白河へ、果ては関東の宇都宮方面まで、仙台ノリの名で売り歩くのだが、奥州ではノリを知る者は稀で、売りさばくのに困難を極めた。江戸へ販路を求めても、仙台ノリの名では値をたたかれて路銀の足しにもならない。窮余の一策を案じ、「品川ノリ」の名を借用してようやく売り終える苦労も味わった。のち桔梗屋からノリ問屋の株を譲りうけた、日本橋通り町の川口屋彦兵衛と取引契約を結び、さらに大森町仲原のノリ仲買商西尾惣助との取引にも成功する。これによって、仙台ノリの名で堂々と江戸向け販路は開かれたのである。

金兵衛が、江戸へ気仙沼ノリの存在を知らせた効果は幕末維新の頃から表われてくる。『宮城県漁業基本調査報告』（宮城県水試）によれば、明治二年からは、東京のノリ問屋が直接気仙沼まで買い取りに来るようになり、明治四年頃から確実に利を上げ出したとある。ノリ需要の全国的に増大する気運が生じて、東京のノリ商に注目されるようになったのである。江戸のノリ問屋調べによれば、慶応二年に江戸問屋が扱った江戸以外のノリは、上総ノリと仙台ノリだけで、仙台ノリの扱い量は五三万枚に達している。明治二十九年には三保ノリの取り扱いも始まるが、仙台ノリの扱い高は三五〇万枚で東京以外では最高位にあった。新兵衛、金兵衛の遺業の成果が後年まで表われていたのである。

新兵衛が成功を収めた蔭には、金兵衛があり、養殖法で腕を発揮した中沢多之助のほか、彼によって才能に応じてそれぞれ役割を与えられ、手足となって働いた多くの人々がいるが、とくに大森から連れて来られ、養殖の万般に推進力となったノリ職人のその後につき、分かる範囲で書いておきたい。

製造の指導者・徳治郎は、新兵衛により気仙沼ノリ創始の功を認められ、親戚の横田姓と相応の家屋敷を与えられており、新兵衛の信任の厚さがうかがわれよう。明治三年六一歳をもって死亡。戒名の「開洲製苔信士」には、新兵衛の意向による気仙沼海苔の開祖の意が籠められているとみる。弟は気仙沼へ来て二年で死亡したが、甥の子之吉は結婚して子孫は現在まで続いている。四代目当主の横田徳治氏は、大森から来たノリ職人につき、多くの情報を提供して下さり、お墓の所在地を知らせて下さった方である。

吉田宏氏（当主）宅に寄留した貞治は、夏になると糝粉《しんこ》細工の鳥などを作って売り歩いたので、人々は「トリッコヤ」の愛称で呼んだと、吉田家には伝えられている。吉田氏は平成になって墓石を新造したとき、貞治の戒名「異郷是因信士」を先祖代々の戒名と同列に並べて彫りこんでいる。付記があり「大森より海苔先生と来た人」とある。海苔先生とは徳治郎のことである。

斎藤家に寄留した内村由蔵は、大槌村から妻を貰い受けたが、子が無かった。二人の死後、斎藤家では記念碑と見まごう大きな墓石を建立し、「大森から来た人」との説明文と共に「圓窓安楽清信士」の法名を妻のと並べて刻んだ。この立派な墓石の物語るものは彼の功績の大きさと斎藤家の人々の感謝の念の深さである。

消名の人や明治を迎えてから大森へ帰った人も一人いる。判明している限りの墓石が物語るのは、気仙沼の人々が大森のノリ職人に対し、感謝と敬愛の念をそそいでいた事実である。故郷へは秘法を洩らしたがために帰ることができず、実家に迷惑の及ぶことを恐れ、遺髪と称し髪を断って実家へ仮の死を告げている。そうしてまで気仙沼ノリを発展させてくれた人たちに対する気仙沼人の切々たる感謝の念、温かい思いやりが、数々の立派な墓石の上に漂っている気配が感じられるのである。(以上は、気仙沼在住の女流歌人三浦喜代子氏が、横田徳治氏、吉田宏氏をご紹介下さったことにより判明したものである)

柴ノリの養殖が軌道に乗ると、いかにも豪腹な新兵衛らしく、従事していた彼の輩下二十余人にノリ場を分けてしまい、次の仕事へ事業欲をかき立てられていく。文久元年(一八六〇)彼は下総国行徳より製塩職人一〇人を、三カ年の契約で連れて来て、総州流の製塩を開始した。柴ノリ養殖で成功したのに味をしめ、それと同じ方式を採り、先進地の職人に技術を任せたのである。

実は気仙沼湾では古くから赤穂式製塩をやっており、新兵衛が新たに塩田を開こうとすると同業者は挙って反対した。だが、その頃仙台藩は、一介の町人ながら私欲を顧みることなく、ノリ養殖をおこして気仙沼地方をうるおした新兵衛の熱誠を認めており、彼の製塩業を積極的に支援する。業者の反対を押さえるために、養賢堂(藩学校)付き塩場ということにして塩田を開かせるのである。彼の開いた塩田は、面積にして三町余、年産三〇〇〇俵。明治四十年、専売移行に至るまで製し続けられた。

新兵衛は廻漕業で傾いた家運をノリと塩で復興した。塩田の跡は現在まったく見ることはできぬが、数十年にわたって気仙沼町民を潤した。製塩場に彼が命名した「行徳」の地名は今も残っている。新兵衛によって拓かれた仙台ノリは、三陸海岸全域に広がり、当地方の一大産業となっていった。

地元、気仙沼の人々は、至誠をもって里民に生業を与えてくれた人として、彼の鴻徳を深く感謝した。彼の死に先立って明治十年九月、気仙沼湾のノリヒビを一望に見渡す景勝の地、神明崎にある五十鈴神社境内に祠を建て、彼を人間神として祀った。全国には生祠《いきほこら》の実例はかなりあるようだが、産業神が祀られた例はあまり聞かない。もちろん、ノリ業界においては空前絶後のことである。彼は生祠堂の建てられた一カ月後、明治十年十月、齢六九をもって没した。遺体は、彼がかつて生涯を賭けて開拓したノリ場と塩田を見守るように、海岸山観音寺内の山上の墓に眠っている。猪狩神社献詠にいわく、

人はただ誠一つに生き抜けば
　己れ忘れて　その儘の神

第17章　西国の伝統ある産地、広島

1　抄製法の発達

　元来、江戸で生まれた浅草ノリの需要は江戸とその近辺に留まっていて、江戸後期に入っても西国では伸びなかった。が、物資の全国的交流が活発化し、消費生活が頽廃の様相すら呈しはじめた文化年間に入るころから、京坂を中心として需要が促進され、大森方面のノリがはるばる送りこまれるようになった。けれども、江戸は大坂から遠く、浅草ノリは高価である。ここにおいて、大坂市場の青物海産問屋は、西国に産地を求めようとするのだが、開発に値する産地は芸州広島をおいて他にはなかった。ところが、その広島には、西国一の評判高いえびらのりがあるが、抄製品ではないので浅草ノリほどの商品価値はない。広島が浅草ノリに対抗して大坂市場へ積み登せる製品を造り出すには、抄きノリの製法を会得しなければならぬ。

　広島ノリの将来の発展を図ろうとする人々の中から、抄製法を工夫する者が現われたのは文化末年である。広島最大の産地となる仁保島の淵崎では、文化八年（一八一一）、芦屋忠四郎がこれを創案し、仁保ノリに次ぐ産地となる江波村では、三代目柳屋又七が、文化十年に江戸へ出て抄製法を学んで帰っている。

江戸の抄製開始より百年の遅れはあるが、広島は、文化八年より文政二年にいたる七年間に、江戸と共に全国でただ二カ所の抄きノリ産地となった。文政三年になって遠州舞坂に抄きノリの産地が出現したのをきっかけにして、多くの産地が生まれたが、嘉永二年（一八四九）、紀伊国和歌浦が養殖法、抄製法を導入するまでの約三〇年間は、西国では唯一の養殖抄製ノリ産地となっていたのである。

当時、広島は、瀬戸内海西部における、物資の一大集散地であった。天下の台所と称される大坂向け航路が開かれ、当地特産のカキなど各種海産物の積み登せ量も多かった。ひとたび抄きノリが創製されると、西国に品川大森のような産地出現を待望していた、大坂の青物海産物問屋に双手をあげて歓迎されたのは当然のことであろう。以後、幕末維新を経て明治中期を過ぎるまでの数十年間にわたって、広島ノリは大坂ノリ市場における看板商品となるのである。

2　ノリの藩営専売

江戸後期、文化年間における広島のノリ産地は、仁保《にほ》島のうち淵崎と本浦、それに江波《えば》村にあった。のち、仁保島のうち大河《おおこう》にも大きな産地を開き（年代不詳）、文政年間には草津村に、天保五年には仁保島の東隣にある向洋《むこうなだ》へも伝わった。向洋から草津村まで、広島の町を取り巻くように、その郊外にある浦々に産地が拡大されていった有様は、江戸の海で、品川、大森から南西糀谷へ、北東は葛西浦へと拡張されていった状況と似ている。

産地が拡張され、乾ノリ業が一個の産業として形態を整え出すと、芸州藩はノリの専売統制を考え出した。同藩の商業統制は、文化年間に入るころから厳しくなり、納屋《なや》物までを対象に加えている。それ以前まで、お蔵物として藩営専売の対象となっていたのは、米穀、紙、鉄、材木、炭などである。藩は、各種の産物について専売制を強化する一方、諸職、商人の営業権を株として認め、同業者の「株仲間」組織を公認する商業統制を一段と拡大するようになった。

すでに元禄末年から、広島に近い草津では、カキについて養殖業者が「牡蠣株仲間」を公認されていた。また寛保（一七四一―四四）ごろになると、仁保島の養殖業者が、草津カキ株仲間のうちの新株として認められた。これより幕末までカキ株仲間は京坂向けカキ販売権を独占して勢威を振るい、藩もまた運上銀の収入で利益を得たのである。

カキは、株仲間の手による京坂上登せが許されたが、同じ海面養殖でありながら、ノリについては藩専売に近い統制が実施されたようである。ノリの専売仕法については記録が残らぬが、その始めは抄製開始期よりみて文化以降のことであることは間違いない。区域は仁保島と江波島からのちには草津まで及んだものとみられる。ヒビ柵場は藩府の許可を得て設定され、ヒビ竹の数からヒビ刺し建ての人数、予想収量、製造量、代銀収納などにつき詳細な計画を藩府に提出し、許可があって初めて養殖を許された。ノリの養殖から製造、販売までを企画・実行するのは、藩府の特許を得た問屋があたる。問屋は養殖者たちに生産資金から抄き道具などまで貸し付け（た場合が多いとみられる）、生産全般を管理し、製品を集荷し、大坂へ積み登す。つまり、問屋による間接統制をもって専売を行なったのである。問屋は、江波村や仁保島にもあった。天保五年（一八三四）、向洋の提供で浜本甚四郎により養殖が創始されたが、幕末・文久のころにはこの地にも問屋が生まれた。製品の販売は、これら問屋を通す以外に許されず、抜け買、抜け登せ（ルート以外の売買）は固く禁じられていた。

年号は不詳だが仁保島本浦の半兵衛が淵崎浦の「漉海苔師作平方」で「抜ケ買いいたし」これを大坂へ

広島の女子竹ヒビ（一本ヒビであることに注意）（広島水産試験場蔵）

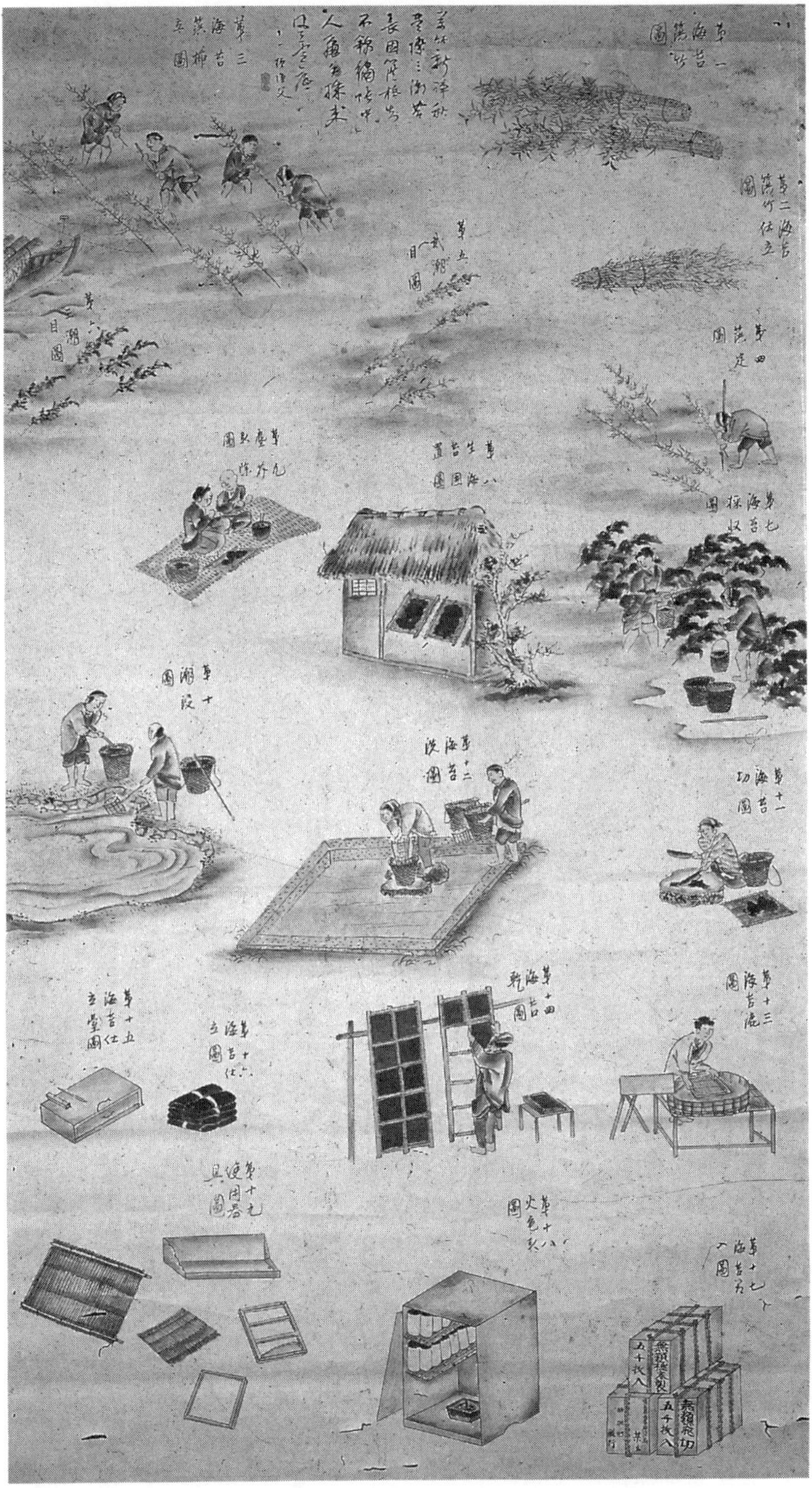

広島ノリ製造工程図（金井半氏蔵）

持参、売り払ったことがある（小泉家文書）。これが露見し、抜け買いと抜け登せの罪により、彼はもとより雇われた船乗りまでが、吟味の上、船乗りは「追込み」（押しこめ）、半兵衛は「闕所」（追放の上財産没収）の重罪を申しつけられている。

このような厳しい取り締まりの下で養殖を続けるために「人民の困却一方ならず、みすみす多額の損をして居た」（『仁保村志』）が、のち村民一同が嘆願した結果、嘉永四年（一八五一）以降は自由売りが許されることとなった。こうして全国にもあまり類例のない、ノリの（間接）専売制は廃止され、広島湾一帯におけるノリ養殖に一新紀元が画されるのである。

自由販売を迎えたちょうどそのころ、大坂靭《うつぼ》の青物海産物問屋は競って広島ノリに注目しだした。広島において大坂向け輸送にあたったのは、靭の問屋と取引関係にあった城下町の海産物問屋である。藩専売時代の一手買い受け問屋が転化したのではないかとみられる浜問屋（イリコなどの海産物を売るほか、ノリの集散所となっていた）もまた靭と取引関係にあったのではなかろうか（淵崎でのノリ史編纂委員会）。なお、この当時大坂において広島ノリの一手買い受け権は、商慣習として靭の問屋が所有していた。広島の問屋を経て靭の問屋へ送られるルートはこのころから確立されたものであろう。

幕末における仁保島ノリの輸送路について、淵崎のノリ商山本庄之助氏は左のように語っている。

嘉永二年生まれの曾祖母の話では、一四歳（元治元年）で大坂へ奉公に出かける時には矢野から定期船に乗っていった。船にはカキやイリコと共にノリ荷も積んであった。大坂に船が着くと、さらに宇治川を上り、今の川口町に着き荷をあげた。荷は靭の問屋が引き受けて売りさばいた。

3　草津生ノリの販売

草津村は、広島の海最大のカキ養殖地であったから、ノリ養殖までは手が廻らなかった。その上カキ座の加入者によって、潟面はがっちりと押さえられていた。だが、カキ座にも入れず、小貝や漁事餌を手掘りにして生計の足しにしていたような零細な磯稼ぎたちは、折々にカキヒビや貝殻などに付着するノリを採ることはあった。

仁保島や江波村のノリ養殖が発達すれば、近接する草津村の海にもノリ胞子が増えるのは道理である。これをみた磯稼ぎの面々は、カキ株仲間の諒解を取り付け、文政五年（一八二二）になると藩の免許を受けてノリヒビ場を設置した。彼らが貧困の者たちなので抄き道具を買うことができなかったためらしいが、生ノリのまま、仁保島のノリ抄き業者に売る商売を二〇年ばかり続けた。

おそらく嘉永三年とみられるが、草津の商人船蔵屋彦右衛門が、「漉海苔生海苔共一手引請問屋」の許可を得ようと藩府に願い出た口上書が残されている（小泉家文書「当村海苔製産上登せ並問屋両条御願書付」）。これによれば、草津のノリ養殖は文政以来の開始だが、嘉永のころともなるとヒビ数が増えて「冬分第一之渡世」になっている。けれども、「篊子《ひびこ》」に資金が乏しいので抄き道具などを調えることができず、仁保島から買いにくる者に、生ノリのまま「不引合ながら売払」っていた。そこで彦右衛門が、抄き道具を整え、それぞれに貸し渡し、「手広ニ漉（抄）海苔仕立」てて大坂表へ「専上登せ」る問屋を許されたいと願い出たのである。

だが、彼の願いが聞きとどけられた様子はない。この翌年には専売制は廃止されてしまった。なにより確実なことは、草津では、昭和初期まで生ノリを仁保や江波のノリ抄き業者に売るだけで、同地で抄くことはなかったからである。

江戸時代の一般的な基準によれば、江戸の大判の大きさは八寸余×七寸余だが、広島ノリについては正確な寸法は不明である。価格の点でみると、

御膳ノリ（一尺四方）嘉永年間　一枚　一六文
上総ノリ（八寸判）慶応年間　一枚　最上三〇文　下品一五文　下々品四・五文
草津ノリ（大きさ不詳）嘉永年間　一枚　三文

となる。上総ノリ価格は草津ノリのそれより一〇余年後のもので、インフレ昂進による物価の変動もあったが、それにしても広島ノリの値はずいぶん安かったものである。

4　ヒビ柵場争い

ノリとカキという二大養殖品を抱えた広島の海には、養殖場の境界をめぐる争いが次々に惹起された。草津村のノリヒビ建てが盛んになってきた嘉永元年（一八四八）には、同村と隣村江波のヒビ柵場との間に激しい境界争いがおこった。この争論はなかなか落着せず、ようやく嘉永四年になって、双方の地方《じかた》から五町の範囲を限り、改めて藩府の免許を受けたものだけを許すことにしてようやく落着した。

広島ノリが大坂市場においてもてはやされ、地元においては冬期間第一の稼ぎとなった、文政もしくは

右：大坂屋庄助碑
左：十郎兵衛碑

天保年間以降幕末にかけて、各村のヒビ柵場の境界をめぐる争いは深刻化していった。その中では仁保島の大産地大河《おおこう》のようにヒビ柵場の拡張に貢献した恩人二名を讃えて、今日までその名を伝えている所があるから、左に紹介してみよう。

①幕末のころ、大河の人、大坂屋庄助は、江波との潟争いに総代として訴訟や争論の先頭に立ったが、その活躍があまりにもめざましかったので役所に睨まれ、捕われの身となり、獄死したという。山根地区にある黄幡神社境内には、彼の碑が建立され、今日までその徳を讃える祭典が営まれてきており、彼によって大河のノリ場は有利な判決を得たといわれているが、この争論の詳細は伝わっていない。

②やはり幕末に近いと思われるが、大河に三代目十郎兵衛と呼ばれる怪力の持主がいた。厳島神社で開かれる年々の宮角力には勝ちっ放しで相手になる者がなく、広島近在どこの角力場へ出ても「取らずの大関」であった。藩侯がこの噂を聞き、足軽として召し抱え、江戸参府の折には、伴なって他藩の抱え力士と角力させ

たが負けたことがなかった。ある年、これも怪力で知られた紀州藩の力士と組んで、とうとう投げ殺してしまった。親藩、紀州侯の怒りを受けてはとても生命は助かるまい、せめて殺される前に一目だけでも親に逢いたいものと、江戸から逐電して大河まで逃げ帰った。

やがて江戸から帰った藩侯からの呼び出しがあったので、覚悟を決めて伺候すると、意外にも何のお咎めもないばかりか、先頃の相撲ぶりを激賞された上に、何なりと所望の物を与えるとの大変な御機嫌である。十郎兵衛は考えた。自分は一度は死を覚悟した身、いまさらに自身の利益を得ようとは思わぬ。それより、淵崎と江波の間に挾まれて、潟の争いに苦労してきた村の衆のためにできるだけ広い漁場を貰いたいものだと。

彼の願いは早速聴許され、江波村の井の口出っ鼻から、矢野浦の牛の首を結ぶ広大な潟における自由漁業のお墨付きを貰うことができた。この結果、大河は他に比し群を抜いた広大なヒビ柵場を所有することになり、太平洋戦争前に至るまで、広島第一の産地の位置を占め続けるのであった。

お墨付きは西寺町の光園寺に保管されていたが、火災で焼失した。一説によると、藩が火災の際取り上げたともいわれる。これがなくなったために、他村の前面の海まで慣習によって入漁できていた大河漁民が、いくたびか紛争の矢面に立たされるようになるのだが、ともかくも後世まで広大なヒビ場を所有していた事実は、この伝承の正当性を裏付けるものといえよう。黄幡神社境内には、大坂屋庄助の碑を従えるように、十郎兵衛の碑が建てられている。今は昔語りとなったが、旧幕時代以来太平洋戦争開始に至るまで、毎年四月三日には「十郎兵衛」の「祭」が執り行なわれた。その際、村人による角力が奉納され、彼の遺徳を偲ぶのが慣わしとされていた。

大河は、十郎兵衛のお蔭で広大なノリ場を手に入れた。しかし、同じ仁保島の先発産地である淵崎や本浦、それに江波村とは違って抄製まで行なわず、生ノリのまま淵崎、本浦、向洋のノリ抄き業者に売っていた（大河は広いヒビ場の権利をもったので明治期以降の発展はめざましかったが）。大河といい草津といい、かなり大規模に養殖しながら、生ノリで売り、抄かなかった例は他国ではなかったことである。

このような商慣習・製造慣習を生んだ原因は、既出の船蔵屋彦右衛門の口上書で述べているように、ノリ漁民が貧困の者たちゆえ抄き道具を買えなかったということもあるが、嘉永四年まで続いたノリの専売制当時において製法を秘密にしていたころからの慣習が残存したのではなかろうか。江戸に次ぎ第二の古い産地にふさわしく、数々の特徴をもっていたのである。

5　伊予西条藩領へ伝える

広島のノリ養殖業は、仁保島、江波を中心として、向洋、草津へ広がったが、久しい間にわたって広島以外には伝わらなかった。それが、天保十二年（一八四一）になって初めて、伊予国へ伝えられるのだが、広島式製法が江戸時代において伝播されたのは、ここ一カ所だけである。

伊予国（愛媛県）西条は、瀬戸内海に臨む、松平家三万石の小さな城下町であった。この町に限らず、伊予国はむろんのこと、讃岐国（香川県）から阿波国（徳島県）まで、「あまのり」（岩ノリ）を採っていた浦々はかなりあったようである。たとえば『阿波誌』によれば、

名東郡　紫菜　郷名アマノリ

板野郡　ノロノリ　即郷名　状細く円く条を成す　味甘滑頗る奇品たり　本州の海藻　此物海苔の最となす
勝浦郡　乾苔　紫菜
那賀郡　紫菜　和名アマノリ
海部郡　紫菜　各浦出す皆佳　阿部最も多し　ムギワラノリ　状麦藁の如し　麻油に浸し焙り食す（ノリか否か不明）
乾苔　日和射広瀬川出すもの絶品と為す　細くして髪の如し　色微黄　甘脆　十月より正月に至る間之を採る　浅川、突喰亦出す

板野、名東両郡の海浜には吉野川が分流しており、那賀郡には那賀川が流入している。阿波国のノリの多くは、この国に多い大河の河口辺に生じていたのである。江戸の隅田川、広島の太田川などの河口辺と同様な環境だったが、養殖は起こらなかった。四国でこれの起こったのは、伊予の西条である。『西条記』（天保年間、西条藩編）によれば、

・あまのり　かき
南蛮樋の辺に産す　佳品なり　市須賀川へきといふ　海苔外の川尻にも生ずれ共、この川殊に多く産し　味ひよし
・垣生の名物　塩　かわぎし海苔　江端のり
・かはぎし海苔は薩埵海苔に似たり　江端のり　風味江戸の浅草のりに近し

など、数々のノリが紹介されている（南蛮樋は、禎瑞にあり、川の水を海に流出させる樋門のあった所である。川底に石畳が敷きつめてあり、そこにノリが付いた。川ヘギとはノリのこと）。

このように、西条近辺には、禎端、垣生など天然ノリの産地があったので、西条藩ではこれに着眼し、広島ノリにならって養殖業を起こそうとしたのである。天保十二年（一八四一）西条藩禎端分役所では、飯田黒島浦の文治と家族を呼び寄せ、広島にならって女子竹による養殖を指導させた。文治に対しては、元入金を貸与し、その代償として毎年運上金二〇〇匁、道具損料二〇匁を上納させようとした。が、四年間にわたって不作が続き、年々運上金免除もしくは半減を願い出る有様であった。そしてついに、五年目にして逃げ出し、役所は文治の父長兵衛に対し、貸付金運上金の催促をしたが、長兵衛は文治の居所の知れるまで待ってほしいと、南蛮樋の番人小林彌作（彼が直接の担当者だった？）なる者に願い出るという、さんざんな始末であった。

また、文治が指導したと思われるが、垣生の武兵衛、産山の広次の両名は、弘化三年五月、〝当年は順季わるく、ノリがつかぬので、元入れはしたものの一文も入らず仕入損になってしまった。もともと貧乏の私共ゆえ、「年賦済金並に当分貸とも銭二百七十四匁四匣」を御用捨願いたい〟と願状を出している。

このように、文治の指導が行き届かなかったためか、三、四年にして西条ノリ養殖はやみ、明治十八年に再開されるまで空白の期間が続くのである。

第18章　大坂のノリ市場

1　特徴ある大坂ノリ扱い問屋

江戸時代における大坂は、天下の台所といわれ、国内経済の要《かなめ》となった中心都市である。国々で生産された諸物資が、いったんは大坂へ積送されて後、その地の商人を通して江戸をはじめ諸方の消費地へ散っていくという商慣習は、すでに江戸初期に芽生えたものである。そこに店を構えた町人の経済力は強固であり、全国の商況に通じ、同業仲間の組織によって強力な集配機能を確立していた。

全国から商品を集荷するにあたっては、みずから千石船を何艘も所有して直接産地に船をやる豪商もかなりあったが、一般的には各問屋は、諸国の産地仲買商の手を借りていた。問屋は消費地仲買商仲間を集めてこれを入札、競売などの方法により売りさばき、仲買商は大坂市中の小売商や全国の消費地問屋へ売りさばくのである。問屋、仲買は公儀に冥加金を上納する代わりに業種ごとに「株仲間」を組織することを許され、斯業に関する排他的独占的権益を持つことができた。すなわち株仲間に加入する商人だけが問屋（または仲買商）となることが許されるのである。株仲間は新規加入を厳しく制限し、申し合わせ定め、規約を立てて相互の権益の擁護を計った。

同業株仲間の扱うべき品が、もしも大坂の問屋株仲間をさしおいて、他地に水揚げされた時は、「抜け荷」と称して取り戻すか、適当な口銭を支払わせる。また大坂を経由せず、貨物が消費地へ直送された時には、「津越《つごえ》」と称して荷主を糾弾し、以後その荷主の品を大坂では扱わぬようにするなど、仲間の団結と権力は絶大なものがあった。

江戸時代前期までは、大坂の全国的集荷力が強大だったので、新興都市であった江戸は、近隣で調達できる品は別として、重要物資はことごとく大坂の問屋から買い入れを余儀なくされていた。江戸中期を過ぎるころから、江戸自体の集荷力も強まったが、なお食品のごときは上方から下ってくるものが多かった。何もかも上方の影響を強く受けるなかにあって、抄《す》きノリとして新しく衣替えし、江戸の町に新商品として登場した浅草ノリに限っては、独特の販売手段がとられた。全国でも他に類例を見ぬ旺盛な需要を呼んで、江戸町内には商業の先進地である大坂にもないような乾ノリの専業問屋が出現し、集荷販売の実権を握ったのである。

これに反して大坂では抄きノリが生まれてからも、主たる商圏である西日本一帯の需要が伸びなかった。天満乾物市場の場合をみると、江戸でノリ売買が一つの絶頂期を迎えた、文化・文政期に入ってもなお海藻類取り扱いの中心は、アラメ、ワカメ、ヒジキなどにあった。このほか大坂ではコンブについても、専業問屋が存在するほど需要は多かったが、乾ノリの取り扱いは少なく、むろん乾ノリの専業問屋は生まれなかった。専業問屋の生まれなかったのは、乾ノリの一手集荷権と販売権を、それぞれ靭《うつぼ》の青物海産物問屋と天満《てんま》の乾物問屋が掌握する慣習が存在したためでもある。

2　靫の海産物問屋

靫《うつぼ》の一角へ魚商が集まった初めは、天正年間、豊臣氏の時代である。元和八年（一六二二）には、津村の葭《よし》島と呼ばれる荒蕪の地を開発してそこへ移転した。そこは現在の大阪市福島区川口町に近く、西横堀川と堂島川に囲まれた一帯である。江戸時代になると発展いちじるしく、堂島川にかかる船津橋辺にあった船着場を利用して、河岸に近い雑喉場《ざこば》と呼ばれる魚市場や青物市場が活況を呈した。これらを囲むようにして、塩干魚、生魚、青物などの問屋が庇《ひきし》を並べ、いわゆる靫の青物海産物市場を構成していたのである。

国々から大坂へ送られてくる青物海産物類は、ことごとく靫市場へ集まり、ここの問屋を通じて大坂の市中市外へ売りさばかれた。大坂市中の小売商、仲買商や株仲間以外の問屋などが、靫の問屋をさしおいて、青物海産物類に関する抜買い、抜売りを行なうことは、厳に取り締まられていたのであった。江戸末期になって大坂へ最も多く集まってきた乾ノリは広島ノリだが、これもすべて靫市場へ入荷された。乾ノリは、本来なら乾物品の部類に属するので、大坂天満にあった乾物問屋仲間が集荷にあたるべきものである。しかし、乾ノリは乾物であると同時に海産物でもある。そしてまた、現地で集荷した広島ノリの大坂送りにあたったのは、靫の問屋とイリコなど海産物で深い取引関係にあった、広島青物海産物商であった。

こうした理由によって、広島ノリの集荷権は、大坂入荷の当初から靫の青物海産物問屋仲間が握っていたのである。創始の遅かった遠州ノリや、入荷量の少なかった江戸ノリなどの集荷については自由に任されていたが、広島ノリに関する限りは天満乾物仲間は、靱を通して入札で買い入れねばならなかった。その代わり大坂市中市外へ売りさばく力は、それが実質的には乾物であるだけに、天満乾物問屋仲間の方が強かった。そのために、自然に広島ノリ流通経路上の役割は分担が定まったのである。

が、そうなるまでには種々のいざこざがあったに相違ない（たとえば、干瓢《かんぴょう》の場合、これを青物とみなして靱の青物問屋仲間が扱うか、天満の乾物問屋仲間が扱うかで紛糾し、訴訟沙汰まで引き起こしている）。また流通経路の分担が定まってのちにも紛糾がおき、話し合いがなされたが、これについては後に記す。

3　天満の乾物問屋

承応二年（一六五三）に、石山本願寺前市場から天満へ青物市場が移転した頃には、乾物は青物問屋の扱い品の一部となっていた。江戸期に入り、泰平の世を迎えた元禄以降享保の頃ともなると、食生活の向上めざましく、新時代の食品として種々の加工品が出現する。このころから乾物類は、加工品の花形としてもてはやされるようになり、つれて専業の乾物問屋が天満の町に現われるのである。もっとも、塩干魚関係は靱《うつぼ》が既得権益を持っていたので、天満乾物問屋の取り扱い食品は、海藻類、山菜類、木の実類が多かった。

享保十二年（一七二七）には一五軒の乾物仲買商が、古組という株仲間を組織した。市中の乾物荷受問屋仲間（仲買商より早くからあり）に廻着する荷を、問屋の店頭で入札により買い取るための仲間である。続いて、宝暦年間（一七五一―六四）には、真組、戎《えびす》組と呼ぶ仲間が生まれた。問屋株仲間と三つの仲買株仲間は、それぞれ一〇数軒はあり、彼らの店は、大坂天満の市之側の辺に集中していた。これらを総称して天満乾物市場と呼ぶことになる。

天満における乾物取引の状況を偲ぶ上で、現存する最古の記録としては「万口銭覚《よろずこうせんおぼえ》」がある。その中には、葛《くず》、柿、寒天、銀杏《ぎんなん》、胡桃《くるみ》、胡麻、氷蒟蒻《こんにゃく》、椎茸などと並び、海藻類としては昆布、岩苔、木苔の三種が見える。岩ノリはわかるが、木ノリとは他に類例のない表現である。岩ノリが外洋性岩ノリ産地の品であるところからすれば、木ノリは内湾性ノリで、木製ヒビソダや棒杭などに付着したものと受けとれる。仕送り地は、慶長以来の養殖の歴史を持つという大竹（安芸国）辺のものか、あるいは、どこかの内湾で棒杭などに着いたノリが運ばれてきたものか、いずれにしても詳細はわからない。

降って元文元年（一七三六）の記録には、「諸色登り高表」として、当時大坂へ積送されてきた商品が網羅してある。この中には昆布六万六三五九束、荒和布六一万六七四〇把など、海藻類の記載もあるが、乾ノリは見いだされない。当時の江戸では抄きノリが生まれて間もないころで、広島ではまだ抄いていなかったから、大坂市場の商品とはならなかったものであろう。

天満乾物市場の成長にともない、江戸積み貨物が増加していく。江戸積み乾物類の顕著な増加は、天明の頃（一七八一―八九）からめだち始める。大坂天満にあって、江戸積み乾物問屋に属したのは一六軒あり、江戸の青物および乾物問屋を出荷先としていた。乾物の種類はきわめて広汎に及んでいたが、独り乾ノリだけはその中に見いだすことはできなかった。この時代になってもまだ広島ノリの入荷はなかったのである（少々はあったとしても取り扱い商品の一つには数えられなかったか？）。

天満乾物市場の一部の問屋が、乾ノリを扱い出したのは、文化年間以降のことらしい。大森のノリ商「川忠」は、文化年間から大坂・名古屋方面へ市場を広げ、同じく大森の「丸梅」は、文政年間から大坂へ向けて積送している。広島では文化末年になってようやく抄きノリを創製し、大森ノリの後を追うようにして大坂市場へ荷を送るようになった。先に記したように、広島ノリの荷受けにあたったのは籾の青物海産物問屋である。そしてそれの大坂の市中市外向け販売にあたったのは、天満の乾物問屋であった。また、江戸ノリの売買にあたったのは天満の乾物問屋である。

『天満乾物商誌』によれば、天保四年（一八三三）から同十二年までの江戸積海藻類の中に、水前寺ノリ、ヒジキ、アラメ、コンブと並んで少量ながら広島ノリが載せられている。天保十一年の江戸積み数量は二〇壺（一壺一八〇〇枚）とごく少なかった。また扱った問屋も天満の乾物問屋二七軒中、わずか二軒にすぎなかった。

幡磨屋喜兵衛　　五壺
幡磨屋三郎右衛門　一五壺

コンブ、ワカメ、アラメ、ヒジキなどの積み送り量の多さに比べ、乾ノリの江戸積みは問題にはならなかったことがわかる。ただし、安政年間の『江戸積品名帳』の中にも「海苔類」があり、大坂からのノリ積み送りは少なくても続行されていた模様である。

4　乾ノリ重要取引品となる

遅くとも天保初年には、広島ノリが江戸積み乾物品目の一つに選ばれていたとの記録は、その当時すでに広島産が大坂へ移入される乾ノリの中の主要商品だったことを示してくれる。また、本来なら天満市場が乾ノリの本場江戸から移入すべきを、広島ノリのような良品を入手するルートを持っていたので、江戸へ逆送するという珍しい取引きの行なわれていた事実を示してくれる。江戸ノリや舞坂ノリの移入もあったがごく少量だった。それだけに広島ノリは、天満の乾物市場にとっては、靱を通さずに直接集荷する権利を握りたい商品であった。

折よく、天保十二年（一八四一）老中水野越前守は株仲間禁止令を施行した。これを機に、靱の問屋による広島ノリの独占的集荷権は消滅し、天満の問屋との広島ノリの争奪戦は激化の一途をたどるのである。化政期を過ぎ、天保年間に入るころから西国におけるノリ需要も旺盛となって、乾ノリは天満市場における重要商品にのし上がっていった。安政六年（一八五九）における同市場取り扱いの記録によれば、藻類の部は、「昆布類」「海藻類」「海苔」の三種に大別されている。天満市場にある大多数の問屋が乾ノリを取り扱うようになり、市場における取り扱い比重は大いに高まっていったのである。

5 「漉海苔取引規定」生まれる

株仲間禁止令は、もともと広島ノリをはじめとする乾ノリの販売に実績をもっていた天満乾物市場を圧倒的に有利に導いた。文久元年（一八六一）の株仲間再興令により、広島ノリ入荷につき再び調整の必要を生じたのだが、すでに乾ノリに関しては天満市場の靱《うつぼ》海産物市場に対する優越性は揺るぎ難いものとなっていた。大坂の市中市外には、天満乾物問屋の乾ノリ販売網が縦横に張りめぐらされて、靱の海産物問屋が入荷した乾ノリも、天満の問屋に依存しなければ売りさばけなかったからである。

このような状勢の下で、文久元年九月、天満と靱の乾ノリを扱う問屋は、向後の取り扱いにつき協議し、

「申合約定」をまとめた。これによれば靫の問屋はついに広島ノリ入札権を天満の問屋へ譲り渡すことを承諾させられたことが明らかである。もっとも、これまでの取引関係の継続として、靫の問屋が広島ノリを入荷することはかまわぬが、「右一品に限り」天満乾物市場の「入札所へ差出」し、入札を乾物商仲間へ任せるという但し書はついていた。大坂における乾ノリ中の主力商品であった、広島ノリの入荷権が天満市場へ正式に移行されたことにより、天満の乾物問屋は大坂における乾ノリ全部の集散権を握った。同じ月、関係問屋は「漉海苔取引規定」を結び、統一ある入札に乗り出すのである（漉ノリは乾ノリのこと）。署名した乾物問屋（二九名）は左のとおりである。

吉野屋武兵衛	吉野屋源兵衛	綿屋半兵衛	大根屋与兵衛	幡磨屋三左衛門
金屋庄兵衛	久宝寺屋喜兵衛	河内屋次兵衛	鯉屋庄之助	幡磨屋作兵衛
綿屋彌七	幡屋三郎右衛門	大根屋小兵衛	幡磨屋竹次郎	幡磨屋喜兵衛
久宝寺屋彌助	幡磨屋清兵衛	奈良屋たか	幡磨屋清七	八百屋小作
菱屋惣兵衛	針屋忠右衛門	奈良屋庄助		

このとき天満市場で扱われたノリは左のとおりで、株仲間再興を機に、広く全国的に取引先を増やしている。

江戸苔　遠州苔　宮の前
海部苔　十六島苔（注、海部苔は、鍋田（木曾川尻）ノリか和歌ノリか不明）

このうち江戸ノリが最も値が高く、広島ノリがそれに次いだ。慶応元年（一八六五）十二月の「大根屋久兵衛当座帳」によれば、江戸ノリと広島ノリ以外の値を見いだすことはできないが、両地のノリ値と他の乾物品値段を比較のために掲げておく。

当時の大坂乾物問屋仲間の員数は三六軒あったから、この七割（二三軒）がノリ入札に加わったことになる。乾ノリ扱い問屋が増加したのは、天保のころから上方におけるノリ需要が大幅に増えたためである。嘉永・安政のころになると、乾ノリは天満問屋の取り扱い乾物品の中では、椎茸、高野豆腐、干瓢と並ぶ四大商品の一つに数えられていた。これらはすべてノリ巻寿司用に欠かせぬ品である。つまり上方のノリ需要は、ノリ巻寿司の食用が盛んになるとともに大きな伸びを見せたのであった。

表10　大根屋久兵衛当座帳（『大阪乾物商誌』）

椎茸	1石	140匁
凍豆腐	1荷（4,000切）	706匁
寒天	1,000本	640匁
江戸苔	1,000枚	635匁
広島苔	1,000枚	420匁
水前寺苔	10枚	100匁

乾ノリ取引が盛んになると、大坂の乾物問屋は盛んに各産地からの入荷に尽力し、流通ルートの強化に乗り出した。ことに製品の大部分を大坂へ出荷していた広島産地を重視した（現地にあって集荷にあたる海産乾物問屋などに対し、資金面などで援助の手を伸ばした節があるが、詳細はわからない）。広島ノリに次いで取り扱いの多かったのは江戸ノリで、有力な問屋・和田半兵衛は大森の仲買商と取引関係を結んでいる。また、舞坂ノリを仕入れる店、和歌ノリを扱う店など、東西日本の各産地へ眼を向け、こまめに買い漁った。日本橋ノリ問屋が、品川・大森の本場物にしか眼をくれなかったのとはいちじるしく対照的である。しかし、幕末維新のころまでは、広島ノリがぬきん出て多量に扱われていたことはいうまでもない。

第19章　岩ノリの昨今

1　ノリの歴史は岩ノリから

今日においては「岩ノリ」といえば、ヒビ建て養殖によらず、磯の岩礁その他（内湾、外洋を問わず）に天然自生するノリの総称となっている。またその昔と違って、大正のころからは副業振興のかけ声にのって、浅草ノリをまねた製品に仕上げるようになっていった。現在各地で造られている製品は地域によって判型が異なるし、一般に粗剛であるが、浅草ノリを洗練された都会の娘とすれば、田舎娘の素朴な良さがある。

現今のように人工採苗が普及する以前（あるいはそれより前、移殖が普及する以前）にあっては、わが国をめぐる海には、寒い海と暖国の海、波穏やかな内湾と荒波の岩打つ外洋、日本海方面と太平洋側等々、環境の相違によって生えるノリの種類はさまざまな違いをみせていた。その中には限られた地域にしか生えぬものもあり、適応性が強くて広範囲に分布していたものもあるので、浦々に繁茂するノリの種類は複雑に入り混っていたが、移殖が発達する以前における、およその分布状態は次のとおりだったといわれる。

北海道、東北方面にはチシマクロノリ、スサビノリなどがあり、本州から四国・九州にかけては、内湾、外洋双方に適応力のあるアサクサノリがいたるところで繁茂していた。また、関東以南の太平洋側にはマルバアマノリ、オニアマノリなどが多く、九州方面にはツクシアマノリがあり、日本海側にはウップルイノリ、クロノリなどが多かった。

養殖の起こらなかった江戸初期より以前においては、その呼び方に相違はあったにせよ、すべてが今日われわれのいう岩ノリであったといえよう。海辺（特に岬や島）に住む人々は、ワカメやアラメ、ミルなどとともにこれを採り、生計の足しにしていたのである。それればかりでなく、大宝律令の昔から、出雲、石見など山陰地方などでは、重要な朝貢品としていたのであった。わが国において、抄きノリ――養殖ノリがかなり広く天下に知られ出したのは江戸中期のことだから、現在に至るまでの年月は約三百年にすぎない。それ以前は、岩ノリしか知られていなかったわけだが、その期間は大和朝廷草創の頃から数えても一千数百年に及んでいる。まことに〝ノリ史は岩ノリから〟始まったのである。ただし、今日では通称と化している岩ノリの語は、いつごろからどの範囲で使われ出したものかは明らかではないが、養殖ノリ＝抄きノリ隆盛期に入った現代になってから、対応語として生まれたのではないか。次項で記すように、江戸期以前にあっては、地名や特徴を冠して呼ぶことが多く、また、奈良・平安朝の昔にさかのぼれば、甘《あま》海苔《のり》、紫菜《むらさきのり》が通称とされていたことは第一章ですでに紹介したとおりである。

2　江戸期およびそれ以前の岩ノリ

有史以来養殖ノリの工夫されるまでのノリ史は、すべてこれ岩ノリの歴史だから、これまでの各章でほぼ紹介しつくしたといえよう。が、一応江戸期およびそれ以前の文献に現われたノリ産地を概観すると、そこには大きな特徴が見いだされる。すなわち、室町時代に至るまで（鎌倉期は例外として）政権の所在地が畿内にあったことが大きく影響して（文献にみられる）産地は大きく西に偏していたのであった。出雲・石見・隠岐・長門・土佐・紀伊などがそれだが、東国では伊豆・志摩・佐渡・安房などしかみられず、しかも出典頻度では西国が圧倒的に多い。江戸期に入ると、右のほか東国では、三河、加賀・能登・伊勢・出羽、西国では、但馬・備前・阿波・伊予などが散見されるようになる。だが、これはみられる限りの文献からの集録であって、このほか、東北地方や九州地方などを含めて、全沿岸の国々でとられていたことはほぼ間違いない（次項参照）。

江戸中期から末期にかけて、江戸から広島に至る各地で作られた養殖ノリが、商品価値をかなり認められたのに比して、岩ノリはあまり売られた様子はみられぬ。越後の雪ノリが新潟へ運ばれたり、但馬の城崎ノリが温泉土産とされたり、出雲ノリが松江の町で売られたなどの事実は比較的知られている。だが、他地はそれを産する所が岬や孤島などで消費地にも恵まれぬので、山間部との物交用品となっていた程度である。

製法のごときも、地方によってまちまちだったと推測される。また、ことさらに製法というまでもなく、海からとって素干しのまま叺《かます》などに詰めて貯蔵し、物交用としたケースが多かった。養殖ノリの製法が普及する以前でも、ある種の乾製法はあった。生ノリを海から採りあげたそのままで板や簀などに打ちつけて押し広げるのである。形状も角状、円状などあり、大小、厚薄さまざまであった。各地の海辺の民がこれらの製法を生活の知恵として自然のうちに物にしたのか、長年月のうちに浦から浦へ伝わったのか判定しがたいが、一般に超大判という点では共通している。

3　岩ノリの格付け

岩ノリを産出する海は全国的に分布していたが、江戸期まではこの全貌を知るに足りる記録はなかった。明治二十四年（一八九一）に入って農商務省が実施した「水産事項特別調査」によって、一道三府三四県にわたってノリを産出していることが明らかにされた。表11は養殖府県の生産高も混じるので、岩ノリだけを正確に把握し難いが、島根、長崎、石川、福岡、北海道、鹿児島などにかなり多くの生産高があったことは推察できる。生産額を養殖府県と比較すると、島根一県を例外として他は段違いに少ない。けれども、生産県の数では養殖県を上廻っている。

同調査による産地は、北海道のように郡名で表わされた所、長崎県のように海名（五島海、平戸海、壱岐海、対州海）で表わされた所などもあるが、大部分は村名で表わされているので、村数の比較により産地の広狭がわかる。表によれば、産地が広範囲に及んでいる所は、島根、長崎、北海道、岩手、新潟、静岡、山口、三重などの各道県であった。日本の北から南まで、日本海側と太平洋側とを問わず、いたるところに岩ノリの産出地はあったのである。

これらの産地を三品等に分類し、さらに判型などを明らかにしたのは、『日本水産製品誌』である。同書による分類は左のとおりである。

第一等のノリ

十六島ノリ　　　出雲国（島根県）

艫《とも》島ノリ　同

それに次ぎ品質佳好なもの

北海道、静岡、東京、新潟、石川、京都、兵庫、島根の八道府県二六種

右に次ぐもの

青森、岩手、宮城、福島、秋田、石川、福井、千葉、愛知、三重、岡山、山口、広島、愛媛、福岡、大分、和歌山、兵庫、鳥取、島根、長崎、熊本、宮崎、鹿児島、沖縄の二五県五七種

表11　乾ノリ生産状況（明治24年）（『水産事項特別調査』）

産出府県	生産高	生産額	産地数
北海道	2,901貫	2,100円	21郡
東京	13,200	157,400	養殖
京都	700	2,000	12村
大阪	700	150	1市
神奈川	10,800	37,300	3郡13村
兵庫	2,000	1,300	2郡11村
長崎	10,500	3,700	3郡4海
新潟	2,000	700	5郡28町村
千葉	16,300	9,200	養殖
茨城	300	1,100	5郡
栃木	2,000	1,000	
三重	2,700	2,500	3郡22村
愛知	2,000	3,200	4村・養殖
静岡	6,900	4,100	21村・養殖
岐阜	80	70	
宮城	8,100	12,400	16村・養殖
福島	200	200	14村
岩手	1,500	3,000	31町村
青森	400	600	14村
山形	300	200	1村
秋田	300	400	1村
福井	500	700	3村
石川	3,300	2,800	4村
鳥取	1,200	600	5村2郡
島根	15,800	13,700	10郡83村
広島	19,200	48,800	養殖
山口	4,700	6,000	5郡21村
和歌山	5,200	10,100	養殖
愛媛	600	500	5村
高知	90	800	8村
福岡	4,600	600	9村
大分	1,300	300	19村
佐賀	500	200	
熊本	40	100	3村・養殖
鹿児島	7,900	800	8村
合計	148,700	422,100	

産額はないが村数だけの県：沖縄16村，徳島4村，富山1村．養殖と書いてないのは岩ノリ産地

表12　養殖ノリと岩ノリの生産状況比較（『漁家の副業』）

	生産県	生産高	産　額	従事者数		
				男	女	計
岩ノリ	新　潟	1,340貫	6,700円	—	—	—
	山　形	1,020〃	2,700	0	410	410
	福　井	1,790〃	3,800	238	833	1,071
	鳥　取	530〃	1,000	20	114	134
	島　根	22,690束	15,400	494	1,406	1,900
	高　知	250束 80貫	820	5	140	145
養殖ノリ	神奈川	—	165,100	200	113	313
	三　重	9,794貫	113,700	526	592	1,118

4　岩ノリの特色

『日本製品水産誌』によると、岩ノリの判型は大小実にさまざまである。養殖ノリが大判で丈《たけ》八寸、幅七寸、小判で丈七寸、幅三寸程度であるのに対し、岩ノリは丈二尺五寸があり、一尺以上も珍しくはない。このほか出雲の十六島ノリは五尺に達する畳ほどの大きさのものもあった。また小さなものでは島根県宅野ノリのように五寸八分×五寸があるが、これらは例外で、概して養殖ノリより大きい。

形状では島根県の鰐淵ノリのように三尺×五寸五分という細長いものがあるほか、隠岐、佐渡、越前などの製品は正方形であり、島根県の津野ノリ、羽根ノリ、鹿児島県の国津ノリは円形であって、中国産との関連を思わせるものがあった。

次に養殖ノリと岩ノリの生産状況を大正十年の『漁家の副業』にみると、たとえば島根、福井の主要岩ノリ県は千人を越える従事者があるが、養殖県神奈川に比べ、島根県は約一割、福井県は二%の生産高にすぎない。しかも生産従事者数は神奈川県の三―六倍もあったのに、である。

一貫目当たりの生産額も山形、福井、島取の各県は約二円で、養殖県三重の一一円にくらべれば実に僅少である。

比較的抄製法が進んでおり、地元以外に京阪など広い販路をもっていたのは、歴史の古い島根県だけであった。他は岩上や竹簀、ムシロの上に天然干しにするか、手で押し広げる程度の粗悪品で、自家用か県内消費する以外はなかった。

しかし昭和年代に入るころから、各県では投石やコンクリート塗付による着生面の造成を図ったり、養殖地帯から講師を招いて、製法の改良に努めるなどして、商品価値を高めるようになった所が多い。ただ悩みは、養殖ノリのように波静かな内湾での作業ではなく、外洋の波しぶきを浴びる海岸のぬめりのある岩の上でのノリ採取なので、昔から平成の時代に至っても、生命を落とす人々は絶えないのである。

第20章　十六島《ウップルイ》ノリ

1　十六島ノリの誕生地

島根半島は、最高五〇〇メートル程度の丘陵地帯を形成している。この半島の日本海側は、断崖が海に迫る岩石海岸で、石英斑岸の柱状節理が美しく連なった岩盤や海蝕によって生じた洞窟なども あって絶景を繰り広げている。この辺一帯は、国造りの神話の舞台であると同時に、『風土記』が讃美した「海幸の多《さわ》に生じ」た海辺であった。『風土記』に記された古代から現在に至るまで海藻を数多く産出し、しかも天下にその名を馳せた出雲ノリの産地とはこの辺一帯を指す。ノリ史の濫觴《らんしょう》の地として銘記されるべき地帯である。

『出雲国風土記』にはたくさんのノリ産地が記してある（第2章参照）が、その中で古今を通じて有名な場所は、十六島《ウップルイ》（現平田市十六島）である。『風土記』の原本はすでに徳川時代にもなかったので、十六島の地が同書に載っていたか否か判然とせぬが、許津浜（現平田市小津浜――十六島の南隣）の次に記してある、弥豆推、於豆振、許豆埼（等々数種の書き方が伝えられていて、原本でははたして何とあったか不明だが、使用の可能性のかなり強いとみられる許豆埼、於豆振を以下において使用する）がそれに該当するだろうとい

われている。その理由はいくつかある。『風土記』の「許豆埼」の注に、

長《ながさ》　二里二百歩《あし》　広《ひろさ》　一里《なり》
周《めぐり》　嵯峨《さがし》　上《うえに》　有松《まつあり》　菜　芋《あり》

とあるのは、十六島岬の地形と酷似している。前記したように、許豆浜——許豆埼と続けた『風土記』の記述は、現在の小津浜の隣に十六島岬が延びている現状と場所的に一致している。

楯縫郡には三つのノリ島があったと『風土記』はいう。その中に許豆浜に近く「許豆島」のあったことが記してある。許豆島は記載内容から推して、十六島岬の一部を指す可能性が強い。したがって、『風土記』にそれと明記されなかったにしても、十六島岬でその昔からノリは採られていたとみて差し支えないであろう。なおそれを立証するものに紫菜島社《のりしまのやしろ》がある。同社は現在十六島地区が背負う山上にある氏神、津上神社の境内に併置されているが、元は集落のある位置からノリのとれる岬へ向かう岐路に祀ってあった。おそらくそこが『風土記』の頃から地区のノリ採りに関する話し合いの場であり、口明けの際に勢揃いする場所であり、ノリの集散の場とされたものであろう。

ところで『風土記』の記載が、弥豆椎、於豆振、許豆埼等々曖昧となっていたこの地は、いつごろから十六島と書くようになり、さらに「ウップルイ」と呼ぶようになったか。

これについてはかつて金関丈夫氏が『島根新聞』に詳細な研究成果を発表しておられるので、それを借用させていただき、本項を進めたい。氏によれば、平安末期から鎌倉初期の作といわれる『堤中納言物語』の中に「出雲の浦の甘海苔」が出ており、『延喜式』で調《みつき》（租税）として都へ運ばれた紫菜が、京の

都では名産として知られたことがわかる。まだ十六島の名はないが、出雲の紫菜の最良品が十六島ノリであったことは、後世に明らかとなる。

降って応永六年（一三九九）京の吉田神社の社家・鈴鹿氏が、聖護院の沢井・畠中両所をもてなした献立の中に、「吸物　十六島《うそて》」とある（『鈴鹿家記』）。十六島ノリの名が（呼び方に疑義は残るが）京に知られていたことは明らかである。はるかに降って天正年間（一五七三―九二）には、神魂《かもす》神社社家・秋上氏が、領主毛利輝元に献上した出雲国名産中にも「十六島」の名がある。それ以前天文元年（一五三二）には尼子経久が出雲一円を征服しているが、尼子氏は足利将軍家に通じていたから、この線から十六島の名が京で有名になった可能性は高い。

ところで「十六島」を正しくは何と読んだかが明らかでない。江戸初期にはウッフルイ、オッフルイ、ウップルイなどと読まれているから、室町時代にもこれらの読み方が知られていた可能性は強いとみられる。また、『雲陽軍実記』によれば、尼子の輩下に、山の上の城主・十六島弥六左衛門があり、天正のころ石見銀山の戦で部下一六〇余名とともに戦死したとあるが、この場合もウップルイと呼ばれたのだといわれる。遅くとも室町末期から、十六島ノリをウッフルイノリ、またはウップルイノリなどと読むようになったものと考えられるが、それではなぜこの妙な文字と呼び方が生まれたのか。

2　十六島の文字の由来

十六島の文字の由来には二説がある。

①約一千年前のある秋、この岬の突端にある岩ばかりの島へ、朝鮮半島方面から一六人の僧が漂着した。僧らは、岬の人々から丁重にもてなされ、名産のノリの供養もうけた。その味に感じ入った僧たちは岩島で護摩をたき、読経しつつその灰を海へ投じてノリの豊作を祈念した。それ以後、ノリの出来栄えは素晴らしく、出雲の海随一の名声を得たので、人々は僧らを十六善神と崇め、この岬を十六島と名づけた。また、僧らが読経した島を経島と名づけ、祠を設けて祀った（経島の祠は波にさらわれ、今は岬の突端にある高台に移されている）。

一六人は大般若経をはじめ相当量の経典を持参しており、これを京へ届けるのが目的だった。僧らはしばらくの間小津湾奥の名刹、鰐淵寺（推古天皇二年創建）を宿としていたが、のち峠を越え、斐伊川を渡り、宍道湖南方の山中に般若寺を建てて落ち着いた。十六善神の鴻徳を敬う、ノリ島の持主たちは、年々新ノリがとれると同寺まで持参し供物とするようになり、一六人が京へ去ってのちはもちろん、現在にいたるまでその習慣は維持されている。

『三養雑記』は、「十六権現影向の地なりとて水底に気味よろしき海藻あり」と記し、続けて「十六善神島」の海苔と書いては長々しいので略して十六島海苔とし、この地の俗言「うっぷるい」というのをそのまま文字に読み慣わしたのだと説いている。

②この岬の周りは、『風土記』の説くように二里余り、断崖に覆われており、岩が波打際に迫るあたりに、真白な柱状節理が発達して石畳を連ねたような石廊下が形成され、岬を取り巻いている。この石の廻廊は概して平板で、広い所では幅が数メートルから一〇メートルにも及ぶので、夏の干潮時には集落から三キロもある岬の突端、経島の辺まで歩いてゆかれる。が、この廻廊も所によっては途切れかけたり、狭まったり、高低があったりするので、季節風の荒れ狂う冬ともなると、満潮

十六島半島経島と石の廻廊（和泉林一郎氏提供）

時には怒濤の下に没する所もある。だからノリをとるには岬の脊梁伝いに歩き、崖を降って波によって断たれたノリ場へ到達せねばならぬ。「嶋」と名づけられたのは、冬の荒波に前後の連絡を絶たれた石畳をいうのである。それも画然とした区分があるわけではなく、見方によっていくつかの島になるが、これが一六あったので十六島の名が生まれたというのが第二の説である。

十六のノリ島は、数百年来この地の原住者一二戸によって採取権を独占されてきたと伝えられている。

3　ウップルイノリのいわれ

十六島の文字もいわくありげであるが、また、ウップルイという語もなんとなく日本語離れがした妙な響きを持っている。このいわれを探求する人々の間に、日本語以外に語源を求めようとする考えが起こったのは無理からぬことである。

その一つはアイヌ語説である。『大和本草』の「紫菜」の部の頭注に、「うっぷるいの名は多分アイヌ語なるべし」と記載してある。その二は朝鮮語説である。大槻博士の『大言海』に「朝鮮におっぷりという地名あり、変化ありし地の意という。関係ありや」と説いている。

さらに他に日本語説として、ノリをとり、露を「打ち振」って乾すという説もある。江戸時代後期の漢学者・小野蘭山がその著書『本草綱目啓蒙』の中で「雲州ノ十六島(うっぷるい)ノリハ　質細ク糸ノゴトクニシテシナヤカナリ　ソノノリ海石ニ附テ衣ノゴトクナリタルヲ剝キ採リ、露ヲ打フルヒテ乾ス　故ニウップルヒト名《なづ》ク　島ノ名モ之ニ因ル」と説いている。次のような伝説もある。

神代のこと、事代主命《ことしろぬしのみこと》(産業の神、恵比須様として知られる)が、居住地である美保関(島根半島東端にあり、美保神社祭神は同命である)から出雲(大社の所在地)にある父君(大国主命)の許を訪れようとした道すがらこの岬に立ちよった。この時、海の岩上に長く伸びているノリをみてこれをはぎとり、海水で洗って付着する露や砂を打ち振って食べたところ、大変においしかったので人々にも勧めた。以後、人々は命を見習い、うち振って食べるようになった。

しかしその昔から、地元では「ハギノリ」「アライノリ」「イタノリ」「カモジノリ」などと呼んだが、「ウップルイノリ」とは呼ばなかったことからみると、ノリに関連して生まれたものではないのではなかろうか。

要するに、ウップルイノリの語源はまだ断定できるまでに至ってはいないのである。また、ウップルイと十六島の関係も明らかではない。が、およその推理をすれば次のとおりとなろう。まず、『風土記』にある許豆浜は現在も小津浜として存在していることや、十六島岬とおぼしき地を許豆埼または於豆振と書いたらしいことなどにより、この岬は大昔にはコヅフルイとかオッフルイと呼ばれたとみる（その語源は詮索しない）。それが後年ウップルイ、ウップルイと転訛していった。一方、十六善神が渡来したという事実があったことと、この岬のノリ島（岩盤）がいくつにも分かれていることを合わせ考えた住民が、十六島鼻（岬を俗称ハナと呼ぶ）と書くようになった。十六島の地に産する比類ない良質ノリは、京へ伝送されるようになるとこの文字がそのままノリ名として知られ、ウップルイノリという珍奇な呼び名とともに著名となった。『和漢三才図会』（正徳年間）には「十六島苔《うつふるいのり》」は「雲州十六島より出」るからこう名づけたとある。十六島産のノリ名はこうして天下に知れ渡っていったとみるわけである。

4　江戸時代の十六島ノリ

十六島ノリは、江戸時代に入るとより一層有名になる。室町時代の影響をうけて、精進料理や茶席などで珍重される一品となった。『寛永料理物語』には「十六島苔　冷汁、焙り肴、菓子」とある。菓子とあるのは茶席で用いたことを示す。茶席では吸物とすることも多かった。寛永十二年（一六三五）三月二十七日の京都大徳寺惣見院の茶事に際しては、「吸物　山の芋　十六島　オッフルイトヨム也、出雲ノ名物ノノリ也」とあるように、芋汁に振りかけても用いた。

たびたび引用しているように『毛吹草』（寛永十五年版）にも出雲国名産として十六島苔が出てくる。著者松江重頼は出雲国出身で当時京に住んでいたが、江戸にも往来して視野は広い。この本にのせられたノリは、浅草ノリ、葛西ノリ、品川ノリ、能登ノリと合わせ五種だけである。しかも、上記四種は当代に初めて紹介されたものであって、古代から出雲ノリとして知られ、室町初期には全国でただ一つ、地名を冠された十六島ノリの輝かしい伝統にはとうてい及ばなかった。

この名産品の名をより一層広めた人として茶人松平不昧《ふまい》の逸話が残っている。不昧とは、明和四年（一七六七）から文化三年（一八〇六）まで、出雲国一円、一〇万石を領した、松江城主松平治郷《はるさと》のことである。彼は、危殆にひんした藩政を建て直し、山陰一の富饒な藩に引き上げた英邁な殿様としても知られる。文化三年、藩主の座を去り、剃髪して不昧と号した。以後は悠々自適、禅を修め、俳句を嗜み、茶道を極め洒脱の中に枯淡の境地を求めた人である。特に京都大徳寺の中に大円庵を営み、たびたび茶会を催したが、そのおり必ずといってよいほど十六島ノリを用いたという。在職中も将軍家に対する献上品としたほか、老中、知己の大名たちにも贈ったというからよほど自慢の品だったのであろう。ある時、諸侯を招き、宴席を開いたおり、このノリを張り合わせて仕立てた羽織を着て現われた。宴たけなわになると「各々方、今日は何もお口に合う肴とてないが、これなど焙って召し上がれ」と、羽織をぬぎ、まずみずからちぎっては食べ、ちぎっては食べして、人々にも進め、事情を知らぬ諸侯をあっといわせた。

5　松江藩への献上

十六島ノリをも含め、出雲ノリが、奈良、平安朝時代の貢納品だったことはすでに記した。鎌倉、室町の世となると、中央政府向けの乾ノリ貢納はなくなるが、進献品、交易品となっていたほか領主に献上もされ、社寺にも寄進された。それらの手を通じて、中央の支配階層に贈られ、有名になったのであった。

江戸期に入り、松江藩松平侯が当地方を支配すると、藩へ上納されるようになった。品川、大森から御膳ノリを献上した場合と同様に、運上的性格をもっていた模様である。

献上品は藩内要路にある藩士にも贈られた。献上は十六島ノリ産地だけでなく、島根半島全域でも行なわれたらしい。献上後は、松江市中をはじめ、遠くは宍道湖の南方山地まで売りに出た。これらの地方には、正月になると、ノリとモチだけの雑煮を祝う習慣が今も残るが、これは松江市中の武家の家風から生まれたものだという。もっとも、さらにさかのぼって存在したか否か、その辺まではわかっていない。

献上は、小津湾に近い鰐淵寺に対しても行なわれた。同寺は、出雲国第一の古刹であり、後醍醐天皇、後村上天皇らの尊崇もあつかった。中央との交流も多く、ノリを贈った文書も残っている。江戸時代というだけで年代はわからないが、年頭にあたって、東叡山へ「タバノリ　二把」を献上し、また、禁裏（宮中）で清宮皇子が青蓮宮を相続するに際しては鰐淵寺惣中より「鄙《ひ》産之洗ノリ一箱」を献上したなどの記録がそれである（タバノリは束ノリ――俗称カモジノリ――のことか。洗ノリは、砂の類を洗って仕上げたノリの類か。いずれにしろ、地元ではウップルイノリとはいっていなかった証拠の一つである）。

6　ノリ島と採取、販売

往時は十六の島があったといわれるが、明治になってから知られていたのは、入合島、小島、水尻島、大黒内島、内太平島、太平島、京（経）島（以上河下湾内）、根滝島、殿島、雲手島、橋島、谷福島、鯖口島、二の浦島（以上は岬の突端から半島の東側にかけて）の一五島であった。

むろん、これらが本物の島ではないことは先に記したとおりである。この島々のうち入会島だけは共有だが、よいノリはとれなかった。他は個人所有となっており、江戸期においては一二戸の持ち物で、昭和初期になると漸増し、二八戸で分け持つようになる。総面積は約二七〇〇坪である。

以下に採取から始まって、製造、販売に至る諸慣習を紹介するが、それらは主として太平洋戦争以前――大正年間から昭和初期までのものである。

ノリ島を所有する者は村内約百戸のうち一二戸（共有場をもつ者を含めると二〇戸）、これらをシマモチとも御館《おやかた》ともいう。みな村の旧家であり、氏神（津上大明神、ノリの神も併祀してある）のお当屋は彼らだけが一、二年交代で勤める。昭和の初めまでは当屋を引き継ぐ（開きという）ときは、その家へ村中の人が集まり、酒は飲み放題、飯も食べ放題であった。シマモチの中には、ノリ収入だけで暮らせる家もあるほどであり、それぞれにノリのお蔭をうけていることを神に感謝する意味が籠っているのである。村民は、春から秋までは、アジ、サバ漁、一本釣、ワカメ刈りなどに従事する漁民ばかりであった。冬になるとシマモチが平均四人のシマコ（島子、ノリ採り女）を雇い入れるので合計八〇人、シマモチを除く村内八〇戸から一人ずつ出る計算になる。しかも、シマコは入会島に入るし、シマモチから給金のほかノリをも礼として受け取るので、全戸がノリ採りと製造に従事したことになる。

ノリ採り日には、丸形のやや深い竹籠を腰に下げ、手には楕円形の竹笊《べら》を持ち、わらじをはいて出かける。生ノリの採集は、凪の日を選ぶが、せっかく成長したノリが波濤のために洗い流されぬように、波の高い日でもとることがある。広くても一〇メートル、狭い所では一、二メートルの岩盤は、海面へ向けて多少なりとも傾斜しているから、押し寄せる高波やノリのぬめりと相まって転倒する危険性がある。シマコは、波が荒れる時は、うしろの山際に避け、引いた時に急いでノリの繁茂する岩場へゆく。そして岩面一杯に黒々とジューターンのように張り付いているノリを指先で巻きつけるようにしてとる。眼と鼻の先で

抄きノリ（手で押し広げる）（和泉林一郎氏提供）

板ノリ（和泉林一郎氏提供）

は大波が荒れ狂い、波打際から鋭く切りこんで深い海に臨んでいる。波に襲われたら命にかかわる危険な仕事だから「波見《なみみ》」と称する者を一人置いて監視する。未熟なシマコは縄を陸上の岩角と自分の腰に結び、巻きつけて、波にさらわれることを防ぐ。

干《ひ》ノリをとるには海面が静穏で、天気晴朗の日を選ぶ。ウップルイノリは、本来糸のような細長い葉体だが、これが生長する過程で相互に粘着して織り上げた布のように連なり、平滑な岩床上に付着する。これが太陽により干上がったとき、はぎ取ったものを干ノリ（ハギノリ）というのである。これを一坪くらいの大きさに庖丁で筋を切り、切れ目からノリと岩との間に手を入れて、そのままはぎとる。天然の抄き製品のような見事なもので、代表的な十六島ノリだが、砂石がついているから庖丁でこすり落とす。

製造は、その昔からはぎノリが主体だったが、幅一尺、長さ六尺の板に打ちつけ、手で押し、陰乾しにする方法もあった。

販売方法はシマモチの家を村のにわか商人が廻ってせり売買するもので、地元以外のノリ商人はせることができずアキウドから買う。ノリ商は買い取った品を松江に持ってゆき、町宿に宿泊している奥方（仁多、飯石、大原各郡）の商人に売る。奥方（山間部の意）のノリ需要は松江市など諸都市と並んで非常に多く、十六島ノリのような上等品よりは、島根半島にある他産地の品の方がよく売れた。正月のノリ雑煮を祝う習慣のために、松江・三成《みなり》・木次《きすき》などの歳の市でノリ市が立つほか大社の節分市にもよく売れた。県内のほかでは鳥取の山間部へも少々出た。昭和初期における生産高は生ノリ九〇〇貫、干ノリ一四〇〇貫、金額にして約一〇〇〇円である。

山間部に需要の多かったのは、運ばれるノリが天然自生のままの自然乾燥品だったことによる。その昔のノリは十六島ノリに限らず、現今の抄製品のように鹹味を洗い落とした製品ではなかった。やはり当地方の名産「メノハ」（大判ワカメ）も天然乾燥品である。これらは冬から春にかけて山地の住人の塩分補給源としての役割を果たしていたのである。日本最古のノリ産地では風土記の昔でも、塩ノリを市に出していた可能性も強い。出雲人、または日本海側に住んだ古代日本人のノリを重視する観念は、一つにはそれが製塩の特に困難な冬季における含塩食品であったところから生じたのではないか。

第21章　日本海の有名岩ノリ

1　殿島ノリ

石見国（島根県）の数多くある産地の中でも、とくに著名な場所は、邇摩《にま》郡温泉津《ゆのつ》町にある、殿島である。温泉津町は、海岸の風光と温泉に恵まれ、背後に三瓶山をひかえた景勝の地として知られるが、またこの地では、最も古くから著名となったノリ産地を持つ。この町の外れ、海岸に近く、日祖《ひおや》という小集落が孤立して存在する。集落から海岸へ向かって尾根が走り、きわまる所から急に断崖となって一〇〇メートルばかり落ちる汀に「千畳敷」と呼ばれる、柱状節理が発達した大岩盤が形成されている。扇状で、表面が平滑なこの岩盤は、海面からの高さが二、三メートルあり、冬の荒波に洗われるので、岩ノリの繁茂には絶好の条件が備わっている。石見国には出雲国の十六島岬ほどの長大な石廊の発達した海岸はないが、扇状形の、あるいは短い石廊は随所に見られ、どこもノリをよく産する。

『延喜式』には、石見国の国司から「紫菜」が貢納されたと記録されている。この国ではさかのぼれば出雲族が隆盛をきわめた時代から好んでノリを食べたのではないか。彼らの根拠地であった出雲、石見、隠岐の三国は古代からノリ産地であったから、日祖付近のノリ採取の歴史も古代までさかのぼっても不思

殿島の大岩盤

議ではない。が、当集落の口碑によれば、人が居住した初めは平安末期で、平家の落人伝説が残るゆえ、ノリを採り出したのはそれ以後のことということになろうか。

日祖のノリに眼をつけた支配者は、永禄五年（一五六二）石見国を平定した毛利大膳夫隆元（元就の子）である。十月（旧）になると役人を出張させ、ノリを採取させて賞美した。ここの岩盤を殿島と称えるようになったのはそれ以来のことだといわれる。

徳川支配下になると、日祖は同国大森銀山直轄の天領となり、元和二年（一六一六、大坂落城の翌年）には「日祖海苔二叺」が献上されている（銀山代官より発せられた受取書があった）。これは日祖のノリ採取者が、その権利保全を願ったものであろう。これより日祖ノリは名産として知られ、銀山からは年々のノリ採り時季には役人が出張して番小屋を設けて監視するようになり、また奉行、竹村藤兵衛からは、温泉津村役人へ「御書翰」が下され日祖集落の採取権が確定した。その後年月は不明だが、幸田与左衛門というノリ採り監視の役人がこの岩盤上から滑り落ちて死んで後は役人のノリ採り番は廃止された（今も与左衛門淵の名称が岩盤下の海の一隅に残されている）。

日祖のノリ採り方へは年々「番賃銀七百五拾匁宛御下」げ渡しになるので「浦人共昼弐人、夜九人昼夜無怠慢番いたし」寒に入り海の凪いだ日和を見定めノリ採り日を申し上げると役人が出張することになった。けれども、せっかく役人が出張して来ても日和が狂って海が荒れ、ノリの採れぬことがたびたびあったので、日祖の浦人だけで番をし、ノリを採り、献上するようになった。

嘉永六年十二月、温泉津村庄屋、百姓代らから、大森代官所の屋代増之助に宛てこの献上ノリに対する「御受書」を戴きたい趣旨の嘆願書を差し出している。献上証拠の書付けを貰わねば、後年の「殿島乱」のもとになるというわけである。右書付けによれば、ノリの番は、毎年十月一日に始まり、集落から殿島へ通じる尾根の上の一本道に番小屋を設け、六、七〇日間、昼夜厳重に行なったとある。良質な殿島ノリゆえに盗まれる恐れがあったのであろう。

石見代官所の庇護を得る一方、献身的なノリ番を行ない、「誠心相尽献上」し続けた。殿島二三軒のうち一五軒だけがノリ採りの権利を占有することを許されて明治維新に至るのである。

2　明治以後の殿島ノリ

明治を迎えてもなお一五軒が占有して、日祖集落全戸が採苔に加わることは拒否され続けた。明治十二年からは一カ年金一一円ずつを掛り賃の名目で（翌年からは村益金と改称）、村役場へ納めるようになった。同年におけるノリ値段は百目に付二銭と決められている。

明治三十五年漁業法改正を機に、それまでノリ業者たちの占有権に手も出せなかった温泉津町の有志が、殿島を町有にして採苔に加わろうと企てた。一五名もまたこの機会に専用漁業権を獲得し、既得権益を維持しようと企図して出願したので大騒動となり、双方の争いは数年を経ても解決しなかった。同三十九年十月、農商務省から三人が実地調査に訪れ、双方の出願者から事情を聴取した結果、出願を共に斥け、日祖集落居住者全員による漁業組合を組織し、採苔権を与えると指示した。これにより二〇余軒が組合員となったのであるが、大正年間の記録では、旧戸は一一軒と減少している。

以後現在に至るまで、この慣行は維持されている。組合員はノリ採り期になると、殿島への入口に番小屋を造って交代で見張りを行ない、採取日を話し合いで決め、共同採取に当たる。大正十三年度における採取日は、十二月――二二日、二五日、二六日　一月――二二日　二月――四日、五日、一五日、一六日の八日が記録されている。

口明け日は厳しく守られ、決められた採取日以外は採ることを許されぬが、季明け後は自由で誰が採ってもよい。採取に当たるのは十一戸の家長だけで、採取日には必ず出なければならなかった(明治四十年頃)。また、他所者の盗み取りを防ぐために設けられた、番小屋の当番にも交代で出なければならなかった(明治初年まで)。採取する岩は、平坦な広い岩盤ながら、波頭が砕けて散る海際は、海面へ向かって傾斜している上に、ノリが密生していて滑りやすい。江戸時代に役人与左衛門が滑り落ちて死んだ与左衛門淵は、荒波が寄せては砕け咆哮する恐ろしい海である。だから、ノリを採るには腰に命綱を巻きつけてたがいに助け合うのだが、それでも恐ろしいことが起こる。

筆者がここを訪れた、昭和四十一年一月末のある日のことである。岩盤上でノリをとっていた十余人の婦人たちのうち一人が、つい夢中になって崖のふちまで採りにゆき、ノリに足を滑らして、高さ二メートル余の水中に落ちこんだ。その日は、冬の日本海には珍しく凪日和だったが、それでも高波が白く砕けて散るすさまじさを呈していた。とっさに岩にすがりつき、必死になって助けを求める声を聞き、勇敢にもノリ採り監視人（五一歳男）は着衣のまま、救命綱の一端を体に縛りつけて飛びこんだ。老婆はもうそのとき、岩打つ波に奔弄され、岩から手をもぎとられ、息も絶え絶えで漂っていた。監視人は海中に飛びこむと、次々と襲いくる高波のために岩へ何度も叩きつけられたが、波の間で両手を合わせて拝む老婆の姿をみると猛然と最後の勇気を振るい起こし、彼女をついに摑まえた。そして岩上の十余人の手によって下ろされたロープにすがりながら、彼女を引き上げたのである。筆者は、老婆が意識不明のまま呻き、仲間が焚火をして温め介抱しているその場へ行き合わせた。助けた人も体中傷だらけで岩上に倒れていた。殿島何百年のノリ採りの歴史の中で、海へ落ちた人が初めて助かった感激の日である。気がついてみると、医者が来、全集落の人々が集まっていた。

3　殿島ノリの販売

採ったノリは「ヘギノリ」（ハギノリのこと。ウップルイと同様に晴天でノリの乾燥している日に剝いだもの）のままで売ることもあれば、生ノリを採りそのまま売ることもある。採れる量が多いときは、加工せずに売り歩く分の方が多かった。販売は共同で、収入は諸入費を差し引いた上で戸数割に分配する。採取から収入の分配までを管理する役を「当屋《とうや》」といい、全員が年番でこれに当たる。大正十三年十二月分の当屋による帳付けによれば、

収入

乾ノリ　一貫二百七十六匁　一〇二円八銭
支出
　諸入用金　六円五〇銭
差引　九四円五八銭
十二戸への配当金　八円五〇銭

翌年二月五日に採取した分は、水ノリ（生ノリのこと）のまま七〇〇匁ずつ現場で分配している。つまり、ノリの売れ行きは年末年始に多いので製品とするけれども、二月ともなると採取量も多くなるが、売れ行きも鈍るので、自家消費に廻すようになるのである。集落の人々はこれを醬油汁としてたらふく食べるのを今も昔も最上の御馳走としている。

殿島ノリは、十六島ノリほど京では著名とならなかったが、山陰の名産であった。温泉津町の西楽寺には、京都の西本願寺から贈られた親鸞の像が安置されている。これは、同寺が本願寺へたびたび殿島ノリを贈った謝礼として貰ったものだと伝えられる。事実、ここのノリは美麗で黒紅色の光沢が強く、おいしいノリであり、本願寺が感銘する価値はある。養殖ノリの二倍くらいの大きさに抄かれたこのノリの販路は温泉津町の近郷近在から漸次山陰道筋へ広がりつつある。

4　城崎ノリ

但馬（兵庫県）の名湯城崎《きのさき》温泉は『古今和歌集』にも名を見せた名湯だが、江戸時代ともなると、京、大坂の奥座敷として「但馬の湯」の名で有名となり、湯治客がたくさん訪れるようになった。客が増えると「湯島みやげ」も売られるようになる。

「宝暦年間刻文化三年改め」の「但州湯島道中独案内」には、「山崎勘十郎店」で「柳行李、あま苔大中小、つくばね等々」を売ったと記され、また別に「湯島土産」として「柳行李、海苔、湯の花、麦わら細工、楊枝、つくばね、宮津ちりめん（絹）、たばこづつ」等があげられている。あまのりは、柳行李に次ぐ名産だったらしい。安政六年板の『広益国産考』には「但馬国木の崎辺の海より浅草海苔に似たるもの産せり」とあり、浅草ノリや舞坂ノリと並んで記され、かなり有名となっていたことを示している。

海から四キロも隔たった湯島のみやげはどこでとれていたものだろうか。明治十年版の『日本製品図説』には「瀬戸海苔の説」として次のように紹介している。

この海苔一に城崎のりと名づくる者にて豊岡県（現、兵庫県）下但馬国城崎郡瀬戸村の海中に生ず、採り来れば先づ清水にて汚穢を洗ヒ除き、布嚢に納れて水液を絞り取りその塩気の存留せる分を撰て茅簾に貼り付け風日に晒し乾し、然る後これを貯ふるなり。製苔の時限は十一月より三月までを定とすれど、時気宜しからざれば本色真味《よきふうみ》を得難し、さるからに精好の者は必ず厳寒の中に製すと云ふ、一年の製額凡そ五千枚、五枚をもて一帖とす、その価八銭なり。

これにより「但馬国瀬戸村」から「瀬戸ノリ」が生じていたことがわかる。城崎に近い奇勝玄武洞の下を流れる円山川が海に臨むあたりに、津居山湾がある。同湾を日本海の荒波からさえぎる岬の西側には、海蝕を受けた岩肌の絶妙の美を誇る景勝日和山がある。この辺から隣の瀬戸村に連なる岩礁に生えるのが瀬戸ノリで、これが城崎へ運ばれると湯島みやげとなり、木（城）の崎ノリとなったのである。しかし浅草ノリの原産地が、葛西浦や深川浦、品川浦と広かったように、城崎ノリも瀬戸村のほか、西隣の竹野村や東方の久美浜のノリも含まれていた。温泉みやげとなった珍しい例である。但馬の西側にある隣国、伯耆、因幡、丹後、若狭などにもかなり産出地はあったが、有名にはならなかったのは消費地に恵まれなかったせいであろう。

5　雪ノリ、黒ノリ

『和漢三才図会』（正徳年間板行）の中に紫菜、十六島苔などと並んで「雪苔」の記載がある。同書によれば「雪苔とはウップルイノリに似るがそれより短い。色は紫で、石面に降った雪が変じて苔となるのだ。こそげとって食べる。雲州加加浦や丹後国に産する」とある。加加浦は、十六島岬の東方、島根半島の一角にある。丹後国（京都府）で産地といえば、奥丹後半島の経が崎、成生岬辺である。このほか、若狭国から越後国へかけて（北越の海）雪ノリの呼称が使われた。『毛吹草』には、「能登国」の産物に「雪苔」があげられている。雪ノリの名は江戸期以前から京まで聞こえ、十六島ノリに次いで珍重された。

能登方面には、雪苔のほかに黒苔の名称も昔からあった。両種のノリの異同は明らかではないが、同質異称ではなかろうか。『能登名跡志』には、能登半島輪島より六〇キロばかり北方の洋上にある舳倉《へくら》島で、

「鮑《あわび》と黒海苔」がとれると記してある。鮑といえば、往昔、最高の貢納品とされた海産である。それと併記された黒ノリが、いかに価値ある品だったか知られるであろう。『寛政武鑑』によれば、金沢藩から幕府への献上物として、三月、五月、九月の三回にわたって「苔」が、『嘉永武鑑』には「苔、紅葉苔、島苔」が献上されたとある。藩の記録には雪ノリ、黒ノリの記録がない。この間の事情は明らかではないが、ノリはこの頃藩領の海から貢納物として献上されたものとみられる。なお、越後では、ここの海の雪ノリが、新潟の町で行商されたり、一部は乾物問屋へ送られて乾物品の一種とされた。新潟県の雪ノリは、昔から日本海側では島根県に次ぐ生産量をあげていた。大正十年に副業として奨励して以来増加しはじめる。同十三年には生産高で前年の九倍、生産額で一〇倍と急激に増加している。この年の他の海藻類と産額を比べると、ノリが断然他を引き離して多い。本県におけるノリの重要性が知られるであろう。その生産は佐渡島に圧倒的に多く、総額の九七パーセントに達している。佐渡の中では小木町、金泉村、二見村が多く、佐渡以外では、西頸城郡、三島郡に多いが、一千数百円程度に過ぎなかった。

6　離島のノリ

日本海側にはたくさんの島がある。これらはほとんどノリ産地といってよい。佐渡、隠岐、壱岐、対馬の大きな島が申し合わせたように大産地である。また、韓国の多島海もノリ産地として著名だが、その南に展開する北九州の島々、岬もことごとくノリを産する。この地方には、その昔（明治期以前以後も一部に）清（中国）と同じ製法の円型のノリすらあった。明治時代に清国へ向けて長崎港から輸出されたのは、みな九州の離島や人里離れた岬からの産出品である。

それぞれの島に特有のノリ採り慣習があるが、すべてを尽くしがたいので以下二、三の例を記すに留める。

山陰では隠岐に次ぐ離島、見島は、萩の町より海上を北西へ向けて六〇キロの距離にある孤島である。別名魚島といわれるほどに海産物が豊富で、昔からこれらを「地方《じかた》」（長州）へ輸送して、必要物資と交換したり、領主への貢納品としてきた。幕末、安政年間の「地方礒物上納控」によれば、広海苔、雲丹《うに》、和布《わかめ》、大番鮑《あわび》、塩切小鯛、俵物干鮑等々が記載してある。広ノリ（十六島ノリのような幅の広いノリ）は、ウニ、アワビ、タイなどと並ぶ超一流の献上品だったのである。

能登国輪島の沖合にある舳倉島に黒ノリがとれたことは前に記したが、両地の中間にある七ツ島でもよくとれた。ここでもアワビと並んでノリは、貴重な貢納・交易品であった。ノリを採るのは女のしごとである。七ツ島では一七歳から五〇歳くらいまでの働ける女はみな参加し、共同で採取して後、山分けするしきたりとなっていた。『海女』（瀬川清子著）によれば、長門（山口県）のアマは、ワカメ、テングサ、ノリ、アワビ、サザエ、ナマコ、ウニ等をすべてもぐってとると記している。場所は油谷を囲む岬一帯（津具、阿川、島戸の村々）や角島などである。ノリは潜水を必要としないし、他の海産のように春から夏にかけてとるものではないが、アマたちの冬の漁閑期における絶好の収穫物だったことを想起させる記述である。

佐賀県松浦半島と壱岐島との中間に横たわる加唐島は、この近隣の島々と同様にノリを多く産していた。明治十九年の『大日本水産会報』（五十二号）は大略左のとおり報告している。

ノリは加唐島に産する。平年作で十万帖の多量だが、製法は粗雑であり、所々に穴が開き、砂石が付着しているので価格は安く、合計壱千円（一枚一銭）である。旧唐津藩士中山某がこのノリの改良に注目し、人を長崎に送り、同県勧業課員、山口某につき、製法を習わせ、去る十七年から島に渡り、島民にすすめて改良に着手した。これまで一尺二、三寸あったのを方七、八寸に縮め、砂石汚物をとる方法に成功した。これにより二割は減ったが、枚数では四倍強となり、一帖五銭位で売れ、一万六千円にはなろう。これを、長崎へ売りに出した所、東京産には及ばぬが、支那人のノリ買に大いに信用を得た。

長崎の壱岐、対馬、五島列島は岩ノリの大産地で、これが長崎に来る支那（中国）のノリ買いによく売れていたのだが、右の報告は佐賀県でも輸出を試みた事実を示している。

第22章　明治維新以降のノリ

1　開放されたノリ養殖業

明治元年（一八六八）四月、二百数十年の歴史をもつ徳川幕府は、江戸城を明け渡して遂に潰《つい》え去った。同年十月、江戸は東京と改まり、新政府が東京に出現し、人びとは新時代の到来は疑うべくもない事実であると思い知らされた。

ノリ業界にあって、最も俊敏な変わり身と実行力を見せたのは、大森村のノリ製造家たちである。それまで幕府の御膳ノリ場として得ていた種々の特権が、一朝にして消滅する危機と見るより早く、明治元年九月、征東総督有栖川宮が池上本門寺に滞留した際、実に五千両もの大金を軍用金として上納したのであった。

その恩賞として新たに東貫森のヒビ建て場を開く許可を与えられた。官軍の許可を得たから「官軍場」と俗称されたこの養殖場は、糀谷《こうじゃ》、羽田の沖をさえぎるように海岸と平行して延びたので、両村既存のヒビ建て場は潮通しが悪くなるなど、長期にわたって被害を受け続けることになる。大森村の財力と時勢を見る眼が両村を上廻っていた結果であって、官軍場を得てからの同村ノリ養殖業は、以後百年にわたって、

表13　明治維新前後における東京府下ヒビ場面積変化比較…天保(1830〜43)—明治9(1876)

	天保年間	明治九年		
	坪数	坪数	戸数	一戸平均坪数
南品川宿，海晏寺門前	21,900坪	86,886坪	140戸	626
品川猟師町，品川寺門前	18,965			
大井村	52,147	56,045	63	890
不入斗村	3.617	7,316	45	162
大森村	120,254	193,050	500	386
糀谷村	26,637	38,118	93	410
羽田村羽田猟師町鈴木新田		39,000	170	230
合計	241,520	420,415	1,015	414

東京湾のみか全国産地のトップを走り続けるのである。だが、大森村も安心してばかりはおれない事態に巻きこまれる。全国各ノリ漁村が新規のヒビ場（養殖場）を自由に出願できるようになったので、以後、全国的な拡張競争が展開され始めたからである。

表13は幕末維新当時の東京府下におけるヒビ場面積比較表だが、天保末年から三三年後の明治九年には約二倍に増えており、維新以後の拡張競争はまず東京湾に始まったことを示している。神奈川県では、明治三、四年に早くも羽田村、大師河原前面の海に広大なヒビ場が生まれた。同二十年になると同県の生産額は、東京府、広島県に次ぎ第三位の産額を上げる急成長を示している。明治年間の新興産地でありながら、江戸期以来の著名産地を抱える、千葉、静岡、宮城の各県をしのいだところに新時代の到来が想起されるであろう。

当時の既存産地は、年々の不作続きと売れ行き不振で沈滞しきっており、舞坂の場合は壊滅にひんしていたほどである。しかし衰退は一時的なものであって、後年どのノリ場も復興するのだが、この頃新旧を問わず、多くのノリ場が外的要因により、存続を脅かされる事態に遭遇することになる。

原始的一次産業であるノリの養殖業と、資本主義的近代産業とは、奇しくも同様な地理的条件の地を求めるので、利害相反する立場に置かれることが多い。遠浅の砂州が展開する海面は、絶好の養殖場ではあるが、また埋め立て適地でもある。埋め立てれば、広大な工場敷地が造成され、航路を浚渫《しゅんせつ》すれば良港が生まれる。埋め立てと浚渫により、伝統あるヒビ場が文明の先端を行く工業地帯に変貌し、あるいは変貌しつつある事例は、明治以来資本主義生産を推進してきたわが国においては、全国的にみることができる。

詳説は避けるが、昭和初期、東京湾内に京浜運河を開削して、掘り上げた土砂で大規模な埋め立てを計ろうとの政府、東京市の策動が始まり、ノリ業者を中心に七〇〇〇余戸が激烈な反対運動を強行している。十余年に及ぶ闘争にもかかわらず、埋め立てが実施され、その象徴のように羽田飛行場が出現した。これはほんの一例にすぎないが、全国各ノリ場で社会的紛擾を続発しつつ、平成の今日まで及んでおり（有明海ノリ場が好例）、いわば古くて新しい重要課題である。

全国で最初にヒビ場（養殖地）を犠牲にして出現したのは横浜港である。江戸中期以来の伝統ある産地、野毛浦が築港の開発対象となり、さらに港の拡張が進むにつれ、明治十年ごろには完全に消滅する。西日本では明治四年、広島市の庚午新開の埋め立てにより草津村のヒビ柵場の大半が消滅し、明治二十二年の宇品の築港に伴う埋め立てにより大河《おおごう》のヒビ場の過半が失われるなど、江戸期のノリ養殖開始当時は想像もしなかった大変動が生じた。江波、草津、仁保等の伝統産地は、残存ヒビ場をめぐって大争論を起こす事態が生ずるのである。

2　ノリ産業躍進時代

紆余曲折を経ながらも、ノリ養殖業、ノリ流通業は、共に発展する資本主義社会を土台にして前進する。

まず明治政府は農商務省によって、水産行政推進のために各種の政策を次々に打ち出していく。なかでも明治二十四年（一八九一）に全国にわたって実施した「水産事項特別調査」は、当時の水産業界の実態を明らかにし、以後の対策を立てる上で大いに役立つことになるのである。

同調査の中から、ノリ生産状況を取り出したのが表14である。生産額一二位までの府県が挙げられているが、この中には養殖を実施していない島根、長崎両県が割りこんでいるほか、養殖実施県でも岩ノリ産額を含む静岡、宮城、山口、岩手の四県が入っている。

この調査書による海藻別産出府県数をみると、海苔は最も多く、三八府県に及んでいる。これらの府県に加え、ノリ産出県に数えられない岡山、香川、宮崎の残り三県も他の記録では産したとあるから、ノリは全道府県の産物となっていたことになる。が、合計四一道府県のうち、養殖を実施していたのは表14にある一〇府県と福島、福岡両県を加えて全体の約三割の一二府県にすぎない。

しかも上位四府県（東京、広島、神奈川、静岡）だけで下位八県の生産額の三倍強を産していたほか、一戸当たり生産額でも四府県が上位を占めていた。その中でも東京湾内にあって、生産環境と技術に勝っていた東京、神奈川の両府県の生産性が群を抜いて高かったことが明らかにされている。

当時のノリ養殖戸数を同表によってみると約六〇〇〇余戸、養殖従事者は約二万五〇〇〇人となる。このほか表に欠落している東北三県、岡山県、三河湾の一部、静岡県の舞坂等の若干数を加えたものが当時

表14　明治24年度全国ノリ生産状況

生産府県	生産高	生産額	養殖，岩ノリの別	採藻戸数	同人数	生産地
東京府	13,200貫	157,000円	養殖	1,414戸	6,397人	大森，羽田，品川，入新井，深川
広島県	19,200	48,800	同上	1,549	7,374	仁保，江波，草津
神奈川県	10,800	37,000	同上	522	573	大師河原，潮田，生麦，六浦荘
静岡県	6,900	14,000	岩ノリも若干含む	661	4,090	清水，三保，舞坂
島根県	15,800	13,700	岩ノリ	記入なし	記入なし	
宮城県	8,000	12,000	岩ノリも若干含む	同上	同上	気仙沼，松岩，階上
和歌山県	5,000	10,000	同上	741	2,764	和歌，布引，紀三井寺
千葉県	16,000	9,000	養殖	464	1,994	人見，大堀，青木，西川
山口県	4,700	6,000	岩ノリも含む	記入なし	記入なし	
長崎県	10,469	3,700	岩ノリ	同上	同上	
愛知県	2,000	3,200	養殖	538	1,281	前芝，御馬，佐脇
岩手県	1,500	2,900	岩ノリも含む	記入なし	記入なし	大船渡，気仙

（「水産事項特別調査」）

の実勢である。概算すると、全国のノリ養殖戸数約七〇〇〇戸、従事者二万数千人ということになろう。

なお、同じころ出版された『日本水産製品誌』にノリ養殖についての紹介記事があるが、眼を惹くのは、明治時代前期における産地別製品の品等区分で、左の通りになっている。

1　最良のもの
　武蔵国大森、品川、東京及びその付近

2　右に次ぐもの
　陸前国（岩手県）気仙郡盛《さかり》湾産
　陸前国（宮城県）本吉郡気仙沼産

3　右に次ぐもの
　遠江国（静岡県）浜名郡舞

坂ノリ
駿河国（静岡県）　有渡郡清水ノリ
三河国（愛知県）　宝飯郡前芝ノリ
安芸国（広島県）　広島ノリ
備前国（岡山県）　備前ノリ
上総国（千葉県）　周准《すえ》郡大堀ノリ
紀伊国（和歌山県）　海部郡和歌ノリ

右の品等区分は何によったか不明だが、これに福島県の松川ノリを加えれば、養殖県の全産地をほぼ網羅しており、「水産事項特別調査」と併せ、当時の実情が知られる。

3　産業革命がノリ消費を促進

すでに日清戦争以前から、わが国の資本主義経済は成長段階に入っていたが、この戦争に勝って得た償金三億六〇〇〇万円の巨額を産業投資に振り向けた。さらに日露戦争の戦勝によって産業の発達は促進される。両度の戦勝が基因となったことにより、わが国の産業革命は明治三十年から同四十年頃に到来したとされている。輸出の拡大、国内物資交流の促進、人口の都市集中、高所得者層の激増、消費生活の華美化等々により、特に都市を中心とする生活環境が好転していく。これにより乾ノリの需要層が拡大し、いきおい産地拡張の気運が全国にみなぎり始めるのである。

ノリ生産高の伸長は日露戦争終結の翌三十九年からめざましくなる。明治三十七年の約三〇〇〇トンが同三十九年には二倍の六〇〇〇トン余、その六年後の同四十五年には九〇〇〇トンに達するのである。生産額も明治三十七年の九〇万円が同三十九年には二倍余の一九〇万円に迫っている。

明治政府は水産業振興のために漁業法の制定、漁業組合準則の施行、水産指導機関（水産講習所、各府県水産試験場）の設置などの諸施策を打ち出した。特色あるのは明治十六年から諸外国に範を採り、産業振興のために各種博覧会を開催したことである。ノリ関係で出品数、受賞数共に多かったのは左の通り。

第一回水産博覧会……明治十六年
第三回内国勧業博覧会……明治二十四年
第二回水産博覧会……明治三十一年

4　画期的養殖法・移殖法の創案

創業者・平野武治郎は、上総ノリ第一の産地・上総国（千葉県）大堀村の人である。父武右衛門は大堀ノリ起立十六人中の一人で、ノリ抄きの技術にかけては近隣に並ぶ者がなく、たびたび招かれて本場大森に御膳ノリの抄製に出かけ、大森の製造家と腕を競ったほどの人である。村では地主階級に属していたので、子の武治郎は学問を修め、柔術、棒術の道を極めることができた。これらの素養が後に移殖法創案のための辛苦に堪ええた遠因となったと考えられる。

明治五年、父の跡を継いだが、大堀のヒビ場は海況不良で畳色の劣悪品を多く産し、江戸が東京となった当時でも買いたたかれる状況は続き、収支が償わず廃業者が続出する悲惨さであった。彼はなんとかして良質のノリを育てようと、数年間にわたって苦心惨憺、さまざまの工夫を試みたが失敗の連続で、苦い思いの日々を過ごした。

皮肉にも、移殖法は人の願望とはまったく無縁の、人智の及ばなかった偶然の事象から生み出されたのである。

明治十一年、平年通りヒビを建て終わり、数旬を経過したころ、冬の嵐に見舞われた。そのために小糸川が増水し、川尻に建てこんだたくさんのヒビが抜けて沖へ流れ出てしまった。川尻は「上柵」と呼ばれ、品質、色沢がきわめて良好な上品の産出地域である。が、ノリ胞子の付きは少なく、「川菜」（青ノリの一種）が密着するのでノリの生育はあまりよくない。「中柵、下柵」と呼ばれる沖の建て場は、ノリ付きは良かったが「猫っ毛」といわれる畳色の製品となる。

台風の際には小糸川の増水でヒビの流れるのは、誰もが仕方がないものと諦めていたのだが、この年、武治郎は最上の適地を歯抜けにしておいてはもったいないと思い、沖の下柵に建てこみを終えていたヒビを抜いてきて、流失した空き間を補塡《ほてん》した。封建制の残滓がまだいたる所に根強く残り、因習、しきたりが広く社会を支配していた時代だから、この単純作業さえ誰一人行なった者はいなかったのである。

十一月に入り、摘み取り季節を迎えたとき、彼は眼を疑った。上柵に抜け残った地立てのヒビには、例年通り黒ノリの間に斑点のようにアオサが混っている。ところが建て替えたヒビには黒ノリがびっしりと生育していたのである。これがヒビの建て替えに起因するものかどうか、彼はいぶかりつつその年を終えた。

翌十二年、十三年、十四年と試行錯誤を繰り返すうちに、移殖によって間違いなく良質ノリを大量に得られるとの確信を得たのであった。

明治三十年、第二回水産博覧会に際し、これが「千葉県海苔柵移殖法」の名称で発表された。この場ではほとんど顧られなかったが、ただ同県内の浦安だけがこれを率先採用して良好な成績を上げ、世の注目を浴びるのである。またこれに着眼したノリの大御所、斯界の権威者岡村金太郎博士が浦安を訪れ、種々実験の結果、移殖法に卓効ありとの試験報告を名著『浅草海苔』ほか各種の著述で紹介したことにより急速に広がっていった。だが、明治四十年の段階ではあまりよい成績を生まなかった。

けれども岡村博士は、種子場《たね》の選定に力を尽くし、東京湾内では千葉県五井浦を選んだ。これはみごとに成功し、五井浦を中心とする大種子場地帯が出現するのである。これによって湾内の養殖場は競って種《た》子《ね》ヒビを購入し、増産が進むことになる。明治四十三年以降、昭和二十年代後半になって人工採苗が始まるまでの四〇余年間、平野創始の移殖法は全国のノリ産業に絶大な貢献をなし続けるのである。

5　繁栄期を迎えたノリ商売

浅草ノリは、江戸期を通じて主に幕閣の所在地、江戸における上流富裕階級の食品とみなされてきた。明治維新以後においても、依然として東京市内の富裕階級の消費量が圧倒的に多かった。

日本橋と大森には、ノリの専業問屋、仲買商が集中しており、兼業を合わせれば数十軒はあった。これらが全国における乾ノリ取引量の大部分を扱っていたわけである。大阪にはノリの兼業問屋（多くは乾物問屋）が二、三〇軒はあったが、どの店も総取引量の中に占める乾ノリの比率は小さかった。それでも販売領域は近畿一円に広がり、小さいながらも東京に次ぐ乾ノリ市場を形成していた。東京、大阪を離れるにつれ、その味に親しむ者は減ってゆき、九州、東北、日本海側の諸地方等には、まだ乾ノリを見たり、食べたりしたことのない者も多いという状況だったのである。

しかし、自由の時代の到来は、ノリ食の普及拡大には当然のことながら大きく役立った。関所の廃止、交通往来や物流の自由化、情報網の整備発達、輸送機関の進歩等々が、ノリ食の効能を徐々にではあるが、全国各地に知らしめる結果を生んでいったのである。それを加速させたのは日清戦争（明治二十七、八年）で、戦後の明治二十九年には景気上昇によって、一億枚を優に上廻るほどの乾ノリが流通する時代を迎えている。

表15は東京、大阪両市場に流入した乾ノリの産地を、表16は東京市場からの移出先を示している。出荷先は全国的に広まっており、乾ノリがいよいよ国民的な食品となる幕開けの時代は到来したのであった。それにしても二億枚にはほど遠い数字である。当時の人口三五〇〇万人、海苔生産一億五〇〇〇万枚とすると、一人当たり約四枚の消費となるが、現在の人口を一億二千万人、生産高八〇億枚とみると一人当たり約七〇枚の消費という数字が出る。

今では全国民がノリ好きだから、七〇枚は誰もが食べる平均枚数を示すが、明治三十年代には消費は大口消費者（料亭、寿司屋、あるいは上流階級の贈答品）に偏在しており、庶民階層特に地方には、ノリの存在すら知らぬ人が少なくない状態であった。したがって四枚という数値に意味を見いだすことは困難である。

唯一の消費地といってよい東京でさえ、生産期の冬を除けば需要は微々たるものだった。

最大の得意先を擁している日本橋の問屋でも冬から初春にかけて仕入れたノリの火入れを終え、天櫃《てんぴつ》（固定した長持状の大きな保存用ノリ箱）へしまいこむと、秋まで封印を切る必要はないほど、春夏の商売

表15　乾ノリの東西市場入荷高（明治29年度）

東京市場			大阪市場	
産地	枚数	金額	産地	枚数
	千枚	円		千枚
大森	45,500	109,200	東京	25,000
品川大井村	4,300	14,405	広島	4,500
深川区	3,500	11,900	和歌浦	枚数不明
芝区	2,000	5,400	伊勢湾	
南葛飾郡	3,450	96,600		
小計	58,300	150,565		
大師河原	2,000	4,000	明治25年 広島ノリ	千枚 12,000
潮田村	4,000	64,000		
小計	6,000	10,400		
静岡県	1,000	1,100		
上総地方	3,000	7,200		
仙台地方	3,500	8,050		
合計	72,250千枚	1,773,000円	合計	29,500千枚以上

（東京は『浅草海苔』より，大阪は『大阪乾物商誌』より）

表16　東京問屋組合からの移出先と量表（明治29年度）

府県	枚数	府県	枚数
	千枚		千枚
大阪	25,000	栃木	2,300
東京	13,000	千葉	1,500
京都	1,800	長野	1,200
神奈川	400	宮城	350
名古屋	2,580	福島	800
岐阜	300	北海道	800
兵庫	1,200	各地	11,000
新潟	500		
山梨	1,000	合計	66,000
群馬	2,000	持越分	6,300

（東京ノリ問屋組合調）

は閑散としていたのである。明治三十三年（一九〇〇）に日本橋のノリ問屋「相吉」相模屋商店（井上吉太郎）へ奉公に入った小松資三さんは、当時の問屋の内情を次のように述懐している。

その頃、農村（主に東日本）ではお祭や田植後の振る舞いなど、年二、三回ノリ巻を作る時ノリを使うくらいで需要はごく少なかった。焼ノリ、寿司ノリ等に最もよく使った東京でさえもそれは高級食品であり、上流家庭を除けば需要は少なかった。大口需要家としては寿司屋、蕎麦屋（花巻用として）等があったくらいである。それゆえ相吉でも小売部門の売れ行きはひじょうに少なかった（相吉は仲買への販売が主力）。

ある夏の一日、六銭のノリが一帖しか売れなかったと、主人が淋しそうにぼやいていたことがある。十一年間に及ぶ奉公中で、これが今も忘れ難い一番大きな思い出となっている。

小売を兼営したり、他の食品業を兼ねたりした少数の店は例外として、春から秋にかけてはノリ問屋の多くがこのような不振をかこっていたのである。商売の閑な間はおのおのが何かしら仕事を求めて働いた。なかには仕事場（冬はノリの仕切場、荷受場となる）を利用して、当時としては珍しいミシンを何台も入れ、近所の主婦を集めてハンケチを製造し、イギリスへ輸出していた店もある。

6　ノリ商全国的に生まれる

明治三十四年（一九〇一）版の『東京名物志』には左のように記してある。

都下に於て海苔を鬻《ひさ》ぐ者、大抵鰹節、鶏卵と共にし、其数幾百千軒なるを知らずと雖も、専門にして最も大なる者を求むれば左の二店に過ぎず、他は大抵似たり寄ったりと知るべし。

山形屋　日本橋室町一ノ一一　窪田惣八
山　本　日本橋室町一の五　山本徳治郎

このほかに、兼営の大きなノリ商としては左の三店があげてある。

中村屋　鰹節鶏卵海苔販売を兼ぬ
　　　　芝区桜田久保町　勝　清三郎
大黒屋　同　右
　　　　浅草区馬道八ノ三　照内芝次郎
大黒屋　兼ねて鶏卵海苔砂糖売
　　　　京橋区尾張町新地二　安西徳太郎

山形屋、山本はノリ問屋と小売を兼ねた店である。当時日本橋問屋組合に属する店は一二軒あったのだが、この二軒が、もっとも広く名の知れ渡った店だったものと見える。兼営三軒の店は問屋だが、当時東京には、鰹節と鶏卵と共に乾ノリを売る小売商が多かったので、こうした兼営問屋が生まれたのである。日露戦争前のノリ商は、東京でさえこの状態だったから、まして他地方には専業ノリ商の現われるはずはなかった。けれども、乾ノリ業界をめぐる客観状勢は急速に変転しつつあった。まず明治三十四年の漁業法改正が誘い水となって、産地が北は三陸海岸から南は不知火海まで開発されて、生産の漸増期を迎えた。また資本主義経済は、日露戦勝に勢いを得て発展ますます著しく、国富が増加し、国民の消費生活は向上の一途をたどった。

商業活動にふさわしい環境が整ってくると、東京、大阪のノリ商を中心として全国的な乾ノリの取引が盛んとなった。そして明治末年頃から広く全国の主要産地と消費地に乾ノリ問屋、仲買が誕生し始めるのである。この頃、宮城県の産地、気仙沼には、数軒の地元ノリ問屋が存在したほか、信州の半季商人が東北全般を根城にして買い付けに当たった。集めた荷は、遠く大阪へ向けて委託積送されている。明治四十年ごろから千葉県では上総地方で産地仲買商の同業組合が生まれ、神奈川県では、川崎大師、潮田に産地問屋組合が生まれ、東京、横浜の問屋へ向けて荷積みするルートが開かれた。清水湾、三河湾の産地問屋は、明治四十年ごろから仲間を作って共販による買い付けを行なっている。

和歌浦、大阪、広島のノリ問屋は、明治末、大正の初めから朝鮮産地の開発に挺身し、諸種の困難を排してどしどし買い付けに出向き、国内に多量の朝鮮ノリを供給するようになった。また、これら三地区のノリ商は、山口、九州方面のノリの買い付けにも活躍している。

西日本各産地には、大阪と広島のノリ扱い問屋の強力な集荷網がしかれており、問屋が派遣した（あるいはその依頼を受けた）買子がいて買い付けに当たっていた。現地商人としては、小資本で少量の荷をかついで行商する仲買人がいたが、その集荷力は大きくなかった。産地が拡張され、産額が増大すると、ノリ問屋に遠隔操作される買子や仲買人だけでは荷をさばききれなくなっていく。代わって自己の計算で買い付けて問屋へ送るノリの産地仲買商が乾物商等の中から現われてくるのである。

各地におこった仲買商の中からは、さらに産地問屋に成長する店が相次いで、乾ノリ市場は全国的規模に拡大される。明治末の乾ノリ市場を通観すると、まず東京の問屋は、東京湾を主として、東北、東海地方の産地から荷を集めていた。集めたノリは、東京市中を最大の商圏としたが、このほか、東日本を主として全国に伸びる販売ルートも開いていた。地方では特に大阪へ向けて乾ノリ輸送の太いパイプを通じていた。大阪市場は、東京のよい得意先ではあったが、東京だけでなく西日本各地や伊勢湾、東北など広範囲から仕入れもした。一方、西日本をはじめとして、北陸、北海道方面、はては外地までを販売領域に加えて、乾ノリの大集散市場に成長しつつあった。

いわば、東京市場が主、大阪市場が従となり、両市場が、ほぼ東西日本を両断する形で、ノリ取引の中核となり、それぞれに主要都市に向けて放射線状に商圏を広げていた時代である。点と線上の需要はあったが、幅と厚みに乏しく、全国を覆うほどの需要はなかった。都市に偏り、農山村に乏しく、太平洋側に多く、日本海側は少なかった。

この当時の一般的な乾ノリの食べ方といえばノリ巻すし以外にはなかったといってよい。そば屋では花巻そば（焙ってもみほぐしたノリを振りかける）に用いたが、普通の家庭では、振りかけて汁物に用いる風はあまりなかった。ノリそのものを焼いて食べる食習は、味わい深く、香りも高い、天下に比を見ぬ逸品とされた本場大森ノリの産地を近くに控える東京だけに存したものである。しかも料亭や富裕階級に多く、庶民が口にすることはまれであった。

7　ノリ巻すしの普及

江戸前の魚を具として握りずしを工夫したのは江戸っ子だが、大森のノリ、武州の米、下野《しもつけ》の干瓢《かんぴょう》を使ったノリ巻を、握りすしのあしらえとして必ず付け合わせたのも江戸の通人たちである。彼らは最も精選された上米と極上のノリを使ったので、江戸ノリ巻の美味は天下に喧伝されていった。

江戸時代末期となると、寿司屋のノリ巻をまねて自家でもそれを作るようになり、江戸、上方の三都などを中心に広くその風潮が広まった。明治末期となると、関東地方一帯では、冠婚葬祭をはじめとして春祭と田植後の振る舞いなどにも、ノリ巻を何よりの御馳走とする慣習がゆき渡っていった。諏訪ノリ商人が売り歩いた信州南部の飯田地方では、明治中期まで青ノリ巻が多く使われたが、以後は黒ノリ巻が婚礼や葬式などに使われ出している。

西日本には、ノリ巻出現以前から巻寿司を作る風習があった。広く用いられたのはユバ巻で、このほかスダレ寿司、三島ノリ巻などもあった。湯葉は豆乳を煮た時生じる、表皮を乾燥させたものである。これを、赤、青に染め分け、原色（薄黄）と合わせ三色のユバで巻くと美しい彩りのすしができた。スダレは、生麩を湯通し塩漬にし、簀でひらたく延ばし、醤油、砂糖で味付けしたもの（これをすだれ巻という）を用いる。三島ノリは、オゴ（ノリ）を手で押し広げて乾燥させ、ユバ同様に赤、青、白に染め分けたもので筋三島とも呼ばれた。大正末、昭和初期まで、西日本では料理の妻としてもかなり多く使われたものだが香りもうま味もないので、すしを巻いてもただ巻くだけの役割を果たしたにすぎない（今でも和歌山県から三重県にかけては、婚礼の際などに料理の妻として使われる風習が残るが、すし巻には使われていない）。

三島ノリ巻の例にもみられるように、料理にも見た眼の美しさを重んじたのが上方の特徴であった。ノリ巻の色の配合にも意を配り、黒ノリ、青ノリ、ワカメ（カラメと呼ぶ抄きワカメで茶色を呈する）の三種の巻すしを作る。切り口の彩りにも意を配り、干瓢、高野豆腐、玉子焼、でんぶ、ほうれん草などを芯として、五色のあでやかさを見せた上で、豊富な味わいを満喫できるように作った。

上方は信仰の厚い土地ゆえ、ノリ巻を祭や仏事に用いる風は古くからあったのだが、明治の末には節句、花見等の行事にもしだいにひんぱんに用いるようになって俄然需要は増える。それと共に他の巻ずしは急速に過去のものとなっていくのである（ユバ巻スシは、関西の片田舎では第二次大戦前後まで作られた。スダレスシは、紀伊半島の新宮地方では今も作られている）。

上方に劣らずノリ巻の普及が早かったとみられるのは江戸期以来の産地、広島である。当地方のノリ商人の出身地として著名な海田で、父の代からノリ商を営んでいた大上戸幸之助さん（明治十八年生）は、子供の頃の思い出を「お節句には子供でも重箱二つを貰って花見にいった。その折一重にはどこの家でもノリ巻かノリむすびが入れてあり、それを開くのが何よりの楽しみだった」と語っている。

白米食に厳しい制限のあった江戸期はいざ知らず、明治時代を迎えると、ノリ巻はたちまちにしてこの村の家庭生活に深く入りこんでいったものとみえる。

その反面、ノリ養殖が遅れ、養殖乾ノリの食習のなかった九州へは全般にノリ巻は遅れて伝わった。熊本県の滑石、大浜、横島の三カ村は有明海では初期の産地だが、養殖の始まった明治三十六年でも一般家庭ではノリ巻を食べなかった。同村の生盛竜蔵さん（明治十七年生）の記憶によれば「巻すしといえば湯葉巻ばかりで、採れたノリは一枚も無駄にせず売りに出した。そのノリは玉名の町や熊本の町へ出され、高級料亭でノリ巻に使われたと聞いている。大正も中ごろから、金持の家で祝儀や葬式の折にノリ巻を少しずつ作るようになったが、昭和の初め頃まではまだユバ巻が普通だった」と。

このように、所によってノリ巻の普及速度にはかなりの差があるから、乾ノリ需要の普及度合にも同様に大きな差が生じていた。また、明治末期になってから、ノリ巻を媒介として乾ノリ需要は増大したとはいうものの〝ノリは上品である〟との江戸期以来の観念はまだ抜け切れなかった。ノリ巻すしが一般によく作られ、さらに進んでおにぎりにまでノリが用いられ、あるいはまた、高所得層の間で缶入りの焼ノリ、味付ノリが好んで用いられだしたのは、第一次大戦後のことなのである。

第23章　ノリ商の活躍

1　問屋によるノリ場開発

ノリ養殖業は、幕府が倒れるまで、主として東京湾や広島湾などに跼蹐《きょくせき》する地方産業に過ぎなかった。維新後になると、まず東京湾に新産地が続々と誕生し、たちまちにして湾内第一の水産業にのし上がったが、依然として全国的に広まる気運はみられなかった。明治も後半に入って、日清戦争で勝ち、好況が到来したころから、ようやくにして全国的な胎動期を迎えるのである。そして漁業法が施行され、日露戦争に勝ったころから、続々と各地に新産地が誕生していった。

この時代に際会して、機敏・適切な産婆役を買って出たのは、ノリ商たち（問屋や仲買人ら）であった。問屋の中には、産地の開発にみずから挺身した者もある。東京湾の新興ノリ浜は、ほとんど全部が直接もしくは間接に、ノリ商による開発の手が伸ばされたものである。このほかにも、開発を企てる者に対して資金を貸したり、製造面での指導助言を与えたものはひじょうに多い。また地方産地でたくさんのノリ仲買人たちが、一軒一軒を買い廻り、生産者の意欲の喚起に努めたところも大きかった。問屋は、全国的な乾ノリ取引の道を開いて広く需要を起こし、乾ノリを重要水産加工物の地位にまで引き上げるのである。

明治資本主義の発展と共に東京湾産地をはじめとする主産地は、完全な問屋制家内工業の制圧下におかれていった。問屋の商業資本による生産者支配が進行し、問屋は経済的基盤をますます拡大した。こうしたことから、問屋制家内工業の欠点が過大に指摘されるが、他業界はともかくノリ業界に限っては、それによるマイナスよりも、問屋がノリ食を全国的に普及させるとともに、生産の推進力となった功績の方がより大きく評価されよう。

特に水産試験所も設置されず、漁業法も施行されなかった明治三十四、五年以前にあっては、一介の漁民がノリ養殖の適地を見つけても独力で起業することは困難な場合が多かった。経済力も信用もない者に当時の金融機関は起業資金を貸すはずはなく、無計画、無分別に養殖を始めても、企業として成り立つ見こみはなかったからである。ノリ問屋の広い視野、強い集荷販売機能、豊富な資金力こそはノリ場開発の上でも最も強力な効果をあげていたのである。

東京（日本橋と大森）の問屋が、東京湾内のノリ場をいかに開発したかについては、すでに記したとおりである。明治三十四、五年前の湾内新興ノリ場で、問屋の指導・援助なくして開かれた所はないといっても過言ではない。ノリ問屋の一方の雄である、大阪（靱と天満）の問屋は、江戸期以来、広島と和歌浦の発展に貢献したが、明治に入ってからは、山口県から九州に至る西日本一帯のノリ場の開発に手を尽くした。また、東日本にありながら東京商人に見過ごされていた舞坂、三河などのノリ場開発を援助したのも大阪の問屋である。東北産地も大阪がその荷を受けたことによって発展したといえよう。

このほか、広島のノリ商もまた明治末期頃から勢力を伸長して、瀬戸内海沿岸や九州の不知火海、有明海、大分県などの各沿岸開発を援助した功績は高く評価される。広島ノリ商はまた大阪および和歌浦のノリ商とともに朝鮮ノリの開発、荷受けにも大いに活躍した。和歌浦のノリ商は朝鮮だけでなく、北九州筑前海、唐津湾の開発にも尽力した。また明治末期から各地に産地が勃興・興隆するとともに生まれた、地元の仲買商・問屋が、開発に一臂の力を貸した例が、東北、清水、三河、九州等の地にもみられる。

2 ノリ相場と問屋の販売領域

江戸末期から明治維新後にかけて、日本橋のノリ問屋の勢力は伸長著しかった。大消費地東京を中心に位置したことが幸いして、大森のノリ商よりは優位に立った。大森のノリ商は、大産地の中心に位置していたから、産地問屋として日本橋の消費地問屋と対等の立場にあるべきであった。だが、その実は日本橋の問屋から資金の供与を受けて、生産者にヒビ資金として貸し出したり、その依頼を受けて買い付けたりする仲買人的性格の強いノリ商が多かった。それゆえ、東京湾内のノリ相場はわずか一二、三名の日本橋のノリ問屋が左右していたのである。大森、品川の海の製品はほとんどが日本橋の問屋へ出荷され、その手によって値仕切りされた。日本橋の仕切り値が全国的な相場の目安ともなっていたのである。

明治三十年頃から日本橋と大森の両問屋組合の勢力関係は微妙な変化を見せ始める。大森組合が日本橋の勢力下から脱却するために、本場大森ノリの広告を行なったり、あるいは各地の博覧会、共進会へ出品して、大森ノリの直接売りこみに努めたりした効果が、この頃から現われ始めて、大森のノリ問屋が扱うノリに限り、日本橋や、大井などの問屋組合員も大森へ出張して、大森で相場が決まるようになったのである。

ただし、明治末に至っても新ノリの初め値だけは往年の慣習に従って日本橋の問屋が仕切っていた。浦方から出廻った新ノリが、大森四八軒の問屋から日本橋へ持ちこまれると、日本橋一二軒の問屋が集まっておのおの評価する。その中値をとって新ノリの仕切り値とし、これが決まると祝宴を催すのを初ノリ売出しの形式としたものである。

ここで明治末における東京市内のノリ取引について記してみよう。新ノリの仕切り値を祝儀相場というが、これは新しく出廻るノリ値より高いのが普通で、囲いノリ（後述）の取引値の基準となる。一番先に荷を出した製造者には問屋が馳走したり、相当の金を祝儀として包む。初ノリ以後は毎日ノリを採って問屋へ送ると、問屋の主人が荷高と仕切り値を通帳へ記入してくれる。毎月二回の高潮時のノリを採ることのできぬ日に代金の授受が行なわれた。これを小勘定といい、ノリ採りの終了後の五月に入ってから総勘定するのを大勘定といった。

当時の商業社会の一般的な風潮はノリ業界にも及んでおり、生産者たちは全面的に問屋に依存していたので、ノリ相場は当然のことながら問屋ペースで立てられた。金銭的に無力な生産者たちは、ヒビ金を借りるばかりでなく、ノリ不作の年には、生活資金まで問屋に面倒を見てもらう。問屋は持ちヤマに対してなら、ほんの形式的な証文で金を貸す。生産者が、全面的に問屋を頼みの綱としたことが、相場を思うがままに操られる結果を招いたのである。東京の問屋はヒビ金の力によって東京湾産地を押さえ、東日本全産地の品をも消化できる実力によって、東日本全域に及ぶ仕入れ相場に影響を及ぼした。また東日本はむろんのこと東京市と並ぶ大荷受地となった大阪をも販売網の中に組み入れたことにより、全国のノリ相場にも強い影響力を持つようになった。

大阪の靭と天満の問屋を中軸とするノリ市場が、東京ノリを荷受けする場合に限っては、東京の問屋相場の影響をうけたことは否めない事実である。が、大阪の問屋は、西日本における産地をほとんど完全に掌握しており、そのほかでも東海、東北方面の荷受けにも大きく手を伸ばしていた。販売面では、西日本一帯はむろんのこと、北陸、北海道方面までを商圏としていた。だから、東京の影響を受けつつも、独自の相場を形成する力を持っていたのである。広島、和歌浦、山口県下など、大阪ノリ商の荷受圏内に完全に組み入れられていた産地での相場建は、大阪市場の相場の動きによって遠隔操作されていた。また、広島ノリに続いて大阪市場の主力商品となった朝鮮ノリもまた、主として大阪の問屋によって相場を左右されていたのである。当時のノリ相場は、大阪を従、東京を主とする二大消費地の両ノリ扱い問屋がリードしていたものといえよう。

3　ノリの貯蔵

夏から秋にかけての不時の需要に応じるためにも、ノリ質を落とさぬためにも、湿気、日光、光線を避けて貯蔵することが肝要だとの知恵は、すでに明治以前から江戸のノリ商の間に、経験的に生まれていた。ノリを容器に密封して貯蔵するという簡単な方法だが、ノリを詰めるに先立って、まずほいろ（焙炉）にかける。

(ア)　ほいろ

ほいろは奥行きは二尺七寸、幅と高さが各六尺ほどの、押し入れ状の箱である。この中へ五段の棚を設け、その床下の土地を掘って火炉を作り、三方は壁などでよく囲い、一方に板戸を付けて開閉を便にする。炉の底に堅炭を入れ、その上へ円径およそ三寸五分ほどのたどんを五個ならべ、わら灰で充分にいけ、摂氏八〇度内外の温度を保たせる。

準備が整うと、一〇枚ずつ重ねて、中央から二つに軽く折り、それを一〇帖ずつ重ねて紙で巻き、初日は最上段の棚に並べ、二日目には前の日に第一の高い棚へのせたものをつぎの棚におろして、新規のものを上段におく。三日目には二段目へおろしたノリを三段目へ下げる。こうしてしだいに下へ下へとおろして火気に近づけ、五日間で仕上げる。六日目の朝、ほいろ中にあって熱のまだ冷めぬノリを手早く、土がめへ移す（明治時代以降は、木箱、ブリキ箱に移す）。容器の表面は厚紙で三重四重にも密封し、冷暗所に貯蔵する。このほいろによる乾燥法を俗に塩抜きと称し、一、二年を経過しても異状を認めぬようになるのである。

(イ)　囲いノリと投機

がんらい、囲いノリは、生産期終了後の需要に備える目的をもって始められたものである。ところが、囲いノリ技術が進み、設備も整い出すと、これを投機取引に利用するようになっていった。投機を行なうには、ノリ取引そのものがひんぱんに行なわれ、ノリを扱う商人の多い所でなくてはならぬから、明治の初期においては東京以外にはノリの投機取引はなかったし、その東京でもあまり活発ではなかったとみられる。東京では明治末期、仲買商の組織が整ったころからかなり活発となり、大阪市場でも盛んになっていったものである。

ノリの投機とは、各ノリ問屋、仲買商が、その年の消費動向を予測し、新ノリの作柄予想を立てた上で、それぞれが独自の判断で秋までの販売予定量を囲いこみ、のち相場の動き、市場の需給関係を見て、手持ち分を小売商に売ったり、仲間同士の交換市を開いて売買することをいう。ことに、新ノリ出廻り期に先駆けて、一斉に放出する時が一年中の勝負時である。各自の囲いノリの量、質、売買のチャンスの摑み方の巧拙によって、大儲けもすれば、損害をこうむることもあった。

(ウ)　店出しかめ、ガラスビン等

維新前においてノリ商の店頭に飾られた「店頭出し瓶《みせかめ》」は明治十三年頃まで用いられたが、しだいに木箱、ブリキ箱等に代わっていった。ガラスビンを初めて用いたのは大森のノリ商三浦屋孫左衛門で弘化年間のことといわれる。明治二年頃には日本橋の山本も用いている。『日本製品図説』（明治十年）によれば日本橋の窪田惣八店のビン詰めについて、「方円大小《いろいろ》の玻器《びん》（ガラス器）に収めて不時の需《もとめ》に応ず、その久しきに堪え、遠きに寄するも香味損敗の憂なきはいと貴むべし」と紹介している。後年、味付ノリなどの容器として、あるいはノリ商が乾ノリ販売に際して盛んに用いるようになったガラスビンは、一部のノリ商の間では、早くも明治初年から使われていたのである。

しかし、明治中期以降となると一般的にノリ商では販売用小箱としてはブリキ製を、店出しには木箱（内側はブリキ）を用い、囲いノリには土がめに代わり「天びつ」と呼ばれる大箱を用いるようになっていく。店売用としてのガラスビンが再び用いられだしたのは昭和初期になってからのことだが、それも大阪のノリ商が使っただけで、東京はその後も長らくブリキ箱を使用している。また東京では漆塗り（黒）の箱も店頭で使われた。

㈡　ブリキ箱

土がめによるノリの貯蔵もしくは運搬はひじょうに不便なものである。この改良に思いをいたしブリキ箱利用に成功したのは、日本橋通町に、すでに安政のころからノリ商を開業していた津島儀助であるという。この人は当時外国から輸入される「唐物」（洋品を意味する）の空箱にブリキの張ってあるのに着目し、これをノリの貯蔵に応用することを思いついた。そして「夜半ひそかにあらゆる方法をもって工風製作に努め、遂に文久二年の二月に至りて漸く理想的ブリキ箱を製造発明」（岡村一義『海苔の研究』）したのであった。

明治維新まであと五年という時代のことゆえ、ブリキの製造はもちろん日本では行なわれていなかったから入手には苦労したが、日本橋大伝馬町の堀越商店から、ブリキ張りの空箱を購入し、そのブリキを利用してノリ箱を作ったという。ただしこれがノリ商の間で普及しだしたのは、明治十年ごろから二十年ごろへかけてのことである（これをノリ商仲間は洋櫃《びつ》と称している）。

(オ)　家庭用小容器

ブリキ箱や漆箱にしてもガラスビンにしてもみな営業用である。個人の家庭では、贈答用としては、桐の箱を用いた。また一部には貯蔵用として錫製のつぼを用いた家庭もある。

明治十年版『日本製品図説』の中には、狩野雅信が説く所として左のようなノリ貯蔵法が記してある。

> まず白米をいりていり米とし、その温気《ヌクミ》の冷えきるを待ちて錫壺の下底に炒米を布くこと凡そ一、二寸許り、その上に海苔を紙帖《ジョウ》のまま縦に並べ、尚壺中のすきまなきまでに炒米をその上に加え、覆いして後緊封《メバリ》して貯ふれば、夏秋を経るとも変ることなし。
>
> ただ梅雨のうち壺を開けば雨気《シメリケ》入りこみの恐れあるゆえ宜しからず、この貯蔵法はわが家の秘伝にしてどしどし之を試みるに曾て褪色《イロサメ》、散香《カウセ》の患なきものから、本年もまたいつもの如くに貯へたりと語れり（炒米の香もて海苔の気味を保たしめる法）

このほか同書によれば、ノリの貯蔵法として茶を錫器に納れるのと同様に、柿油《しぶ》紙で糊した壺に納めるが良いと記している。

4　各種の加工ノリ

(ア)　焼　ノ　リ

乾ノリ中の最上品の裏表をていねいに焼いたもので、容器中に密封する。香気が高く、風味は優雅であり、焼き上げた緑色透明の艶は美しく、江戸っ子の食趣味にぴったりの逸品である。また、ノリを最もおいしく賞味できる製品でもある。これを初めて創案したのは大森のノリ商三浦屋田中孫左衛門で、弘化元年（一八四四）ガラスビン詰めにして売り出している。その後しばらく中絶していたが、明治初年になり、山形屋の四代目窪田惣八の長男彌太郎が研究の上、再び貯蔵《かこい》ノリの名で創製し、ビン詰にして売り出した。のち、これを海軍が買い上げ、遠洋航海に持参したところが赤道直下を往復しても変味変色しなかったので、同艦乗組の奈良真志主計長は、同店に対してその旨の証明書を出している。当時としてはセンセーショナルな事件で、これにより貯蔵ノリの評判は一段と上がり、各ノリ商が貯蔵ノリを始めるようになった。これが明治中期頃から焼ノリと呼ばれるようになり、「家貴ノリ、彌貴ノリ」などとも書かれ、東京の通人たちに珍重がられたものである。

窪田惣八は、貯蔵ノリのほかにも加工ノリの新製品を次々に発表し、乾ノリの声価を高めると共に同店の評判をも高めた。次に『日本製品図説』に載る同店五種の加工ノリを紹介してみよう。

無双ノリ

常製の分十枚一帖を一枚に抄きたる別製のもの縦二尺、横二尺五寸の大判物。

貯蔵《カコイ》ノリ

精製の品を撰び、七日の間炒炉《ほいろ》に入れ湿気を去りて後、強火にて焙《ほう》じ乾かし、その色青緑になりたるのちを限りとして火を止む。かくしてノリの大きさは凡そ一枚の全面、六分の一か九分の一、十三分の一に切り去り、よく乾かし湿り気なき大小の壜に入れ、すぐとその口を栓もてふさぎ錫箔で封ずる。

山椒ノリ（蕃椒《トウガラシ》ノリ）

新しく取りたるノリをよく整え、まないたに拡げ、山椒又は蕃椒の粉を多からず少なからず包丁にて叩き普ねくしてのち、すきなく風吹きに曝し乾かす。

甘露ノリ

その焙じの手続など貯蔵ノリと同じ、大きさは一枚を簀に角切にし、三品砂糖の煮てあくなきものをノリの一面に敷き、速やかに炉に入れて乾かすこと二十分、茶請けに添ふる。たるき味にていとうべし。

潮ノリ

山椒ノリの拵《コシラ》え方に同じ、うしほを以てする。あわしからずしほからず、別に味なきの味あり。これを好き味とやいはん。

窪田は明治二十四年の第三回内国勧業博覧会に際して、乾ノリとともに「貯ノリ　味塩ノリ　小志葉ノリ　掛ノリ」の四種を出品した。乾ノリは「其原質の良好ナルノミナラズ製法精巧香味最佳ナリ」と賞されている。四種の加工品については、「其味優美、好事家ノ口ニ適ス」と絶讃されている。四種のうち貯ノリは既述の通りであり、味塩ノリは、潮ノリ状のものと見られるので、他の二種について説明を加えてみよう。

小志葉ノリは、醤油、味醂、砂糖を混和し沸騰させ、焼ノリに塗り、一寸幅に切り、竹串に巻付け、搾木でしめ、竹串を抜いて焙炉《ほいろ》で乾すもので、後述する松葉ノリ、ユカリノリと同工異曲の品である。

掛ノリは生ノリを洗い、新鮮な海水に浸し芋縄に数葉を重ね掛けて一枚に乾し上げるものである。

(イ) 味付ノリ

『日本製品図説』によれば、文化・文政の頃から御膳ノリと呼ばれたものは、卵の黄味、白味を薄く引いたものだとある。また別に「抄き上げんとする頃、草蝦《えび》或はしゃこの肥えた肉をすり砕き、その汁の甘きをしばしば苔紙の上面にこすりつけ乾かす。美味舌に感ず」と記し、一種の味付ノリを紹介している。前記した山椒ノリ、甘露ノリ、潮ノリ等と共にこれらは味付ノリの類に属する。これらの味付法は、ノリを抄く前または抄いた直後に、味を混入したり塗付するものが多く、手間がかかる上に、真の美味は生まれ出なかった(現今われわれが味付ノリと呼ぶノリは乾燥品に塗付して製する)。塗付する味もいろいろと工夫されたが、これはというほどの美味な品は生み出されなかった。だが、このようにあまたの味付法が考えられていた事実は、江戸期以来ノリの味を賞玩してきた東京の富裕階級の間に、ノリ味付けなどを施した珍味を待望する気運が生じていたことを物語っている。

明治元年冬、明治天皇は東京遷都、翌二年宮城から京都御所の皇太后への御進物品として、東京名産浅草ノリの珍しい製品はないかとの注文が、日本橋の山本徳治郎店に対して下った。

山本では種々苦心して加工したノリを何種か献じて味わってもらうことにしたが、その一つに「薬味ノリ」と唱えたものがあった。これは品川猟師町の製造人が作ったもので、抄く直前に味醂、醤油、山椒、陳皮、唐辛子等を入れ、献上判（江戸時代の御膳ノリの大きさ、すなわち一尺四方の大判）に抄製したものである。同店ではこれに着眼し、製品を色紙の形に裁ち「色紙ノリ」と称して納めたところ、至極の珍味と大変賞美された。

これが後年の味付ノリの元祖だが、まだこの頃は生ノリへ直接味付けしていた。のちにこの製法では夏季の貯蔵に適さぬことがわかったので、焙ったノリに前記材料で味付けし、錫の茶器、ガラスビン等に詰めて宮中へ調進したところ、これまた風味を賞され、即席に間に合うと重宝がられた。これが契機となり諸家方へ進物用としてガラスビン詰を調製して以来、広く知られるようになった。けれども初期は注文生産で、店売りするほどの売れ行きはなかった。明治十一年初春、東京南伝馬町の三井勝次郎が、味付ノリの製造販売を始めた。

これをブリキ缶詰として売り出したのは明治中期以降とみられるが、これより市販も振い、他にも同業者が現われ、明治末期になると店売りはますます降盛となり、全国へ販路が伸びたばかりでなく、海外向けの輸出も行なわれだすのである。

(ウ) 海苔大和煮

俗にノリの佃煮と呼んでいる。ノリをよく焙り、これをもんで細かくし、極上の醬油の煮汁で煮しめるものである。これを創案したのは、東京下谷池の端仲町で古くから乾ノリと茶を売っていた酒悦香泉という店の主人清右衛門である。明治初年、福神漬を試製したかたわら、ノリの醬油煮を工夫し、明治四、五年頃から売り出した。当時これを買ったのはみずから江戸っ子と称し、食道楽をもって任ずる少数の者たちだけだったといわれる。そうでなくても高価な乾ノリを、粉にして煮染めた珍品は当時の庶民の食生活とはおよそかけ離れた食べ物だったのである。このほかノリの品川煮と呼ばれる、生ノリの水をよくきって生醬油で煮染めたものや、ノリひしおといって、砂糖醬油で梅びしおのように味をつけたものも生まれでた。

これらは、現今のひとえぐさなどを原料とするノリ佃煮と比べて、材料に上質ノリを使った贅沢な品だったのである。

ノリ佃煮はビン詰めにしたり、缶詰にして売り出した。焼ノリ、味付ノリにも缶詰は用いられた。これらのノリ製品は容器に入れられると高価な食品として贈答用などに重宝がられるので、ビン、缶詰の新製品が続々とこの頃工夫された。

明治三十九年の缶詰業者大会の品評会には神田五軒町のノリ商から「かなめノリ」が、宮城県水試からは「ノリ松島煮」が缶詰製品として出品されている。また同じ頃東京ノリ商の工夫になるユカリノリ、松葉ノリはビン詰の加工品であった。

㈤　ユカリノリ

岡村金太郎の『浅草ノリ』によれば、東京博覧会後（何年の開会か不明ながら明治末に近いと推察できる）「松葉ノリ」といって、味付ノリを小さく切り、松葉状に固く巻いた加工品が人気を呼んだと記してある。これを売り出したのは、日本橋のノリ問屋、井上吉太郎だといわれる。

日本橋のノリ問屋は、日露戦争後の好況期に入ると夏の商売の閑期を脱するために、焼ノリ、味付ノリの製造に力を入れ始めるのだが、より一層好事家の欲望に応えようとして、松葉ノリなどを生んだのである。

井上は松葉ノリにさらに数奇をこらして「ユカリノリ」を工夫する。歌舞伎で助六が頭に結ぶ紫のユカリ巻きになぞらえ、味付ノリを細く刻んで結んだものである。彼は親交を結んでいた九代目団十郎に頼み、助六を演じる歌舞伎座の舞台からユカリノリを観客席にばらまき、口上を述べてもらうという新奇な宣伝法を採った。するとたちまち反響を呼んで、翌日から彼の店へ向かって、美しく着飾った花柳界や上流社会の婦女子が人力車に乗り、列をなして買いに来たという。

松葉ノリ、ユカリノリ等は、乾ノリ製品としては、この上なく手数をかけ贅美を尽くしたもので、いかにも明治の平和な良き時代、日本の資本主義興隆期にふさわしい産物であった。

ガラスビンに詰めて売り出され、一時的には人気を呼んだが、あまりにもこり過ぎた製品は、販路が広まるものではなく、しだいに影を潜めていった。加工の程度は味付ノリや焼ノリが限度であることを示す一事実である。

5　乾ノリの外国輸出

(ア)　万国博覧会への出品

明治五年、大森の「三忠」宮川忠七は、オーストリアのウィーンで開かれた万国博覧会に乾ノリを出品し、三等賞銅牌を受けた。これこそ日本の特産である乾ノリが、外国に紹介された初めとして、しかも入賞までしたことによって特筆大書されるべき事実である。まだ国内でさえよく知られておらず、売れ行きの限られていたノリが、外国人の審査によって三等に入賞したのだから好評を呼んだことは間違いない。

また、明治十一年にフランスで開かれた万国博覧会に山形屋窪田惣八が貯蔵ノリを出品したところ、各国人はスープに加えて賞味した。その後、明治三十五年、ロシアでの万国博覧会の際には正式に出品されなかったが、『大日本水産会報告』によれば、「出品以外にても鱲子《からすみ》、浅草海苔、石川県の縄巻等、高評に有之候」とある。けれども某万博で「この黒い紙はペンが引っかかる」(『浅草海苔』)と評されたのが、外国での一般的な評価だったらしく、輸出が大きく振興された形跡は見られぬ。

(イ) 輸　出

明治新政府は、貿易をわが国の支柱とみなし、輸出振興に意を注いだ。当時のわが国の輸出品は第一次産業の製品が主体で、穀類、茶、水産物、生糸の四種に大別された。水産製造物の主な輸出先は清国である。すでに江戸時代から俵物と称してあわびや昆布などが輸出されていたが、明治時代になると一層盛んとなっていった。海藻類では、昆布、寒天、紅菜(トサカノリ)、紫菜(ノリ)などが主たる輸出品目であった。

ノリはコンブに比較すれば、量的にほとんど問題にならないが、主要輸出品には相違なく、『大日本水産会報』には、早くも明治十五、六年から輸出統計が出ている。明治十六年から同三十二年にかけて、三年おきの輸出金額を掲げてみると表17の通りとなる。ノリはコンブなどと違って、明治時代に入ってからの輸出品であって、明治十六年にはわずか一三〇〇余円に過ぎなかったが、十六年後の明治三十二年には十倍に達している。

表18は紫菜輸出最盛期における主要海藻類

表17　ノリ輸出金額の変遷

年　次	金　額
明治16年	1,354円
19	4,724
22	4,803
25	4,523
29	9,860
32	13,579

(『大日本水産会報』)

表18　主要海藻輸出高

	明治32年	明治33年
寒天	674,435円	964,332円
昆布	780,000	730,842
刻昆布	166,072	152,881
紫菜	13,579	12,188
鶏冠菜	6,840	6,264

(『大日本水産会報』)

表19　ノリの輸出先と輸出高

輸出先	明治27年	明治33年
清国	3,361円	8.529円
ホンコン	1,553	1,233
ハワイ	107	1,019
アメリカ	9	775
カナダ	—	86
韓国	98	74
英領インド	41	71
ロシア	55	68
フランス	1	—
その他		
合計	5,225円	12,188円

（『水産貿易要覧』）

の輸出高を示すものである。ノリの輸出は増えたとはいっても、寒天や昆布の一〜二パーセントに過ぎない。これは主要輸出先である清国に養殖ノリが起こらず、岩ノリしか消費しなかったためである。

『日本水産製品誌』によれば、「支那人の紫菜需要は、紫菜湯と称する湯吸物の如き調理に用ふるものにて、日本の如く炙食するにあらざる故、質硬き岩紫菜は却て嗜好に適する」と述べ、対清輸出には岩ノリが適しているが、養殖ノリは不適当であることを示している。

清国内には、寧波《ニンポウ》菜と呼ばれるノリの産地を持っていた。浙江省鎮江がそれで、円形厚抄きの品を産したが、生産量が少ないので対州（玻璃菜）と称するわが国（対馬から北九州地方の海）に産する岩ノリを輸入した。わが国も北九州地区では産出が多くその販路に困っていたので、その輸出増強に尽力した。第三回内国勧業博覧会の講評でも「原料の夥多ニシテ販路ニ苦シム所ハ、彼ノ清国産ノ紫菜ニ模シテ輸出ヲ図ルヘシ現ニ長崎県下対州ニテハ、従来多少ノ輸出ニ供セリ」と岩ノリの対清輸出を勧めている。

明治三十八年（一九〇五）八月、東京乾ノリ会社（創立者は井上吉太郎ら日本のノリ問屋）は、ドイツに販路拡張を計画し、試供販売したところ、現地から「大に同地の嗜好に適し」た旨報告があり、視察員を派遣して本格的な輸出の道を講じようとした（『大日本水産会報告』）。この結果については明らかにされていないが、輸出が成功した兆しは見られない。

表19によれば、主要輸出先は清国および香港だが、香港着の品はほとんどまた清国向けに再輸出されているから、これを合計すると輸出総額に占める清国向けの割合は、明治二十七年（一八九四）で九六パーセント、同三十三年（一九〇〇）において八〇パーセント余となる。

清国向けは岩ノリで他国向けは養殖ノリだから、岩ノリの輸出は圧倒的に多かった。明治三十三年になると、ハワイ、アメリカ、カナダ向けが伸びているが、これは、ほとんど在留邦人、移民向けの乾ノリであって、外人向けは微量だったとみられる。大正の初期からわが国に対する唯一のノリの輸出先となった韓国も、この当時はわが国から輸入していた。

乾ノリ需要は太平洋沿岸諸国に限られ、生ノリの味を知る北ヨーロッパに乾ノリの需要は起きなかった。また、明治年代のことだが、輸出先の大手である清国に養殖抄きノリの需要は遂におこらなかった。このためにノリの輸出高は、明治の末になると頭打ちとなる。『大日本水産会報』に、輸出高が掲載されたのも、明治三十三年が最後である。明治初年以来、輸出の増進に尽力したノリ問屋も、この頃から外国向け販売に見切りをつけ、国内での販売促進に力を傾注するのである。

第24章　第三次躍進期を迎える

1　乾ノリ業の大躍進

乾ノリ需給の躍進期は、過去に二回訪れている。第一次躍進期は、文化・文政期以降の江戸を主、上方を従としてノリ食が広く普及し、奥州から瀬戸内海に及ぶ間に十余の産地が出現した時代である。第二次は明治以降、東京湾を中心とする各産地が大きく拡張され、東京、京都、大阪はむろんのこと地方の需要までが増大しだした時代である。

そして第三次躍進期は、第一次大戦を契機として、昭和十六、七年の統制時代に至る間に到来し、乾ノリ需給の黄金時代を築くのである。

表20は、第三次躍進期を迎えてからの生産が、どんなにめざましい発展を遂げたかを示している。さらにまた、日本人が開発した朝鮮ノリの生産高（移入高）を加えると、わが乾ノリ商業界の取り扱い高が驚異的な躍進を遂げた様子をもうかがうことができる。

明治の末年（四十四年）まで、わが国の生産高は二億枚を越えたことはなかった。大正元年になると初めて二億枚の大台に乗り、以後漸増を続けて同九年以降は遂に三億枚台に突入する。朝鮮ノリの生産もこの頃から加速度をもって伸長し、大正十一年ともなると、わが国ノリ商人の取り扱い高は遂に五億枚を突破した（この年の朝鮮ノリ約一億七〇〇〇枚の九割が移入されたとみられるので）。一〇年余りで二・五倍の急増をとげたわけである。

同年よりわずかに三年後の大正十四年ともなると、わが国の生産高は九割増という空前の伸長を示して六億六〇〇〇枚を越えた。これに朝鮮ノリの移入分（推定約二億五〇〇〇万枚）を加えると、取り扱い高は約九億枚に達し、東京、大阪を中心として乾ノリ専業商人が続々と育ち、日本、朝鮮にノリ養殖を主業、専業とする者が激増した。乾ノリ業はここにおいて地方的副業の地位から脱却し、国家的産業の一つとして業界内外の注目を浴びるに至ったのである。

六億枚台へ到達してからのわが国の生産高は、ほぼ横ばい状態のまま一〇年を経過するが、この間に朝鮮ノリの生産が急増した。昭和六年になるとわが国の六億八〇〇〇万枚に対し、朝鮮はその七割強に当たる五億枚余をあげるまで伸びている。そのうち四億数千万枚が移入されたから、当年におけるわが国ノリ商人の取り扱い高は、一一億枚を越えたわけである。昭和九年には、わが国の生産高は一挙に増えて八億枚に迫った。同十年には八億六〇〇〇枚、同十二年には初めて九億枚を越えた。この年、朝鮮ノリ移入高は約五億六〇〇〇万枚となったから国内の取り扱い高は合わせて一四億数千万枚に達した。同十六年には、国内生産高は一二億六〇〇〇万枚と大幅に伸びて、太平洋戦争前における最高の数字を記録した。同十七年には日鮮のノリを合わせると、流通高は一七億枚を越えている。第一次大戦ぼっ発二年目、大正四年（一九一五）の生産高二億一〇〇〇万枚と比較すれば、二七年間に八倍余の伸長を示したわけである。

次に第三次躍進期における国内生産額の変遷状況を見ることにしよう（表20）。

明治四十年前後から大正四年ごろまではわずかに二〇〇万円前後にすぎなかった。第一次大戦後から生産増とノリ価上昇の波に乗って生産額は鰻登りに増進する。大正四年から十年を経た同十四年には、十倍近い一〇〇〇万円余にも達した。さらに昭和三年には一五〇〇万円に達し、この頃から食品生産額としては一流の域に数えられるようになった。その後、一〇〇〇万円と一五〇〇万円の間を上下しながら、昭和十四年まで推移するのだが、これに朝鮮ノリの取り扱い高が加算されて、ノリ問屋の繁栄時代が到来するのである。昭和十年度を例にとると、内地が一二〇〇余万円、朝鮮が四〇〇余万円で、合計すれば一六〇〇数十万円に達している。昭和十四年度は内地だけで約二〇〇〇万円、朝鮮からの移入額約五〇〇万円（推定）と合すれば、約二五〇〇万円に達する。が、これは水揚高であって、産地問屋から消費地問屋へと流通する間に、取り扱い金額は雪だるま式に増えてゆくわけである。これをわずかに五百数十軒の問屋仲買が扱うのだが、過半数の店は乾物などと兼業であり、専業は一〇〇軒前後しかなかった。

したがって、兼業問屋は他の商品と合せてゆとりのある商売をしており、専業問屋もまた絶対数の少なさが幸いして、激烈な商戦を

表20　第三次躍進期における
わが国の乾ノリ生産ならびに流通状況

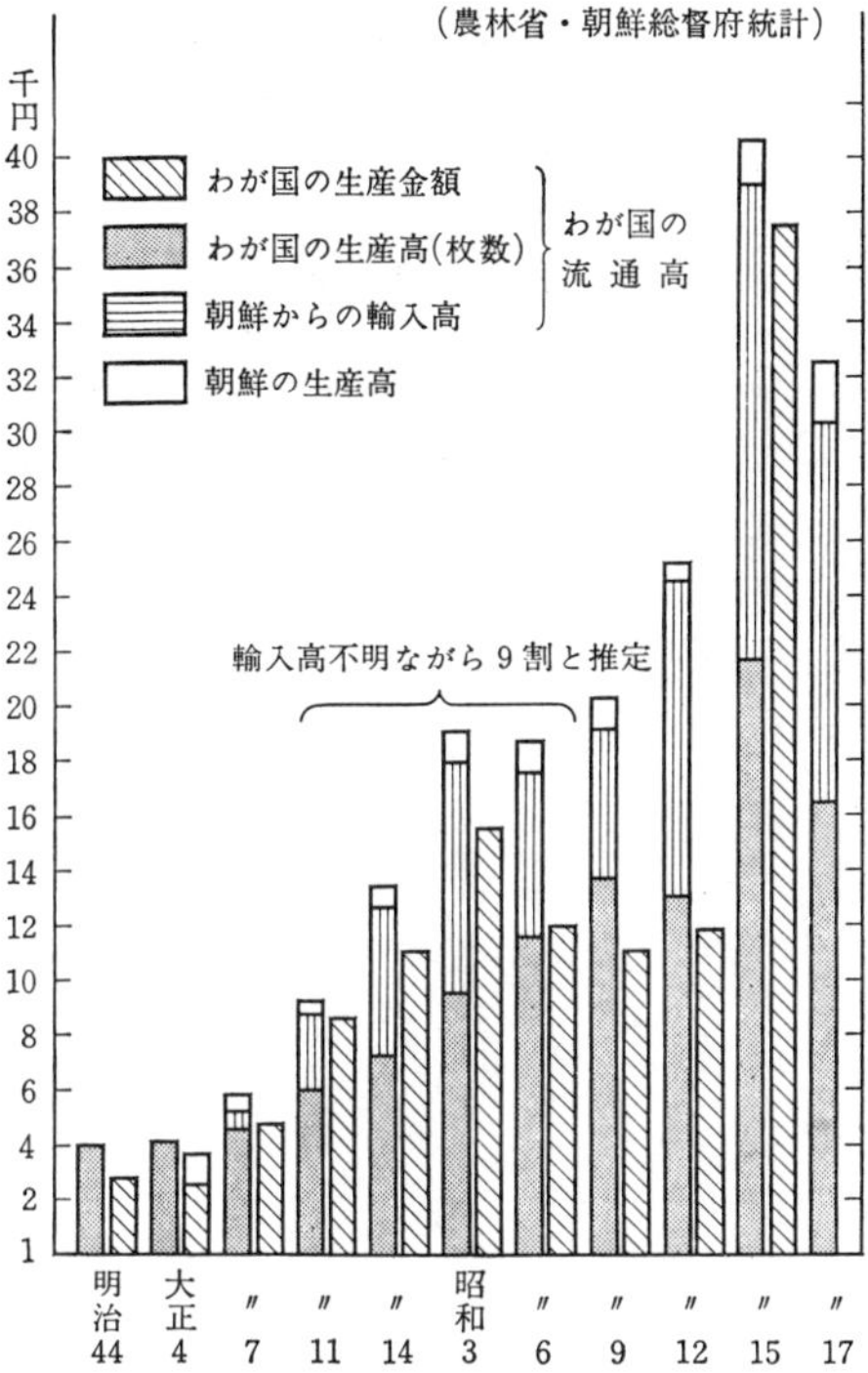

演じる必要がなかった。大阪方面では販売受託の口銭を、東京湾では分切りの口銭を、東海地方では共販の口銭を得る、どこも純然たる問屋で、手堅い商売をしていた。

問屋は、流通面では、集荷からはじまって、火入れ、選別、保管、加工、分散までの全機能を担った。そればかりでなく、生産者に対する金融でも強力な機能を発揮した。なかでも東京湾の場合は、生産者に対し銀行に類する機能を保有し、大きな影響力を持っていた。

このほか生産者に対しては、製造面、経済面まで立ちいって指導するなど、圧倒的な力を発揮していた。また流通の末端にある、小売商、行商人に対しても金融を行ない、流通の円滑化を進めた。

いわば生産から始まって小売に至るまでの一切の責任を引きうけていたのが、このころの問屋の姿である。それだけに、ノリ商業界を牛耳ったのはむろんのこと、その所在地において各方面に進出した店は多い。東京、大阪、広島など、江戸期以来のノリ商売が盛んだった都市をはじめとして、各地でノリ問屋は土地一流の資産家であり、名望家である場合が多く、地方政財界で大いに活躍していた（特にノリで暮しを立てていた大森町では、大正末以来ほぼ連続して、ノリ問屋から町長、一級町議が選ばれている）。江戸期以来のノリ問屋が斯界に活躍してきた成果は、第三次躍進期の到来と共に、一時に噴出した感がある。これほどまでに繁栄を謳歌した時代は空前絶後といえよう。

2 養殖面積の拡大

養殖業の発展により養殖面積もまた激増の一途をたどる（表22）。大正五年にはわずかに七〇〇万坪に過ぎなかったが、第一次大戦後になると急増を続け、数年にして一〇〇〇万坪に到達した。それより一〇年後の昭和十年になると、一五〇〇万坪に達した。第一次大戦中に比べれば二倍余に膨張したわけである。昭和十五年には一六〇〇万坪を越え、太平洋戦争前の最高を記録している。

　養殖が全国的に激増する中にあって、産地の盛衰にはかなりの目立った変化が見られた。表23は、大正十三年と一〇年後の昭和八年を例にとり、養殖場面積の激増もしくは激減府県を示している。まず激減府県では東京、熊本、和歌山各府県の一〇万坪を超える減少ぶりが目を惹く。なかでも和歌山県が一〇年間で三分の一弱まで激減したのが目立っている。同県は伝統はあるが、和歌浦以外に養殖適地がなく、その

表21　乾ノリ（一帖）46年間の相場（千葉県）

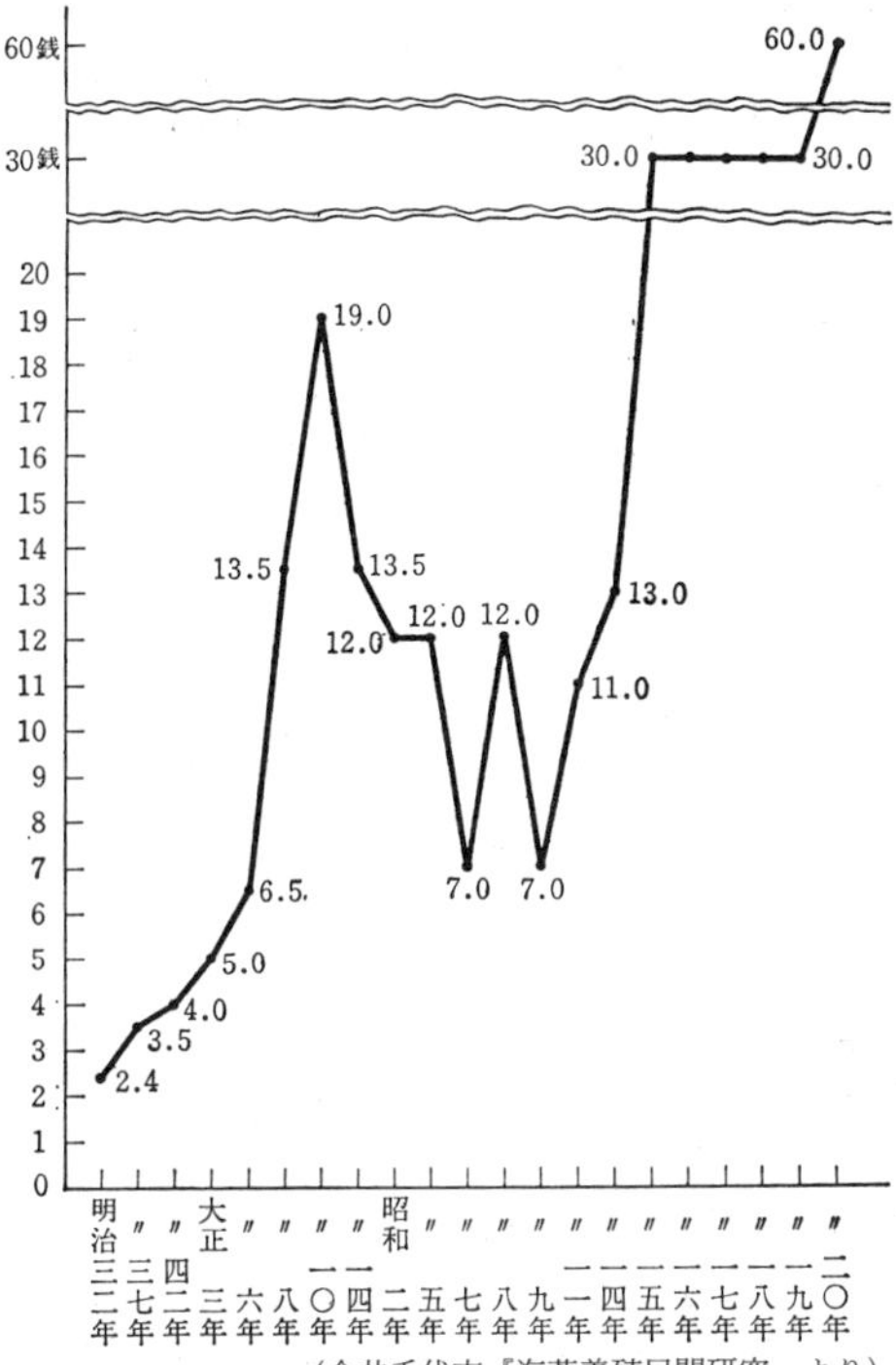

（今井千代吉『海苔養殖民間研究』より）

和歌浦ノリ場さえ徐々に河川が運び来る泥砂に埋もれ、荒廃の一途をたどっていたからであって、同県ノリ養殖の苦悩の様子を如実に示している。東京府の減少の度合は和歌山県ほどではないが、約二〇万坪の大幅な減少は埋立の進展を示すものである。概して減少府県は数も少なく、減少坪数も東京、熊本、和歌山の三府県を除けば、増加府県に比し一ケタ下廻っており、総計で六〇万坪を越えない。

　これに比し、激増七県は一〇年

表22　全国養殖面積の増減状況

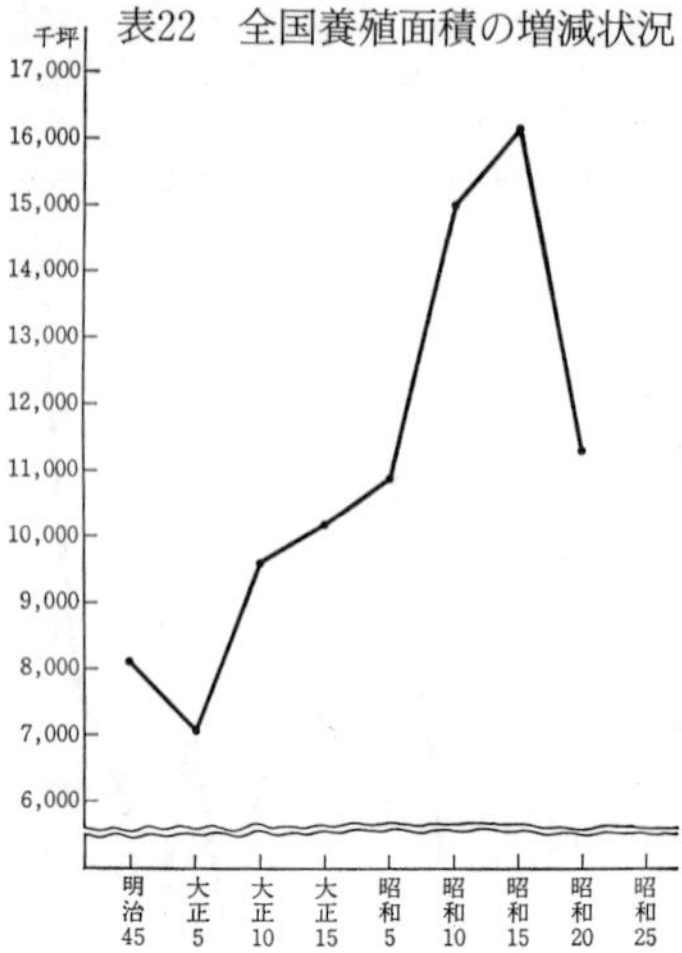

（農林統計）

表23　養殖場増減府県表

		大正13年	昭和８年	増　減
増加府県	愛知県	1,874,500	3,755,700	＋ 1,881,200
	山口県	384,200	731,800	＋ 347,600
	福岡県	214,700	432,900	＋ 218,200
	愛媛県	185,700	615,500	＋ 429,800
	岡山県	54,700	110,000	＋ 553,000
	岩手県	162,700	311,800	＋ 149,100
	福島県	30,000	130,000	＋ 100,000
減少府県	東京府	1,610,640	1,415,542	− 195,098
	熊本県	706,522	588,144	− 118,378
	和歌山県	243,500	72,000	− 171,500
	香川県	79,300	10,000	− 69,300
	佐賀県	44,900	17,800	− 27,100

（農林統計）

の間に二倍から四倍までの大幅な増加率を見せており、増加坪数も、愛知県の一八〇万坪を筆頭に、みな一〇万坪台の激増ぶりである。ここにあげた七県を合計した増加坪数は三七〇万坪に上り、これら各県が、全国的なノリ養殖業躍進の基幹となっていたことを物語っている。なかでも、愛知県は三七五万坪という驚異的な大躍進を遂げて第一位となり、圧倒的に他府県を引き離した。また山口、愛媛、岡山各県等、瀬戸内海に臨む海の養殖面積の増加や、東北地方の増勢、熊本県に迫る福岡県の増勢ぶりも眼をひくところである。

　表24は、ノリ養殖場面積の府県別順位一五位までの一〇年間における変遷を表わしている。

　江戸期以来連綿として名実共に全国一位を呼号してきた東京も、第一次大戦後になると、ノリ場面積に関する限り、愛知県に首位の座を譲り渡した。そして昭和八年に入ると、新興勢力の台頭によって次々に追い越され、四位に下った。明治時代には、東京、広島に次いで三位を占めていた千葉県も、愛知、三重両県に追い越された。明治時代には四位を下らなかった神奈川県は姿を消し、

表24　全国15養殖府県の面積と産額による順位

大正13年						昭和8年					
養殖			産額			養殖			産額		
		坪			千円			坪			千円
1	愛知	1,874,500	1	東京	5,565	1	愛知	3,755,600	1	東京	4,811
2	東京	1,610,600	2	千葉	1,119	2	三重	1,975,000	2	愛知	1,386
3	三重	1,600,500	3	愛知	806	3	千葉	1,893,500	3	千葉	927
4	千葉	1,353,500	4	神奈川	696	4	東京	1,415,500	4	神奈川	618
5	熊本	706,500	5	広島	519	5	山口	731,800	5	三重	539
6	広島	601,600	6	三重	380	6	広島	617,200	6	宮城	356
7	宮城	423,200	7	大分	165	7	愛媛	615,500	7	広島	310
8	山口	384,200	8	和歌山	143	8	宮城	592,300	8	岩手	236
9	神奈川	296,900	9	宮城	131	9	熊本	588,100	9	福岡	147
10	和歌山	243,400	10	島根	114	10	大分	512,100	10	山口	134
11	福岡	214,700	11	福岡	105	11	福岡	432,900	11	北海道	118
12	大分	197,900				12	神奈川	402,900			
13	愛媛	185,700				13	岩手	311,800			
14	岩手	162,700				14	福島	130,000			
15	香川	79,300				15	岡山	110,000			

（農林統計）

明治時代に一、二位を占めていた広島県の凋落も顕著である。やはり旧産地である宮城、和歌山各県もまた新興産地の台頭により上位を追われ、和歌山県も表から姿を消した。

代わって登場したのは、伊勢湾という絶好のノリ場を持つ愛知、三重両県である。両県の養殖面積は、第一次大戦前後から急激に伸び、全国総計の中に占める割合は大正十三年で三五パーセント、また昭和八年には実に三八パーセントに達して、東京湾総面積の約二倍に及んだ。

伊勢湾、東京湾に次いでは、瀬戸内海西部の広島、山口、愛媛、大分各県と福岡県の一部が一つのブロックをつくり、広島式を東京式で装い、進出してきた。この三大ノリ場群が圧倒的に他を大きく引き離しており、これらよりはるかに落ちて有明海や三陸海岸の両ノリ場が続いていたが、他は比較にはならなかった。

3　養殖府県二〇を超える

昭和初年に入るまでに養殖を実施（試験中を含む）した府県は、前項であげた一三府県のほか、北海道、青森、茨城、福島、兵庫、岡山、徳島、香川、愛媛、鹿児島、長崎、高知、京都、大阪の一四府県に及んだ。この頃、太平洋側にあって養殖を実施せぬ府県は、北海道から沖縄までの間で、宮崎、沖縄の二県だけ（宮崎県でもごく部分的に実施されたが、期間は明らかでない）という一大発展を示した。

もっとも右のうち、青森、茨城、香川、鹿児島、長崎、京都、大阪の七府県は、昭和十三〜十五年に政府が調査した生産統計には現われていない。それまでに養殖が断絶されたからか、統計にのるほどの生産高があげられなかったからである。したがって、統計にのったのは、合計二〇府県であった。これまで養殖には無縁と思われていた各府県が続々とこれに飛びついた事実は、沿岸漁業の一環として斯業がいかに注視されだしたかを物語るものである。

本州の最北端、青森県野辺地湾のような厳寒の積雪地帯で、作業条件の悪い地にさえ大正十二年からはノリ養殖が始まっている。同地は、下北半島と夏泊崎とに取り囲まれた湾中にあるので、風波は静穏だが、椿の北限をなす寒地である。その上、一月前後となると、積雪三、四〇センチにも達するので、乾燥機もない当時としては乾燥が難しかった。このように、作業上に非常な障害があったにもかかわらず、宮城県の渡波からヒビを移して試験を始め、その成功を見た上で、同十四年から組合事業として実施しだしたのである。

青森のほかにも、従来養殖不可能もしくは困難とみられていた各地で、水産試験所や漁業組合の研究努力が実を結んで養殖を開始した府県が次々と現われた。大正五年、京都府熊野郡では、東京府の糀谷から教師を呼び、府内の水産業組合が講習を受けた。そして冬の海が荒れ、干潟にも恵まれぬ日本海側にあっては、唯一にして最初の東京式製法による養殖を開始している。このほかに日本海では、山口県仙崎湾でも、広島式による試し建てが開始されている。また、島根県の十六島岬でも岩盤に支柱を建ててソダヒビ養殖を行なったが、これは失敗に帰した。

すでに、昭和初期には不知火海に臨む鹿児島県の米津地方は、熊本県の不知火海や有明海のノリ場に対する種子ヒビ供給地となっていた。低水温を必須条件とするノリ養殖が、素人目には当時意外とされていた、日本の最南端にある暖国鹿児島で行なわれ、その上、重要な種子ヒビを供給できるほどに発展したことは、当時の常識からすれば一驚に値することであった。兵庫県の瀬戸内海側は、養殖適地ではあったが、第一次大戦前までノリ胞子の存在したことは聞かず、一枚のノリも産しなかった。それが昭和の初めに養殖を開始してから、五年ばかりの間に、数十年の歴史を持つ岡山県に匹敵する生産額をあげるに至った。明治末年から養殖を開始した大阪は間もなく断絶したが、第一次大戦後になってから堺の大和川尻にある、脇の浜で山本某が試し建てを行なっている。

また、徳島県でも大正五年、吉野川尻で試し建てに成功して以来、少しずつではあるが増産されていった。海岸線が単調で、太平洋の波をまともに受ける高知県でさえも、わずかながら生産実績を上げるに至った。同様な海岸線を持つ茨城県那珂湊でも試し建てが行なわれている。

このように、太平洋側に臨む、ほとんど全部の府県においてノリ養殖が可能とみられる海を選んで、次々に試し建てが行なわれたことは、既存ノリ場の充実発展のめざましさとともに、第三次躍進期における最も目立った特徴である。

4 ノリの消費景気

わが国の社会全般にわたって暮らし向きが派手になり、ぜいたくを競う風潮が広がったのは、第一次大戦の戦勝景気に酔いしれてのちのことである。戦勝によって発展めまぐるしいわが国の経済社会の中にあって、所得水準の向上した階層の厚みが増してからは、食べ物の上での奢りにふけり、美味を追い求める風はしだいに広がっていった。こうした空気は昭和になってからの経済不況の襲来によって苦しむ一般庶民の生活とは裏腹に、いささかたりとも衰える傾向は見せなかった。一旦生まれたぜいたくな食習慣というものは決して消え去るものではない。むしろ、人々は暗黒の不況時代になればなるほど、束の間の楽しみを食べ物に求めたのである。こうした食生活の大きな転換期を迎えて、ノリは全国いたる所で庶民の台所に少しずつ姿を見せるようになった。全国的にノリが知られ、食べられ出したのはこの時代である。

もちろん、この頃といえども、その昔と変わることはなく、訪れたノリの消費ブームを満喫できたのは富裕階層である。まだ需要は偏在していたが、大戦前に比べればかなり広がる傾向を見せていた。たとえば最大の消費地である東京には、江戸期から引き続いて伝統的なノリの味の信奉者、ノリ通がかなり広汎に存在していたが、大戦後になると、これらに新興成金層が加わって、ノリを愛し、ノリ通を誇る階層は雪だるま式に膨れ上がっていった。彼らは一流ノリ商やデパートから乾ノリを初めとして味付ノリ、焼ノリを求め、その醍醐味に堪能した。あるいはこの高価で美味な食品を好んで贈答品に用いた（味付ノリ、焼ノリなどは一部料亭、旅館などが自家消費とするほかは、東京土産や贈答品として需められることが非常に多かった）。料亭や寿司屋で焼ノリやノリ巻を味わい、本場ノリと場違い物との微妙な差異を舌先で食い分けて悦に入った。

ノリ景気が、いつ頃から訪れたかを知る話が岩手県織笠に残されている。この地では第一次大戦前にあっては、地元では捌きれず、仙台辺まで売り歩かねばならぬのが悩みの種となっていた。東京版に製してわざわざ東京まで運んでいっても、本場物と近海物で充分間に合っているので買い叩かれるだけである。だが、少しでも漁閑期の稼ぎになればよいと、寒冷のつらい作業にも堪えてきたのであった。

それが第一次大戦中からおこった消費景気、ノリ価の高騰により、この海浜の辺地まで問屋が次々に買い漁りにくるようになった。大正五年のノリ価は一帖一銭にまで上がった。これは千葉県の六銭に比べればまだ超安価だが、当地の漁民は一日に二〇銭もあれば暮らせた当時のことゆえ、ノリ養殖のうまみがにわかに人々に見直されたのである。翌六、七年と大収穫を上げた年がノリ価暴騰の年と重なったので、一軒当たりで三〜四〇〇〇円をあげ、一挙にして長年にわたる苦労が報いられたのであった。

東京方面のこの盛況に比べれば、乾ノリの消費文化では常に遅れを取っていた京阪地方のノリ需要はノリ景気時代を迎えてもなお、一部上層階級を除けば東京との差を縮めることはできなかった。たとえば天満のノリ問屋では、大正十年前後には六月から十一月までの不需要期には、五、六日も帳合のない日の続くこともあり、売れても日に一本くらいしか出なかった。そのころ高野豆腐の売れ行きが東京に乏しかったのと逆の現象である。大阪は近くに産地がなく、彼岸や桃の節句、祭などに寿司巻に用いる程度で、日常の需要はまことに少なく、得意先といえば寿司屋くらいなものだったのである。

その京阪方面ですら、朝鮮ノリが安く大量に出廻りだした大正の末ごろから、需要は眼に見えて増えていった。昭和初期の不況下にあってもノリの需要は加速度をもって膨れ上がり、同五、六年頃からは、多数の専業ノリ問屋が生まれるほどになった。このころ、わが国全般に、広告宣伝はまだ普及しておらず、乾ノリ広告も無いに等しかった時代である。乾ノリの需要は、人為的に増進させられたものではなく、消費生活の華美化する環境の中にあって、乾ノリの食品としての魅力が、自然に人々を惹きつけたものといえよう。

5 ノリ巻すしと観艦式

富裕階層の間に古くからあった、加工ノリを食べたり、ノリ巻すしを好む風潮が、一般階層へ滲透するにつれ、乾ノリ需要は拡大されていく。が、当時はまだ金持ちたちでさえも、ノリを日常不断に用いるまでにはいかなかった。まして庶民にとっては年に二、三度ないし数度、御馳走としてノリ巻すしなどを作る際に用いる、高価な品であった。

回数こそ少なかったが、関東地方や近畿地方、東海道、山陽道筋などではノリ巻の普及著しく、ほとんど大部分の家庭が、節句、祭などの年中行事にノリ巻すしを作る習慣を持つようになった。次の二挿話は、ノリが庶民の食生活にどれほど溶け入っていたかを物語っている。

① 西日本、特に近畿一帯では信仰心が厚いので仏事にも用いることが多かった。たとえば中山観音(宝塚付近にある)の無縁経の日には、西宮、尼崎辺の家がこぞってノリ巻を作るので、大阪のノリ問屋は大繁忙を呈したという。

② 昭和五年十月二十六日、御大典記念の大観艦式が神戸港沖で行なわれた折のノリ騒動は、今も大阪ノリ商の語り草となっている。その日には、新鋭戦艦陸奥、長門以下艨艟《もうどう》百何十隻が、大阪港沖から神戸沖までを埋め尽くす。艦列が堂々威容を誇るその上空を飛行機の大編隊が翼を連ねる。そのとき艦列の間

を縫って天皇の御座乗艦比叡が静々と進む有様を、山上から眺めることのできるのは、一生に一度あるかなしの壮観だ、との前評判を呼んだ。

そこで、われもわれもとこの盛儀を見ようとする群衆が、京阪神をはじめ畿内各地から集まって、芦屋の裏山から六甲山系までを黒山のように埋めたのであった。このたくさんの人々が、皆、いっせいに当日に備えてノリ巻すしを作ろうと乾物屋に買物にきたので、乾ノリはたちまち売り切れてしまい、乾物問屋に注文は殺到した。折悪しく十月末は一番の端境期などで、問屋の在庫はたちまち底をついてしまったが、なお、注文は後から続いて絶えない。そこで問屋は八方へ使を飛ばしてノリと名のつくものは端から集める始末となった。高松市の加賀藤本店では倉庫の隅から三年前の黄色く変色したノリを探し出して大阪へ送ったところ、それさえ売り切れた。また、その頃年々北海道へノリの売り込みに行っていた紀州のノリ商赤野善兵衛は、千島の色丹島産の畳半分もある大判岩ノリを仕入れたまま、売れずにしまいこんであったのを思い出し、売りに出したところ、とぶように売れてしまった。こうしてノリ業界には観艦式旋風が吹きまくって異常な様相を呈したのだが、問屋街は、品薄、品切れのため、せっかくの大もうけの機会を、拱手傍観するよりほかはなかったのである。それにしても、大阪乾物問屋にとっては、仏事、神事以外でも事ある時には、ノリ巻すしを作る風がいかに一般に滲透しているかを、いやというほど知らされた一事件であった。

機敏な大阪商人がこの世相を見逃がすはずがない。この頃から大阪では乾ノリの取り扱い量を増やす問屋が相次ぎ、ノリ専業に切り替える店が次々と誕生したのであった。高価なノリに手の出ない庶民は、乾ノリの下等品や青板ノリを使ってすしを巻いた。そのすしも御馳走の一つで、滅多には作らなかったが、おにぎりにノリを巻く風習は運動会、遠足から野良仕事などへまで広がった。にぎり飯などに用いるノリには、飯粒が手につかず、携行に便利だというだけで、芳香や味など二の次とされる粗悪品がかなり多かった。乾ノリにはない特有の風味を持つノリ佃煮も、この当時の各種ビン詰、佃煮流行の波に乗って、庶民の食膳を賑わすようになった。これは、明治時代に初めて工夫された上質乾ノリを粉にして煮たものとは違う。ヒトエグサなどを材料にしたものだが、香りがよくて小型のビン詰で、値段も手頃なところから、庶民の間で親しまれた。

青板ノリや下等ノリ、ノリ佃煮などをひんぱんに利用するようになった庶民は、金がないからそれらで我慢していたのであって、むろん満足していたのではない。昭和十年頃に到来した軍需景気時代に入り乾ノリの生産が増大するにつれ、黒ノリに寄せる憧れは強まり、事あるごとに上質ノリを買い求める傾向は一般化していく。ノリの味を知らぬ国民が少なくなり、それが広くわが国民の食と生活に溶けこんだのはこの時代である。

6 府県別流通状況

統制の始まる直前の昭和十三年（一九三八）から同十五年に至る三カ年の生産枚数は表25に示されている。三カ年を平均して一五〇〇万枚以上をあげた府県を十位まで並べると左の通りとなる。

千葉、東京、愛知、熊本、三重、神奈川、宮城、岩手、大分、山口

消費高を同じく三カ年平均して、二五〇〇万枚以上を消費した府県を十二位まで記すと、左の通りとな

る。

東京、大阪、愛知、神奈川、広島、兵庫、静岡、三重、福岡、千葉、和歌山、山口

表25　府県別生産消費状況（昭和13〜15年）（単位万枚）

	生産高				消費高	差引
	昭和13年	昭和14年	昭和15年	3カ年平均	3カ年平均	
岩手	1,088	1,392	2,615	1,980	760	＋ 1,220
宮城	2,112	2,812	5,125	3,349	1,740	＋ 1,609
福島	283	446	875	534	970	− 436
千葉	23,562	26,454	48,350	32,788	3,240	＋ 29,548
東京	26,438	22,173	22,875	23,828	51,870	− 28,042
神奈川	3,912	3,515	5,229	4,218	6,120	− 1,902
静岡	947	785	818	850	3,810	− 2,960
愛知	9,888	11,788	1,550	12,380	8,260	＋ 4,120
三重	3,875	4,431	5,455	4,587	3,370	＋ 1,217
和歌山	515	698	885	699	2,950	− 2,251
兵庫	22	16	55	31	5,620	− 5,589
岡山	20	25	60	35	760	− 725
広島	1,865	1,190	1,160	1,405	5,860	− 4,455
山口	1,053	1,315	2,538	1,635	2,610	− 875
徳島	15	18	25	19	450	− 431
高知	5	8	13	9	340	− 331
愛媛	285	326	498	369	730	− 361
福岡	490	518	715	574	3,270	− 2,696
熊本	5,135	5,802	10,853	7,263	1,270	＋ 5,963
大分	1,125	1,618	2,356	1,696	830	＋ 869
小計	82,135	85,330	125,750	97,905	104,830	
朝鮮	53,255	52,840	59,290	55,128		
北海道					3,180	
青森					230	
秋田					580	
山形					890	
茨城					1,220	
栃木					1,350	
群馬					1,800	
埼玉					2,170	
新潟					910	
富山					570	
石川					450	
福井					390	
山梨					320	
長野					1,740	
岐阜					740	
滋賀					580	
京都					2,110	
大阪					19,430	
奈良					890	
鳥取					290	
島根					220	
香川					380	
佐賀					410	
長崎					1,150	
鹿児島					470	
宮崎					330	
其他					5,400	
合計	135,890	138,170	185,040	153,030	153,030	

（全国ノリ配給統制組合）

生産県で他府県へ移出余力のあったのは左の六県に過ぎない。

千葉、熊本、愛知、岩手、三重、大分

この中で最大の移出量を持っていたのは、千葉県の約三億枚で、二位はぐっと落ちて熊本県の約六〇〇〇万枚、愛知県の四〇〇〇万枚余などであった。

生産県の中で二〇〇〇万枚以上を移入していたのは左の五府県である。

東京、兵庫、広島、静岡、和歌山

二〇〇〇万枚以下の移入県は七県に及び、生産せずに移入していた府県は二六に上る。

国内の生産高は昭和十三～十五年、三カ年平均で約一〇億枚で、消費高は約一五億三〇〇〇万枚だから、その不足分約五億五〇〇〇万枚は朝鮮からの移人に頼らざるをえなかったわけである。

消費量の多かった府県は、まず東京、大阪、名古屋、横浜、神戸の五大都市、それに北九州にある五都市を抱えた六府県である。続いては、広島、静岡、千葉、和歌山など、江戸時代以来の古い産地を抱えた各県である。これらの県は大きな都市も抱えており、産地の影響をうけて、ノリの消費慣習が定着していたから、前記各府県に次いで多かったわけである。このほかでは三重、山口両県が消費量上位府県に入っているのは、生産県として前記諸県に次ぐ古さを持っていたからである。

大生産県でありながら消費量の少なかったのは、熊本、宮城、岩手、大分などである。そのために、内地では数少ない移出県となった。九州、東北両地方には、粗悪製品である岩ノリの需要は古くからあったが、乾ノリは高級品として敬遠されていたのである。それでも生産県は消費が多い方で、両地方の非生産県は、日本海側各県とともに、消費量最低位に名を連ねていた。最低位から十一県を選ぶと左の通りである。

島根、青森、鳥取、山梨、宮崎、香川、福井、佐賀、石川、鹿児島、秋田

消費量を地方別百分率でみると、

東北	三パーセント	近畿	二一パーセント
関東	四五　〃	中国	六　〃
中部	一五　〃	四国	一　〃
その他	四　〃	九州	五　〃

となる。東日本の六三パーセントに対し、西日本の三三パーセントとなり、江戸期以来の東京を中心とする消費慣習が根強く、現代に至ってもなお西日本をしのいでいるのである。

次に産地業者取り扱い数量（昭和十三～十五年平均）を府県別にみると表26の通りとなる。三カ年を平均して動いた数量は約二五億六五〇〇万枚だが、その四五パーセントに当たる二〇億枚は東京、千葉、神奈川の三府県の問屋で扱っていた。続いては大阪を中心とする近畿地方の問屋が二六パーセントを扱い、

表26　産地業者取扱数量
（昭和13～15年）

	府　県	取扱量	地方別百分率
		万枚	%
東北	岩　手	1,060	1.5
	宮　城	2,980	
関東	千　葉	96,500	45
	東　京	102,300	
	神奈川	3,110	
中部	長　野	1,240	17
	静　岡	5,650	
	愛　知	30,930	
	三　重	5,220	
近畿	和歌山	7,570	26
	大　阪	56,940	
	兵　庫	2,200	
中国	広　島	12,690	6
	山　口	3,050	
四国	愛　媛		0.2
九州	福　岡	3,320	1.8
	熊　本	870	
	大　分	430	
その他		7,090	2.5
合計		256,460	100

（全国ノリ配給統制組合）

同地方の消費量比率を五パーセントも上廻っている。これは、九州や中国をはじめとして西日本一帯から北陸地方まで、広い集散圏を持っていたためである。

東日本の問屋の取り扱い比率は六三・五パーセントで、西日本のそれは三四パーセントとなり、消費高の百分率にほぼ一致している。当時の問屋組合は東京湾に十三、東海地方に六組合もあって活発な営業を続けていたのに対し、西日本には大阪、広島両組合が強力だったこと以外に見るべきものはなかった。

統制時代となって各産地にある問屋が優遇されるまでは、東京、千葉、神奈川、愛知、三重、長野、静岡、和歌山、大阪、広島等、江戸期から明治・大正時代にかけて活躍した問屋群所在府県が全国取り扱い量の九五パーセント以上を扱っていたのである。

あとがき

海苔が日本列島の住民にその昔、どのように見られていたかを探る目安に、奈良・平安朝時代の記録である『大宝律令』と『延喜式』の中の貢納制度がある。これらによれば、この時代には既に朝廷とその周縁の貴族、社寺関係者などが、海苔を第一級の食物とみなしていたことがわかる。彼らこそは、当時貢納された米を自由に食べることができた人々であったがゆえに、魚介類の第一級品とされていたアワビやカツオと同様に、海苔を珍味佳肴としていたに違いない。

その頃から海苔は既に貴重視されていたのだから、大和朝廷草創期の四、五世紀から評価が高かったとみてよいのではないか。あるいは稲作のはじめころからかも知れぬ。ともかくも米と海苔は、大昔から相性がよく、深い仲だったようである。

ただし、その当時はまだ抄き海苔ができていたわけではない。それ以前には採ったものを、生ノリのまま食べるか、遠方へ送る場合は自然のままの素干し、あるいは手で押しひろげた乾燥品であって、とても現今の風味は生じてはいなかったと思われる。だが、古代における最良の産地・出雲の十六島岬では平坦でノリの着生に適した岩盤が広がっていて、天然の抄きノリ状の製品ができたから、一部の特権階級は現在に劣らぬ美味を知っていたことであろう。

それから数百年後、江戸浅草で抄き海苔が創案されると、海苔の需要は江戸市中全域に拡大していく。

同じころ「江戸患い」の噂が高くなるほどに、江戸市中では白米食が盛んとなっていた。明治維新以降、地方の食文化の都会化が進むと、米食が普及し、海苔も売れだす。海苔食と米食の進展度合はほぼ一致してきている。

現代でも、海苔にとって米飯は頼り甲斐のある存在である。米飯にとっては、海苔は不可欠ではないが、おにぎりや巻ずしなどに見られるように、海苔あってこそ米食のうまさが倍々増することは誰もが知っている。海苔と日本人の食文化史は、米食との交流史をちりばめることにより光彩を増してくる。意識して書いては来なかったが、書き終えた今、実感としてそう思っている。

紙数に制限があり、割愛した項目はいくつかある。その一つは、「御湯花講《おゆばな》」のことである。少々触れてみよう。文化・文政期以降、江戸の市中では美味美食を追い求める人々が増えて、乾ノリ需要もまた増大した。同じころから、大森とその周辺の産地ではノリの大増産が進んで、大森だけに多数存在した産地問屋の面々は、運びこまれるノリ荷を自力ではさばききれなくなっていった。

そんなとき、大森をめがけて続々と押し寄せたのが、信州諏訪の農民たちである。諏訪は信州でも寒気凜烈の地として知られ、冬の数ヵ月の生計維持に苦しんだ寒村地帯である。十一月に入ると十代半ばの男たちが、口減らしのために六〇里の道を歩いてノリ商の店頭を訪れると、諸手をあげて迎えられ、以後ノリ屋の小僧に早変わりする。

長ずるに従い、目端《めはし》の利く者たちは、江戸市中や関八州、東海道筋などを思い思いに売り歩く行商人の道へと進む。幕末へ向かうにつれ、その人数が増えていったとき、彼らは相互扶助と信用維持を目的とし、また諏訪明神のご加護を祈念して「御湯花講」を結成する。講名の由来は、諏訪明神周辺の温泉から湧き出て霊験あらたかな湯の花にある。講を拠りどころとして出稼ぎ者は増え続け、大正、昭和初期の最盛期には、公称三千人に達する。

ところで、現今のように海苔がだれかれとなく愛好されるようになった基は、三種の海苔商群のはたきにある。江戸時代後半以降、江戸市中を中心に乾海苔需要をひろめた日本橋の海苔問屋群、同時代から明治、大正、昭和初期にかけて圧倒的な集荷力を誇った大森の海苔問屋群、同時代に東日本の太平洋側のほぼ全域に商圏をひろめて、海苔食普及につとめた諏訪の「百姓町人」群がそれである。

その「百姓町人」の中から、やがて大志を抱いて商勢をひろげる者たちが現われてくる。現在では首都圏全域から三陸海岸まで、諏訪出身の海苔問屋があまた出現し、出色の存在となっていることは特筆に値するといえよう。

その二は乾海苔史の精華ともいうべき、現代の乾海苔産業の大発展と、今やすべての国民の愛好する食品にまで成長した、乾海苔の現況に触れえなかったことである。

この本では有史以前から説きおこして、明治時代までを書いてきたが、全日本人と海苔との関わりあいで言うなら、ほんの序の口にたどりついたに過ぎないのである。なぜなら、明治を迎えてもなお、江戸時代と変わることなく、海苔は大都会の上流階層にしか買うことのできない高級食品だったからである。

その理由は、地上の作物と比較するとわかってくる。米など農産物の耕作経験年数は、少なくても二〇〇〇年におよび、出来、不出来の原因もほぼわかっているが、海の養殖作物は当時は海苔くらいしかなく、しかも経験と知識不足で、どうして海苔が木ヒビに着くのかさえ見当がつかない時代であった。豊作も不作も海況まかせ、神頼みだったのである。値の高いのは当然である。

明治維新前後の海苔生産高は、推定だが一億枚にほど遠かったとみられる。その後漸増するが、それは養殖の原理がわかったわけではなく、養殖海域が増えたからである。明治十一年に移殖法が工夫され、若干仕組みがわかってからは、養殖業者は増えて、増産が進む。第一次世界大戦の戦勝景気による日本経済の発展は、海苔需要をよびおこし、生産高もようやく三億枚を越える。それにつれて国家的規模での養殖業奨励、水産研究所の活躍、養殖業者の創意工夫など、海苔養殖全般の進歩発展があり、昭和六年になると七億枚と倍増している。このころの朝鮮海苔の輸入量を加えると一一億枚を消化したことになる。明治末年からわずか十数年で約六倍の増である。

さらに生産高は激増を続け、太平洋戦争直前の昭和十六年には国内生産高は一二億六〇〇〇万枚と、戦前における最高の数字を記録した。同十七年には朝鮮海苔の輸入高と合わせて、流通高は一七億枚となる。第二次大戦前後にかなり落ちこんだが、人工採苗法が普及していった昭和三十五年ころになると、実に四五億枚という驚異的な生産高を上げるのである。約二〇年前における戦前最高の国内生産高の約四倍に当たる。

さらに増え続けて、現在は年産八〇億枚を超え、明治初年の八〇倍を達成したが、なお百億枚の生産増可能の状況となっている。この目を見張るような大発展に至るまでには、たくさんの関係者たちの研鑽努力があったが、なんといっても昭和二十四(一九四九)年、イギリスの海藻学者キャサリン・M・ドリュー女史の発見(海苔の単胞子は発芽すると糸状体となって、貝殻を溶かしてその内層に侵入し、カビ状〔コンコセリス〕となる)の与えた影響は決定的であった。

この研究結果を知って昭和二十七(一九五二)年、東北海区水産研究所の黒木宗尚氏は、実験の結果、右のコンコセリスが貝殻から抜けだして発芽し、ノリとなることを確かめた。さらに同二十八年、熊本水産試験場の大田扶桑夫氏は、発芽したノリをヒビに付着させる実験に成功した。これらの実験は、両氏のほか多くの人がそれぞれに行なっている。海苔産業を画期的に躍進させた実験だけに、先駆け争いもあるようだが、門外漢の私は深くは触れない。

ともあれ、多くの研究者、業者の有形無形の協力が実を結んで、ヒビ網に着実にタネつけができるようになって不作の悩みが減り、飛躍的増産が進んだのである。

書き足していけばきりがないので、これで止めたい。この本が主として依拠したのは、全国海苔問屋協同組合連合会発行の拙著『海苔の歴史』である。海苔の古典として貴重視される本には『浅草海苔』（岡村金太郎著）があり、海苔養殖の日本ならびに中国、韓国の現状、日本全国各産地の現勢等については、『海苔とともに』（全国海苔貝類漁業協同組合連合会発行）を参考にされたい。

海苔の文化史を書くまでには、とくに左の方々から文言に尽くしがたい恩恵・ご教導を賜わりましたことを深謝申し上げ、ここにご尊名を記入させていただきます。

山形屋海苔店元社長　故窪田甚之助様
大阪木津市場元社長　故青地泰三様
全国海苔問屋協同組合連合会
　元会長　故宮永清様
　元会長　故山本徳治郎様
　元専務理事　故花岡定夫様
東京水産大学元教授　故殖田三郎様
毎日新聞社元東京本社社長　故狩野近雄様

今は亡き右の七名の皆様をお偲び申し上げ、深甚なる弔意を捧げますと共に、拙いながらこの本を謹呈させていただきます。

なお本書の出版までに、法政大学出版局の松永辰郎さんより並々ならぬご教示、ご協力をいただきましたことを御礼申し上げます。

二〇〇三年一月

宮下　章

著者略歴

宮下　章（みやした　あきら）

1922年長野県伊那谷に生まれる．大倉高商卒業．長野県下の高校で教鞭をとるかたわら，長年にわたり和紙，凍豆腐，海藻，鰹節などの研究をつづけ，全国を調査旅行．現在，食物文化史の研究に専念．
著書：『海藻』『鰹節』（法政大学出版局），『凍豆腐の歴史』（全国凍豆腐工業協同組合連合会），『海苔の歴史』（全国海苔問屋協同組合連合会），『御湯花講由来』，『味覚歳時記』（共著，講談社），『鰹節』上下（日本鰹節協会）．

ものと人間の文化史　111・海苔（のり）

2003年３月15日　初版第１刷発行

著　者　© 宮下　章
発行所　財団法人　法政大学出版局
〒102-0073　東京都千代田区九段北3-2-7
電話03(5214)5540／振替00160-6-95814
印刷／平文社　製本／鈴木製本所

Printed in Japan

ISBN4-588-21111-0　C0320

ものと人間の文化史

★第9回梓会出版文化賞受賞

文化の基礎をなすと同時に人間のつくり上げたもっとも具体的な「かたち」である個々の「もの」について、その根源から問い直し、「もの」とのかかわりにおいて営々と築かれてきたくらしの具体相を通じて歴史を捉え直す

1 須藤利一編
船
海国日本では古来、漁業・水運・交易はもとより、大陸文化も船によって運ばれた。本書は造船技術、航海の模様の推移を中心に、漂流、船霊信仰、伝説の数々を語る。四六判368頁・'68

2 直良信夫
狩猟
人類の歴史は狩猟から始まった。本書は、わが国の遺跡に出土する獣骨、猟具の実証的考察をおこないながら、狩猟をつうじて発展した人間の知恵と生活の軌跡を辿る。四六判272頁・'68

3 立川昭二
からくり
〈からくり〉は自動機械であり、驚嘆すべき庶民の技術的創意がこめられている。本書は、日本と西洋のからくりを発掘・復元・遍歴し、埋もれた技術の水脈をさぐる。四六判410頁・'69

4 久下司
化粧
美を求める人間の心が生みだした化粧―その手法と道具に語らせた人間の欲望と本性、そして社会関係。歴史を遡り、全国を踏査して書かれた比類ない美と醜の文化史。四六判368頁・'70

5 大河直躬
番匠
番匠はわが国中世の建築工匠。地方・在地を舞台に開花した彼らの造型・装飾・工法等の諸技術、さらに信仰と生活等、職人以前の独自で多彩な工匠的世界を描き出す。四六判288頁・'71

6 額田巌
結び
〈結び〉の発達は人間の叡知の結晶である。本書はその諸形態および技法を作業・装飾・象徴の三つの系譜に辿り、〈結び〉のすべてを民俗学的・人類学的に考察する。四六判264頁・'72

7 平島裕正
塩
人類史に貴重な役割を果たしてきた塩をめぐって、発見から伝承・製造技術の発展過程にいたる総体を歴史的に描き出すとともに、その多彩な効用と味覚の秘密を解く。四六判272頁・'73

8 潮田鉄雄
はきもの
田下駄・かんじき・わらじなど、日本人の生活の礎となってきた伝統的はきものの成り立ちと変遷を、二〇年余の実地調査と細密な観察・描写によって辿る庶民生活史　四六判280頁・'73

9 井上宗和
城
古代城塞・城柵から近世代名の居城として集大成されるまでの日本の城の変遷を辿り、文化の各領野で果たしてきたその役割を再検討。あわせて世界城郭史に位置づける。四六判310頁・'73

10 室井綽

竹

食生活、建築、民芸、造園、信仰等々にわたって、竹と人間との交流史は驚くほど深く永い。その多岐にわたる発展の過程を個々に辿り、竹の特異な性格を浮彫にする。四六判324頁・'73

11 宮下章

海藻

古来日本人にとって生活必需品とされてきた海藻をめぐって、その採取・加工法の変遷、商品としての流通史および神事・祭事での役割に至るまでを歴史的に考証する。四六判330頁・'74

12 岩井宏實

絵馬

古くは祭礼における神への献馬にはじまり、民間信仰と絵画のみごとな結晶として民衆の手で描かれ祀り伝えられてきた各地の絵馬を豊富な写真と史料によってたどる。四六判302頁・'74

13 吉田光邦

機械

畜力・水力・風力などの自然のエネルギーを利用し、幾多の改良を経て形成された初期の機械の歩みを検証し、日本文化の形成における科学・技術の役割を再検討する。四六判242頁・'74

14 千葉徳爾

狩猟伝承

狩猟には古来、感謝と慰霊の祭祀がともない、人獣交渉の豊かで意味深い歴史があった。狩猟用具、巻物、儀式具、またけものたちの生態を通して語る狩猟文化の世界。四六判346頁・'75

15 田淵実夫

石垣

採石から運搬、加工、石積みに至るまで、石垣の造成をめぐって積み重ねられてきた石工たちの苦闘の足跡を掘り起こし、その独自な技術の形成過程と伝承を集成する。四六判224頁・'75

16 高嶋雄三郎

松

日本人の精神史に深く根をおろした松の伝承に光を当て、食用、薬用等の実用の松、祭祀・観賞用の松、さらに文学・芸能・美術に表現された松のシンボリズムを説く。四六判342頁・'75

17 直良信夫

釣針

人と魚との出会いから現在に至るまで、釣針がたどった一万有余年の変遷を、世界各地の遺跡出土物を通して実証しつつ、漁撈によって生きた人々の生活と文化を探る。四六判278頁・'76

18 吉川金次

鋸

鋸鍛冶の家に生まれ、鋸の研究を生涯の課題とする著者が、出土遺品や文献・絵画により各時代の鋸を復元・実験し、庶民の手仕事にみられる驚くべき合理性を実証する。四六判360頁・'76

19 飯沼二郎／堀尾尚志

農具

鍬と犂の交代・進化の歩みとして発達したわが国農耕文化の発展経過を世界史的視野において再検討しつつ、無名の農具たちによる驚くべき創意のかずかずを記録する。四六判220頁・'76

20 額田巌
包み
結びとともに文化の起源にかかわる〈包み〉の系譜を人類史的視野において捉え、衣・食・住をはじめ社会・経済史、信仰、祭事などにおけるその実際と役割とを描く。四六判354頁・'77

21 阪本祐二
蓮
仏教における蓮の象徴的位置の成立と深化、美術・文芸等に見る人間とのかかわりを歴史的に考察。また大賀蓮はじめ多様な品種とその来歴を紹介しつつその美を語る。四六判306頁・'77

22 小泉袈裟勝
ものさし
ものをつくる人間にとって最も基本的な道具であり、数千年にわたって社会生活を律してきたその変遷を実証的に追求し、歴史の中で果たしてきた役割を浮彫りにする。四六判314頁・'77

23-I 増川宏一
将棋I
その起源を古代インドに、我国への伝播の道すじを海のシルクロードに探り、また伝来後一千年におよぶ日本将棋の変化と発展を盤、駒、ルール等にわたって跡づける。四六判280頁・'77

23-II 増川宏一
将棋II
わが国伝来後の普及と変遷を貴族や武家・豪商の日記等に博捜し、遊戯者の歴史をあとづけると共に、中国伝来説の誤りを正し、将棋宗家の位置と役割を明らかにする。四六判346頁・'85

24 金井典美
湿原祭祀 第2版
古代日本の自然環境に着目し、各地の湿原聖地を稲作社会との関連において捉え直して古代国家成立の背景を浮彫にしつつ、水と植物にまつわる日本人の宇宙観を探る。四六判410頁・'77

25 三輪茂雄
臼
臼が人類の生活文化の中で果たしてきた役割を、各地に遺る貴重な民俗資料・伝承と実地調査にもとづいて解明。失われゆく道具のなかに、未来の生活文化の姿を探る。四六判412頁・'78

26 盛田嘉徳
河原巻物
中世末期以来の被差別部落民が生きる権利を守るために偽作し護り伝えてきた河原巻物を全国にわたって踏査し、そこに秘められた最底辺の人びとの叫びに耳を傾ける。四六判226頁・'78

27 山田憲太郎
香料 日本のにおい
焼香供養の香から趣味としての薫物へ、さらに沈香木を焚く香道へと変遷した日本の「匂い」の歴史を豊富な史料に基づいて辿り、我国風俗史の知られざる側面を描く。四六判370頁・'78

28 景山春樹
神像 神々の心と形
神仏習合によって変貌しつつも、常にその原型＝自然を保持してきた日本の神々の造型を図像学的方法によって捉え直し、その多彩な形象に日本人の精神構造をさぐる。四六判342頁・'78

29 増川宏一
盤上遊戯
祭具・占具としての発生を『死者の書』をはじめとする古代の文献にさぐり、形状・遊戯法を分類しつつその〈進化〉の過程を考察。〈遊戯者たちの歴史〉をも跡づける。四六判326頁・'78

30 田淵実夫
筆
筆の里・熊野に筆づくりの現場を訪ねて、筆匠たちの境涯と製筆の由来を克明に記録しつつ、筆の発生と変遷、種類、製筆法、さらには筆塚、筆供養にまで説きおよぶ。四六判204頁・'78

31 橋本鉄男
ろくろ
日本の山野を漂移しつづけ、高度の技術文化と幾多の伝説とをもたらした特異な旅職集団＝木地屋の生態を、その呼称、地名、伝承、文書等をもとに生き生きと描く。四六判460頁・'79

32 吉野裕子
蛇
日本古代信仰の根幹をなす蛇巫をめぐって、祭事におけるさまざまな蛇の「もどき」や各種の蛇の造型・伝承に鋭い考証を加え、忘れられたその呪性を大胆に暴き出す。四六判250頁・'79

33 岡本誠之
鋏（はさみ）
梃子の原理の発見から鋏の誕生に至る過程を推理し、日本鋏の特異な歴史的位置を明らかにするとともに、刀鍛冶等から転進した鋏職人たちの創意と苦闘の跡をたどる。四六判396頁・'79

34 廣瀬鎮
猿
嫌悪と愛玩、軽蔑と畏敬の交錯する日本人とサルとの関わりあいの歴史を、狩猟伝承や祭祀・風習、美術・工芸や芸能のなかに探り、日本人の動物観を浮彫りにする。四六判292頁・'79

35 矢野憲一
鮫
神話の時代から今日まで、津々浦々につたわるサメの伝承とサメをめぐる海の民俗を集成し、神饌、食用、薬用等に活用されてきたサメと人間のかかわりの変遷を描く。四六判292頁・'79

36 小泉袈裟勝
枡
米の経済の枢要をなす器として千年余にわたり日本人の生活の中に生きてきた枡の変遷をたどり、記録・伝承をもとにこの独特な計量器が果たした役割を再検討する。四六判322頁・'80

37 田中信清
経木
食品の包装材料として近年まで身近に存在した経木の起源を、こけら経や塔婆、木簡、屋根板等に遡って明らかにし、その製造・流通に携った人々の労苦の足跡を辿る。四六判288頁・'80

38 前田雨城
色 染と色彩
わが国古代の染色技術の復元と文献解読をもとに日本色彩史を体系づけ、赤・白・青・黒等におけるわが国独自の色彩感覚を探りつつ日本文化における色の構造を解明。四六判320頁・'80

39 吉野裕子

狐 陰陽五行と稲荷信仰

その伝承と文献を渉猟しつつ、中国古代哲学＝陰陽五行の原理の応用という独自の視点から、謎とされてきた稲荷信仰と狐との密接な結びつきを明快に解き明かす。 四六判２３２頁・'80

40-I 増川宏一

賭博I

時代、地域、階層を超えて連綿と行なわれてきた賭博。——その起源を古代の神判、スポーツ、遊戯等の中に探り、抑圧と許容の歴史を物語る。全III分冊の〈総説篇〉。 四六判２９８頁・'80

40-II 増川宏一

賭博II

古代インド文学の世界からラスベガスまで、賭博の形態・用具・方法の時代的特質を明らかにし、夥しい禁令に賭博の不滅のエネルギーを見る。全III分冊の〈外国篇〉。 四六判４５６頁・'82

40-III 増川宏一

賭博III

聞香、闘茶、笠附等、わが国独特の賭博を中心にその具体例を網羅し、方法の変遷に賭博の時代性を探りつつ禁令の改廃に時代の賭博観を追う。全III分冊の〈日本篇〉。 四六判３８８頁・'83

41-I むしゃこうじ・みのる

地方仏I

古代から中世にかけて全国各地で作られた無銘の仏像を訪ね、素朴で多様なノミの跡に民衆の祈りと地域の願望を探る。宗教の伝播、文化の創造を考える異色の紀行。 四六判２５６頁・'80

41-II むしゃこうじ・みのる

地方仏II

紀州や飛騨を中心に草の根の仏たちを訪ねて、その相好と像容の魅力を探り、技法を比較考証して仏像彫刻史に位置づけつつ、中世地域社会の形成と信仰の実態に迫る。 四六判２６０頁・'97

42 岡田芳朗

南部絵暦

田山・盛岡地方で「盲暦」として古くから親しまれてきた独得の絵解き暦を詳しく紹介しつつその全体像を復元する。その無類の生活暦は、南部農民の哀歓をつたえる。 四六判２８８頁・'80

43 青葉高

野菜 在来品種の系譜

蕪、大根、茄子等の日本在来野菜をめぐって、その渡来・伝播経路、品種分布と栽培のいきさつを各地の伝承や古記録をもとに辿り、畑作文化の源流とその風土を描く。 四六判３６８頁・'81

44 中沢厚

つぶて

弥生投弾、古代・中世の石戦と印地の様相、投石具の発達を展望しつつ、願かけの小石、正月つぶて、石こづみ等の習俗を辿り、石塊に託した民衆の願いや怒りを探る。 四六判３３８頁・'81

45 山田幸一

壁

弥生時代から明治期に至るわが国の壁の変遷を壁塗＝左官工事の側面から辿り直し、その技術的復元・考証を通じて建築史・文化史における壁の役割を浮き彫りにする。 四六判２９６頁・'81

46　小泉和子

箪笥（たんす）

★第II回江馬賞受賞

近世における箪笥の出現＝箱から抽斗への転換に着目し、以降近現代に至るその変遷を社会・経済・技術の側面からあとづける。著者自身による箪笥製作の記録を付す。四六判378頁・'82

47　松山利夫

木の実

山村の重要な食糧資源であった木の実をめぐる各地の記録・伝承を集成し、その採集・加工における幾多の試みを実地に検証しつつ、稲作農耕以前の食生活文化を復元。四六判384頁・'82

48　小泉袈裟勝

秤（はかり）

秤の起源を東西に探るとともに、わが国律令制下における中国制度の導入、近世商品経済の発展に伴う秤座の出現、明治期近代化政策による洋式秤受容等の経緯を描く。四六判326頁・'82

49　山口健児

鶏（にわとり）

神話・伝説をはじめ遠い歴史の中の鶏を古今東西の伝承・文献に探り、特に我国の信仰・絵画・文学等に遺された鶏の足跡を追って、鶏をめぐる民俗の記憶を蘇らせる。四六判346頁・'83

50　深津正

燈用植物

人類が燈火を得るために用いてきた多種多様な植物との出会いと個個の植物の来歴、特性及びはたらきを詳しく検証しつつ「あかり」の原点を問いなおす異色の植物誌。四六判442頁・'83

51　吉川金次

斧・鑿・鉋（おの・のみ・かんな）

古墳出土品や文献・絵画をもとに、古代から現代までの斧・鑿・鉋を復元・実験し、労働体験によって生まれた民衆の知恵と道具の変遷を蘇らせる異色の日本木工具史。四六判304頁・'84

52　額田巌

垣根

大和・山辺の道に神々と垣との関わりを探り、各地に垣の伝承を訪ねて、寺院の垣、民家の垣、露地の垣など、風土と生活に培われた生垣の独特のはたらきと美を描く。四六判234頁・'84

53-I　四手井綱英

森林I

森林生態学の立場から、森林のなりたちとその生活史を辿りつつ、産業の発展と消費社会の拡大により刻々と変貌する森林の現状を語り、未来への再生のみちをさぐる。四六判306頁・'85

53-II　四手井綱英

森林II

森林と人間との多様なかかわりを包括的に語り、人と自然が共生するための森や里山をいかにして創出するか、森林再生への具体的な方策を提示する21世紀への提言。四六判308頁・'98

53-III　四手井綱英

森林III

地球規模で進行しつつある森林破壊の現状を実地に踏査し、森と人が共存する日本人の伝統的自然観を未来へ伝えるために、いま何が必要なのかを具体的に提言する。四六判304頁・'00

54　酒向昇
海老（えび）
人類との出会いからエビの科学、漁法、さらには調理法を語り、めでたい姿態と色彩にまつわる多彩なエビの民俗を、地名や人名、詩歌・文学、絵画や芸能の中に探る。四六判428頁・'85

55-I　宮崎清
藁（わら）I
稲作農耕とともに二千年余の歴史をもち、日本人の全生活領域に生きてきた藁の文化を日本文化の原型として捉え、風土に根ざしたそのゆたかな遺産を詳細に検討する。四六判400頁・'85

55-II　宮崎清
藁（わら）II
床・畳から壁・屋根にいたる住居における藁の製作・使用のメカニズムを明らかにし、日本人の生活空間における藁の役割を見なおすとともに、藁の文化の復権を説く。四六判400頁・'85

56　松井魁
鮎
清楚な姿態と独特な味覚によって、日本人の目と舌を魅了しつづけてきたアユ――その形態と分布、生態、漁法等を詳述し、古今のアユ料理や文芸にみるアユにおよぶ。四六判296頁・'86

57　額田巌
ひも
物と物、人と物とを結びつける不思議な力を秘めた「ひも」の謎を追って、民俗学的視点から多角的なアプローチを試みる。『結び』、『包み』につづく三部作の完結篇。四六判250頁・'86

58　北垣聰一郎
石垣普請
近世石垣の技術者集団「穴太」の足跡を辿り、各地城郭の石垣遺構の実地調査と資料・文献をもとに石垣普請の歴史的系譜を復元しつつ石工たちの技術伝承を集成する。四六判438頁・'87

59　増川宏一
碁
その起源を古代の盤上遊戯に探ると共に、定着以来二千年の歴史を時代の状況や遊び手の社会環境との関わりにおいて跡づける。逸話や伝説を排して綴る初の囲碁全史。四六判366頁・'87

60　南波松太郎
日和山（ひよりやま）
千石船の時代、航海の安全のために観天望気した日和山――多くは忘れられ、あるいは失われた船舶・航海史の貴重な遺跡を追って、全国津々浦々におよんだ調査紀行。四六判382頁・'88

61　三輪茂雄
篩（ふるい）
臼とともに人類の生産活動に不可欠な道具であった篩、箕(み)、笊(ざる)の多彩な変遷を豊富な図解入りでたどり、現代技術の先端に再生するまでの歩みをえがく。四六判334頁・'89

62　矢野憲一
鮑（あわび）
縄文時代以来、貝肉の美味と貝殻の美しさによって日本人を魅了し続けてきたアワビ――その生態と養殖、神饌としての歴史、漁法、螺鈿の技法からアワビ料理に及ぶ。四六判344頁・'89

63 むしゃこうじ・みのる
絵師
日本古代の渡来画工から江戸前期の菱川師宣まで、時代の代表的絵師の列伝で辿る絵画制作の文化史。前近代社会における絵画の意味や芸術創造の社会的条件を考える。四六判230頁・'90

64 碓井益雄
蛙（かえる）
動物学の立場からその特異な生態を描き出すとともに、和漢洋の文献資料を駆使して故事・習俗・神事・民話・文芸・美術工芸にわたる蛙の多彩な活躍ぶりを活写する。四六判382頁・'89

65-I 竹内淳子
藍（あい）I 風土が生んだ色
全国各地の〈藍の里〉を訪ねて、藍栽培から染色・加工のすべてにわたり、藍とともに生きた人々の伝承を克明に描き、風土と人間が生んだ〈日本の色〉の秘密を探る。四六判416頁・'91

65-II 竹内淳子
藍（あい）II 暮らしが育てた色
日本の風土に生まれ、伝統に育てられた藍が、今なお暮らしの中で生き生きと活躍しているさまを、手わざに生きる人々との出会いを通じて描く。藍の里紀行の続篇。四六判406頁・'99

66 小山田了三
橋
丸木橋・舟橋・吊橋から板橋・アーチ型石橋まで、人々に親しまれてきた各地の橋を訪ねて、その来歴と築橋の技術伝承を辿り、土木文化の伝播・交流の足跡をえがく。四六判312頁・'91

67 宮内悊
箱
★平成三年度日本技術史学会賞受賞
日本の伝統的な箱（櫃）と西欧のチェストを比較文化史の視点から考察し、居住・収納・運搬・装飾の各分野における箱の重要な役割とその多彩な文化を浮彫りにする。四六判390頁・'91

68-I 伊藤智夫
絹I
養蚕の起源を神話や説話に探り、伝来の時期とルートを跡づけ、記紀・万葉の時代から近世に至るまで、それぞれの時代・社会・階層が生み出した絹の文化を描き出す。四六判304頁・'92

68-II 伊藤智夫
絹II
生糸と絹織物の生産と輸出が、わが国の近代化にはたした役割を描くと共に、養蚕の道具、信仰や庶民生活にわたる養蚕と絹の民俗、さらには蚕の種類と生態におよぶ。四六判294頁・'92

69 鈴木克美
鯛（たい）
古来「魚の王」とされてきた鯛をめぐって、その生態・味覚から漁法、祭り、工芸、文芸にわたる多彩な伝承文化を語りつつ、鯛と日本人とのかかわりの原点をさぐる。四六判418頁・'92

70 増川宏一
さいころ
古代神話の世界から近現代の博徒の動向まで、さいころの役割を各時代・社会に位置づけ、木の実や貝殻のさいころから投げ棒型や立方体のさいころへの変遷をたどる。四六判374頁・'92

71 樋口清之
木炭
炭の起源から炭焼、流通、経済、文化にわたる木炭の歩みを歴史・考古・民俗の知見を総合して描き出し、独自で多彩な文化を育んできた木炭の尽きせぬ魅力を語る。四六判296頁・'93

72 朝岡康二
鍋・釜（なべ・かま）
日本をはじめ韓国、中国、インドネシアなど東アジアの各地を歩きながら鍋・釜の製作と使用の現場に立ち会い、調理をめぐる庶民生活の変遷とその交流の足跡を探る。四六判326頁・'93

73 田辺悟
海女（あま）
その漁の実際と社会組織、風習、信仰、民具などを克明に描くとともに海女の起源・分布・交流を探り、わが国漁撈文化の古層としての海女の生活と文化をあとづける。四六判294頁・'93

74 刀禰勇太郎
蛸（たこ）
蛸をめぐる信仰や多彩な民間伝承を紹介するとともに、その生態・分布・捕獲法・繁殖と保護・調理法などを集成し、日本人と蛸との知られざるかかわりの歴史を探る。四六判370頁・'94

75 岩井宏實
曲物（まげもの）
桶・樽出現以前から伝承され、古来最も簡便・重宝な木製容器として愛用された曲物の加工技術と機能・利用形態の変遷をさぐり、手づくりの「木の文化」を見なおす。四六判318頁・'94

76-I 石井謙治
和船I
★第49回毎日出版文化賞受賞
江戸時代の海運を担った千石船（弁才船）について、その構造と技術、帆走性能を綿密に調査し、通説の誤りを正すとともに、海難と信仰、船絵馬等の考察にもおよぶ。四六判436頁・'95

76-II 石井謙治
和船II
★第49回毎日出版文化賞受賞
造船史から見た著名な船を紹介し、遣唐使船や遣欧使節船、幕末の洋式船における外国技術の導入について論じつつ、船の名称と船型を海船・川船にわたって解説する。四六判316頁・'95

77-I 金子功
反射炉I
日本初の佐賀鍋島藩の反射炉と精錬方＝理化学研究所、島津藩の反射炉と集成館＝近代工場群を軸に、日本の産業革命の時代における人と技術を現地に訪ねて発掘する。四六判244頁・'95

77-II 金子功
反射炉II
伊豆韮山の反射炉をはじめ、全国各地の反射炉建設にかかわった有名無名の人々の足跡をたどり、開国か攘夷かに揺れる幕末の政治と社会の悲喜劇をも生き生きと描く。四六判226頁・'95

78-I 竹内淳子
草木布（そうもくふ）I
風土に育まれた布を求めて全国各地を歩き、木綿普及以前に山野の草木を利用して豊かな衣生活文化を築き上げてきた庶民の知られざる知恵のかずかずを実地にさぐる。四六判282頁・'95

78-II 竹内淳子
草木布 (そうもくふ) II
アサ、クズ、シナ、コウゾ、カラムシ、フジなどの草木の繊維から、どのようにして糸を採り、布を織っていたのか——聞書きをもとに忘れられた技術と文化を発掘する。 四六判282頁・'95

79-I 増川宏一
すごろく I
古代エジプトのセネト、ヨーロッパのバクギャモン、中近東のナルド、中国の双陸などの系譜に日本の盤雙六を位置づけ、遊戯・賭博としてのその数奇なる運命を辿る。 四六判312頁・'95

79-II 増川宏一
すごろく II
ヨーロッパの鵞鳥のゲームから日本中世の浄土双六、近世の華麗な絵双六、さらには近現代の少年誌の附録まで、絵双六の変遷を追って時代の社会・文化を読みとる。 四六判390頁・'95

80 安達巖
パン
古代オリエントに起ったパン食文化が中国・朝鮮を経て弥生時代の日本に伝えられたことを史料と伝承をもとに解明し、わが国パン食文化二〇〇〇年の足跡を描き出す。 四六判260頁・'96

81 矢野憲一
枕 (まくら)
神さまの枕・大嘗祭の枕から枕絵の世界まで、人生の三分の一を共に過す枕をめぐって、その材質の変遷を辿り、伝説と怪談、俗信と民俗、エピソードを興味深く語る。 四六判252頁・'96

82-I 石村真一
桶・樽 (おけ・たる) I
日本、中国、朝鮮、ヨーロッパにわたる厖大な資料を集成してその豊かな文化の系譜を探り、東西の木工技術史を比較しつつ世界史的視野から桶・樽の文化を描き出す。 四六判388頁・'97

82-II 石村真一
桶・樽 (おけ・たる) II
多数の調査資料と絵画・民俗資料をもとにその製作技術を復元し、東西の木工技術を比較考証しつつ、技術文化史の視点から桶・樽製作の実態とその変遷を跡づける。 四六判372頁・'97

82-III 石村真一
桶・樽 (おけ・たる) III
樹木と人間とのかかわり、製作者と消費者とのかかわりを通じて桶樽と生活文化の変遷を考察し、木材資源の有効利用という視点から桶樽の文化史的役割を浮彫にする。 四六判352頁・'97

83-I 白井祥平
貝 I
世界各地の現地調査と文献資料を駆使して、古来至高の財宝とされてきた宝貝のルーツとその変遷を探り、貝と人間とのかかわりの歴史を「貝貨」の文化史として描く。 四六判386頁・'97

83-II 白井祥平
貝 II
サザエ、アワビ、イモガイなど古来人類とかかわりの深い貝をめぐって、その生態・分布・地方名、装身具や貝貨としての利用法などを豊富なエピソードを交えて語る。 四六判328頁・'97

83-III 白井祥平
貝III
シンジュガイ、ハマグリ、アカガイ、シャコガイなどをめぐって世界各地の民族誌を渉猟し、それらが人類文化に残した足跡を辿る。参考文献一覧／総索引を付す。 四六判392頁・'97

84 有岡利幸
松茸（まつたけ）
秋の味覚として古来珍重されてきた松茸の由来を求めて、稲作文化と里山（松林）の生態系から説きおこし、日本人の伝統的生活文化の中に松茸流行の秘密をさぐる。 四六判296頁・'97

85 朝岡康二
野鍛冶（のかじ）
鉄製農具の製作・修理・再生を担ってきた農鍛冶の歴史的役割を探り、近代化の大波の中で変貌する職人技術の実態をアジア各地のフィールドワークを通して描き出す。 四六判280頁・'98

86 菅 洋
稲 品種改良の系譜
作物としての稲の誕生、稲の渡来と伝播の経緯から説きおこし、明治以降主として庄内地方の民間育種家の手によって飛躍的発展をとげたわが国品種改良の歩みを描く。 四六判332頁・'98

87 吉武利文
橘（たちばな）
永遠のかぐわしい果実として日本の神話・伝説に特別の位置を占めて語り継がれてきた橘をめぐって、その育まれた風土とかずかずの伝承の中に日本文化の特質を探る。 四六判286頁・'98

88 矢野憲一
杖（つえ）
神の依代としての杖や仏教の錫杖に杖と信仰とのかかわりを探り、人類が突きつつ歩んだその歴史と民俗を興味ぶかく語る。多彩な材質と用途を網羅した杖の博物誌。 四六判314頁・'98

89 渡部忠世／深澤小百合
もち（糯・餅）
モチイネの栽培・育種から食品加工、民俗、儀礼にわたってそのルーツと伝承の足跡をたどり、アジア稲作文化という広範な視野からこの特異な食文化の謎を解明する。 四六判330頁・'98

90 坂井健吉
さつまいも
その栽培の起源と伝播経路を跡づけるとともに、わが国伝来後四百年の経緯を詳細にたどり、世界に冠たる育種と栽培・利用法を築いた人々の知られざる足跡をえがく。 四六判328頁・'99

91 鈴木克美
珊瑚（さんご）
海岸の自然保護に重要な役割を果たす岩石サンゴから宝飾品として知られる宝石サンゴまで、人間生活と深くかかわってきたサンゴの多彩な姿を人類文化史として描く。 四六判370頁・'99

92-I 有岡利幸
梅I
万葉集、源氏物語、五山文学などの古典や天神信仰に表れた梅の足跡を克明に辿りつつ日本人の精神史に刻印された梅を浮彫にし、梅と日本人の二〇〇〇年史を描く。 四六判274頁・'99

92-II 有岡利幸
梅II
その植生と栽培、伝承、梅の名所や鑑賞法の変遷から戦前の国定教科書に表れた梅まで、梅と日本人との多彩なかかわりを探り、桜との対比において梅の文化史を描く。四六判338頁・'99

93 福井貞子
木綿口伝（もめんくでん） 第2版
老女たちからの聞書を経糸とし、厖大な遺品・資料を緯糸として、母から娘へと幾代にも伝えられた手づくりの木綿文化を掘り起し、近代の木綿の盛衰を描く。増補版 四六判336頁・'00

94 増川宏一
合せもの
「合せる」には古来、一致させるの他に、競う、闘う、比べる等の意味があった。貝合せや絵合せ等の遊戯・賭博を中心に、広範な人間の営みを「合せる」行為に辿る。四六判300頁・'00

95 福井貞子
野良着（のらぎ）
明治初期から昭和四〇年までの野良着を収集・分類・整理し、それらの用途と年代、形態、材質、重量、呼称などを精査して、働く庶民の創意にみちた生活史を描く。四六判292頁・'00

96 山内昶
食具（しょくぐ）
東西の食文化に関する資料を渉猟し、食法の違いを人間の自然に対するかかわり方の違いとして捉えつつ、食具を人間と自然をつなぐ基本的な媒介物として位置づける。四六判290頁・'00

97 宮下章
鰹節（かつおぶし）
黒潮からの贈り物・カツオの漁法から鰹節の製法や食法、商品としての流通までを歴史的に展望するとともに、沖縄やモルジブ諸島の調査をもとにそのルーツを探る。四六判382頁・'00

98 出口晶子
丸木舟（まるきぶね）
先史時代から現代の高度文明社会まで、もっとも長期にわたり使われてきた刳り舟に焦点を当て、その技術伝承を辿りつつ、森や水辺の文化の広がりと動態をえがく。四六判324頁・'01

99 有岡利幸
梅干（うめぼし）
日本人の食生活に不可欠の自然食品・梅干をつくりだした先人たちの知恵に学ぶとともに、健康増進に驚くべき薬効を発揮する、その知られざるパワーの秘密を探る。四六判300頁・'01

100 森郁夫
瓦（かわら）
仏教文化と共に中国・朝鮮から伝来し、一四〇〇年にわたり日本の建築を飾ってきた瓦をめぐって、発掘資料をもとにその製造技術、形態、文様などの変遷をたどる。四六判320頁・'01

101 長澤武
植物民俗
衣食住から子供の遊びまで、幾世代にも伝承された植物をめぐる暮らしの知恵を克明に記録し、高度経済成長期以前の農山村の豊かな生活文化を愛惜をこめて描き出す。四六判348頁・'01

102 向井由紀子／橋本慶子
箸（はし）
そのルーツを中国、朝鮮半島に探るとともに、日本人の食生活に不可欠の食具となり、日本文化のシンボルとされるまでに洗練された箸の文化の変遷を総合的に描く。 四六判334頁・'01

103 赤羽正春
採集 ブナ林の恵み
縄文時代から今日に至る採集・狩猟民の暮らしを復元し、動物の生態系と採集生活の関連を明らかにしつつ、民俗学と考古学の両面から山に生かされた人々の姿を描く。 四六判298頁・'01

104 秋田裕毅
下駄 神のはきもの
古墳や井戸等から出土する下駄に着目し、下駄が地上と地下の他界を結ぶ聖なるはきものであったという大胆な仮説を提出、日本の神々の忘れられた側面を浮彫にする。 四六判304頁・'02

105 福井貞子
絣（かすり）
膨大な絣遺品を収集・分類し、絣産地を実地に調査して絣の技法と文様の変遷を地域別・時代別に跡づけ、明治・大正・昭和の手づくりの染織文化の盛衰を描き出す。 四六判310頁・'02

106 田辺悟
網（あみ）
漁網を中心に、網に関する基本資料を網羅して網の変遷と網をめぐる民俗を体系的に描き出し、網の文化を集成する。「網に関する小事典」「網のある博物館」を付す。 四六判316頁・'02

107 斎藤慎一郎
蜘蛛（くも）
「土蜘蛛」の呼称で畏怖される一方「クモ合戦」など子供の遊びとしても親しまれてきたクモと人間との長い交渉の歴史をその深層に遡って追究した異色のクモ文化論。 四六判320頁・'02

108 むしゃこうじ・みのる
襖（ふすま）
襖の起源と変遷を建築史・絵画史の中に探りつつその用と美を浮彫にし、衝立・障子・屏風等と共に日本建築の空間構成に不可欠の建具となるまでの経緯を描き出す。 四六判270頁・'02

109 川島秀一
漁撈伝承（ぎょろうでんしょう）
漁師たちからの聞き書きをもとに、寄り物、船霊、大漁旗など、漁撈にまつわる〈もの〉の伝承を集成し、海の道によって運ばれた習俗や信仰の民俗地図を描き出す。 四六判334頁・'03

110 増川宏一
チェス
世界中に数億人の愛好者を持つチェスの起源と文化を、欧米における膨大な研究の蓄積を渉猟しつつ探り、日本への伝来の経緯から美術工芸品としてのチェスにおよぶ。 四六判298頁・'03

111 宮下章
海苔（のり）
海苔の歴史は厳しい自然とのたたかいの歴史だった——採取から養殖、加工、流通、消費に至る先人たちの苦難の歩みを史料と実地調査によって浮彫にする食物文化史。 四六判　頁・'03